Quantenmechanik nur mit Matrizen

Günter Ludyk

Quantenmechanik nur mit Matrizen

Springer Spektrum

Günter Ludyk
Physics and Electrical Engineering
University of Bremen
Bremen, Deutschland

ISBN 978-3-662-60881-4 ISBN 978-3-662-60882-1 (eBook)
https://doi.org/10.1007/978-3-662-60882-1

Die Deutsche Nationalbibliothek verzeichnet diese Publikation in der Deutschen Nationalbibliografie; detaillierte bibliografische Daten sind im Internet über http://dnb.d-nb.de abrufbar.

Deutsche Übersetzung der englischen Originalausgabe erschienen bei Springer-Verlag Berlin Heidelberg, 2018

Planung/Lektorat: Margit Maly
Springer Spektrum ist ein Imprint der eingetragenen Gesellschaft Springer-Verlag GmbH, DE und ist ein Teil von Springer Nature.
Die Anschrift der Gesellschaft ist: Heidelberger Platz 3, 14197 Berlin, Germany

Für meine Familie
Renate
Larissa
Stefan
Ann-Sophie
Alexander
Luna und
Buddy

Vorwort

„Ist dies schon Wahnsinn, so hat es doch Methode."
Hamlet

Die Matrizenmechanik wurde 1925 von Werner Heisenberg[1] eingeführt. Allerdings schreibt der Nobelpreisträger Steven Weinberg[2] über diese Veröffentlichung:

> Ich habe den Aufsatz mehrmals zu lesen versucht, und obwohl ich die Quantenmechanik zu verstehen glaube, habe ich nie verstanden, wie Heisenberg die mathematischen Schritte in seinem Aufsatz begründete.

Heisenberg und seine Kollegen hatten sich jahrelang mit einem Problem abgemüht, das 1913 durch Niels Bohrs[3] Atomtheorie aufgeworfen wurde: Warum nehmen Elektronen in Atomen nur bestimmte zulässige Bahnen mit bestimmten definierten Energien ein? Heisenberg machte einen neuen Anfang. Er beschloss, da die Bahn eines Elektrons in einem Atom nicht direkt beobachtet werden kann, sich nur mit messbaren Größen zu befassen, nämlich mit den Energien der Quantenzustände, in denen alle Elektronen des Atoms erlaubte Bahnen einnehmen, und mit den Häufigkeiten, mit denen ein Atom aus einem dieser Quantenzustände unter Emission eines Lichtteilchens, eines Photons, spontan in einen anderen Zustand übergeht. Heisenberg stellte eine, wie er sagte, „Tabelle" dieser Häufigkeiten auf und nahm daran mathematische Operationen vor, die zu neuen Tabellen für die einzelnen physikalischen Größen wie Ort oder Geschwindigkeit oder das Quadrat der Geschwindigkeit eines Elektrons führte.

Die Einträge in diese Tabellen waren, genauer gesagt, sogenannte Übergangsamplitüden, Größen, deren Quadrate die Übergangswahrscheinlichkeiten angeben. Heisenberg erfuhr, als er von Helgoland, wo er die entscheidenden Gedanken hatte, nach Göttingen zurückkam, dass die Operationen, die er an diesen Tabellen vorgenommen hatte, den Mathematikern gut bekannt waren; die Tabellen hießen bei ihnen Matrizen, und die Operationen, mit der man von der Tabelle, die die

[1]Werner Heisenberg 1901–1976, deutscher Physiker, Nobelpreis 1932.

[2]Steven Weinberg *1933, amerikanischer Physiker, Nobelpreis 1979.

[3]Niels Bohr 1885–1962, dänischer Physiker, Nobelpreis 1922.

Geschwindigkeit des Elektrons darstellt, zu der Tabelle kommt, die deren Quadrat darstellt, hiess bei ihnen Matrizenmultiplikation.

Ausgehend von der bekannten Abhängigkeit der Energie eines Teilchens in einem einfachen System von seiner Geschwindigkeit und seiner Position, konnte Heisenberg auf diese Weise eine Tabelle der Energien des Systems in seinen verschiedenen Quantenzuständen berechnen, ganz ähnlich wie in der Newtonschen Physik[4] aufgrund der Kenntis der Position und der Geschwindigkeit eines Planeten dessen Energie berechnet wird.

Heisenberg stand in Verbindung mit einigen theoretischen Physikern, darunter Max Born[5] und Pascual Jordan[6] in Deutschland und Paul Dirac[7] in England, und gemeinsam schufen sie bis Ende 1925 aus Heisenbergs Ideen eine verständliche und systematische Version der Quantenmechanik, die wir heute als Matrizenmechanik bezeichnen. Im Januar darauf gelang Wolfgang Pauli[8] in Hamburg, mit Hilfe der neuen Matrizenmechanik das paradigmatische Problem der Atomphysik, die Berechnung der Energieniveaus des Wasserstoffatoms, zu lösen und damit die früheren Adhoc-Resultate Bohrs zu belegen. In diesem Buch werden das erste Mal die fünf komplizierten Formeln, die Pauli als gegeben angesehen hat, geschlossen hergeleitet.

H.S. Green, ein Mitarbeiter von Max Born, schreibt in [Green]:

> Die meisten Lehrbücher über die Quantentheorie betonen die wellenmechanische Methode (von Schrödinger). Wahrscheinlich deshalb, weil dieser Weg für jemand, der die Theorie der Differentialgleichungen bereits gut kennt, als leichter betrachtet wird.

Wir beschränken uns hier allerdings auf die algebraische Methode mittels Matrizen und gehen nur kurz auf die Schrödingersche Wellenmechanik ein, um ihre Äquivalenz mit der hier ausführlich beschriebenen Heisenbergschen Matrizenmechanik zu zeigen.

Dieses Buch erschien zunächst 2018 in Englisch im Springer-Verlag unter dem Titel *Quantummechanics in Matrix Form.*

Bedanken möchte ich mich bei den beiden Mitarbeiterinnenn des Springer Verlags, Frau Margit Maly und Frau Stefanie Adam, für die Unterstützung bei der Veröffentlichung dieses, jetzt ins Deutsche rückübersetzten Buchs. Meine Frau Renate hatte, wie immer, große Geduld mit mir bei der Abfassung auch dieses Buches.

Bremen

Günter Ludyk

[4]Isaac Newton 1642–1727.

[5]Max Born 1882–1970, deutscher Physiker, Nobelpreis 1954.

[6]Pascual Jordan 1902–1980, deutscher Physiker, hat leider keinen Nobelpreis bekommen.

[7]Paul Dirac 1902–1984, englischer Physiker, Nobelpreis 1933.

[8]Wolfgang Pauli 1900–1958, deutscher Physiker, Nobelpreis 1945.

Schreibweise

Wichtige **Definitionen, Axiome** and **Sätze** werden gerahmt. Wichtige **Zwischenergebnisse** werden doppelt unterstreichen.

Skalare werden normal geschrieben:

$$a, b, c, \alpha, \beta, \gamma, \ldots$$

Vektoren werden klein und fett geschrieben:

$$\boldsymbol{x}, \boldsymbol{p}, \boldsymbol{v}, \ldots$$

Matrizen werden groß und fett geschrieben:

$$\boldsymbol{X}, \boldsymbol{P}, \boldsymbol{R}, \boldsymbol{I}, \ldots$$

Matrizenvektoren werden als große Frakturbuchstaben geschrieben:

$$\mathfrak{R}, \mathfrak{X}, \mathfrak{P}, \ldots$$

Matrizenvektoren sind Blockmatrizen, z. B.

$$\mathfrak{R} \stackrel{\text{def}}{=} \begin{pmatrix} X_1 \\ X_2 \\ X_3 \end{pmatrix}.$$

Die Einheitsmatrix $\boldsymbol{I}_n$ der Größe n ist eine $n \times n$ Matrix, bei der alle Elemente auf der Hauptdiagonalen gleich 1 sind und die übrigen gleich 0, z. B.

$$\mathbf{I}_4 = \begin{pmatrix} 1 & 0 & 0 & 0 \\ 0 & 1 & 0 & 0 \\ 0 & 0 & 1 & 0 \\ 0 & 0 & 0 & 1 \end{pmatrix}.$$

Inhaltsverzeichnis

Quantentheorie vor 1925

1

Es wird die „ältere Quantenmechanik" beschrieben, die von Nils Bohr und Arnold Sommerfeld vor 1925 eingeführt wurde. Bohrs Postulate werden formuliert und daraus dann die Größe des Atoms hergeleitet.

1.1 Bohr-Sommerfeldsche Quantisierungsregel

Bevor man mit der Quantenmechanik das Verhalten von Atomen zutreffend beschreiben konnte, haben Bohr und Sommerfeld[1] die Spektren einfacher Atome durch das Bohrsche Atommodell erklärt („ältere Quantenmechanik"). Spektrallinien treten dort als Energiedifferenzen zweier „diskreter" Elektronenbahnen auf. Die Bohr-Sommerfeldsche Quantisierungsregel fordert von der Bahn des Elektrons um den Atomkern, dass nicht nur die Bewegungsgleichung, sondern für jeden Umlauf zusätzlich

$$\oint p \, \mathrm{d}x = nh \qquad (n = 1, 2, \ldots) \tag{1.1}$$

gelten muss. Dabei ist p der Impuls und x der Ort, der durchlaufen wird. Dieses Linienintegral hat wie ein Drehimpuls die Dimension Ort mal Impuls und ist eine Wirkung,

$$h = 2\pi \cdot \hbar = 2\pi \cdot 1{,}054572 \cdot 10^{-34}\,\mathrm{Js} = 6{,}6260755 \cdot 10^{-34}\mathrm{Js} = 4{,}1356692 \cdot 10^{-15}\,\mathrm{eV}$$

ist das Plancksche Wirkungsquantum[2]. Die Wirkung jeder stationären Elektronenbahn im Atom ist also gequantelt, sie tritt nur als ganzzahliges Vielfaches des Planckschen Wirkungsquantums auf. Eine ausführliche Sommerfeldsche Herleitung [SO21] enthält der folgende Abschnitt.

---

[1] Arnold Sommerfeld 1868–1951, deutscher Physiker.

[2] Max Planck 1858–1947, deutscher Physiker, Nobelpreis 1919

G. Ludyk, *Quantenmechanik nur mit Matrizen*,
https://doi.org/10.1007/978-3-662-60882-1_1

1.2 Sommerfelds Herleitung

Wir betrachten einen beliebig bewegten Massenpunkt mit dem Impuls

$$\boldsymbol{p} = m\boldsymbol{v}. \tag{1.2}$$

Mit $\boldsymbol{v} = \dot{\boldsymbol{q}}$ wird daraus

$$\boldsymbol{p} = m\dot{\boldsymbol{q}}. \tag{1.3}$$

Wichtig ist, dass sich neben das geometrische Tripel der Lagekoordinaten $\boldsymbol{q}$ das dynamische Tripel der Impulskoordinaten $\boldsymbol{p}$ stellt.

Nach Newton ist

$$\dot{\boldsymbol{p}} = \boldsymbol{f} = -\frac{\partial E_{pot}}{\partial \boldsymbol{q}}. \tag{1.4}$$

Dabei wurde angenommen, dass die Kraft $\boldsymbol{f}$ aus einer potentiellen Energie E_{pot} (eine Funktion der Lagekoordinaten q_i) ableitbar ist. Unter Benutzung von (1.3) erhält man für die kinetische Energie

$$E_{kin} = \frac{m}{2}\dot{\boldsymbol{q}}^{\mathsf{T}}\dot{\boldsymbol{q}} = \frac{1}{2m}\boldsymbol{p}^{\mathsf{T}}\boldsymbol{p}.$$

Die Gesamtenergie, als Funktion der q_k und p_k gedacht, nennt man die Hamiltonsche Funktion H. Es ist

$$H(\boldsymbol{q}, \boldsymbol{p}) = E_{kin} + E_{pot}, \quad \frac{\partial H}{\partial \boldsymbol{q}} = \frac{\partial E_{pot}}{\partial \boldsymbol{q}}, \quad \frac{\partial H}{\partial \boldsymbol{p}} = \frac{\partial E_{kin}}{\partial \boldsymbol{k}} = \frac{\boldsymbol{p}}{m}.$$

Infolgedessen schreiben sich die Grundgleichungen (1.3) und (1.4):

$$\frac{d\boldsymbol{q}}{dt} = \frac{\partial H}{\partial \boldsymbol{p}}, \quad \frac{d\boldsymbol{p}}{dt} = -\frac{\partial H}{\partial \boldsymbol{q}}. \tag{1.5}$$

Identisch mit (1.3) ist

$$\boldsymbol{p} = \frac{\partial E_{kin}}{\partial \dot{\boldsymbol{q}}}, \tag{1.6}$$

wobei die kinetische Energie als Funktion von $\boldsymbol{q}$ und $\dot{\boldsymbol{q}}$ ausgedrückt wurde.

Die jeweiligen Werte der Koordinaten $\boldsymbol{q}$ und $\boldsymbol{p}$ bestimmen den jeweiligen Zustand des Systems. Um den Bewegungszustand des Systems nach Lage ($\boldsymbol{q}$) und Geschwindigkeit bzw. Impuls ($\boldsymbol{p}$) anschaulich zusammenzufassen, denken wir uns beim einzelnen Massenpunkt (drei Freiheitsgrade) seine drei Koordinaten $\boldsymbol{q}$ und seine drei Koordinaten $\boldsymbol{p}$ als rechtwinklige Koordinaten in einem Zustandsraum von sechs Dimensionen aufgetragen, so dass jeder Punkt dieses Raumes einen Zustand unseres Massenpunktes darstellt. Bei einem System von g Freiheitsgraden erhält dieser Zustandsraum $2g$ Dimensionen.

Wir können uns zunächst auf Systeme von einem Freiheitsgrad beschränken, für welche der allgemeine Zustandsraum zu einer einfachen Zustandsebene wird. In dieser Zustandsebene unseres Systems von einem Freiheitsgrad zeichnen wir q und p in rechtwinkligen Koordinaten auf. Wir konstruieren in dieser Ebene die „Zustandsbahnen", das heißt die Folge derjenigen Bildpunkte, welche den aufeinanderfolgenden Bewegungszuständen des Systems entsprechen. Von jedem Punkt als Anfangszustand ausgehend, könnten wir solche Zustandsbahnen zeichnen und mit ihnen die Zustandsebene überall dicht überdecken. Es ist aber für die Quantentheorie charakteristisch, dass sie eine diskrete Schar von Zustandsbahnen aus der unendlichen Mannigfaltigkeit derselben herausgreift. Um dieselben zu definieren, betrachten wir zunächst den Flächeninhalt der Zustandsebene, der von zwei beliebigen Zustandsbahnen begrenzt wird und nennen ihn „Zustandsausdehnung". Dann zeichnen wir unsere Schar so, dass die Zustandsausdehnung zwischen zwei ihrer Nachbarkurven stets gleich dem Wirkungsquantum h sei. h gewinnt dadurch die Bedeutung des *Elementarbereichs der Zustandsausdehnung*. Diese Bedeutung werden wir als die eigentliche Definition des Planckschen Wirkungsquantums h ansehen.

Wir erläutern diese reichlich abstrakten Vorstellungen zunächst an zwei wichtigen Sonderfällen, dem Beispiel des Oszillators und des Rotators. Als linearen *Oszillator* bezeichnen wir einen federnd an seine Ruhelage gebundenen Massenpunkt m, der sich nur in einer Richtung $x = q$ aus derselben beiderseits entfernen kann und dabei eine rücktreibende Kraft, aber keinen Dämpfungswiderstand erfährt. Der Oszillator ist das einfachste Bild eines Schwingungszentrums, wie es in der Optik als „quasielastisch gebundenes Elektron" vorausgesetzt wird. Wir sprechen genauer von dem harmonischen Oszillator, wenn wir betonen wollen, dass derselbe vermöge seiner elastischen Bindung nur einer bestimmten Eigenschwingung fähig ist. Die Schwingungszahl des Oszillators (Anzahl seiner freien Schwingungen in der Zeiteinheit) sei ν. Die Darstellung des Schwingungsvorganges lautet dann:

$$x = q = a \sin 2\pi \nu t. \tag{1.7}$$

Der Impuls p wird hier einfach gleich $m\dot{q}$, also

$$p = 2\pi\, \nu\, m\, a\, \cos 2\pi \nu t. \tag{1.8}$$

Durch Elimination von t aus (1.7) und (1.8) erhält man als Zustandsbahn eine Ellipse in der p, q-Ebene von der Gleichung

$$\frac{q^2}{a^2} + \frac{p^2}{b^2} = 1, \tag{1.9}$$

wo die kleine Hauptachse b die Bedeutung

$$b = 2\pi\, \nu\, m\, a \tag{1.10}$$

hat. Der Flächeninhalt der Ellipse ist

$$a\, b\, \pi = 2\pi^2 \nu\, m\, a^2.$$

Wir behaupten, dass dieselbe Größe auch gleich E/ν ist, wobei wir unter E die bei der Schwingung konstante Energie verstehen. Berechnen wir E z. B. im Zeitpunkt $t = 0$, so wird hier die potentielle Energie gleich null und die kinetische Energie gleich

$$\frac{m}{2}a^2(2\pi\nu)^2 = E, \tag{1.11}$$

also in der Tat

$$a\,b\,\pi = \frac{E}{\nu}. \tag{1.12}$$

Indem wir E verändern, erhalten wir in der Phasenebene (p, q) in Abb. 1.1 als Phasenbahnen eine Schar von ähnlichen Ellipsen, da nach (1.10) das Verhältnis b/a den konstanten Wert $2\pi\,\nu\,m$ hat. Wir haben die Ellipsen der Schar so aufeinanderfolgen zu lassen, dass die entstehenden Ellipsenringe die gleiche Fläche h enthalten. Bezeichnen wir mit ΔE den Unterschied der Energiekonstanten für zwei aufeinanderfolgende Ellipsen der Schar, so erhalten wir aus (1.12):

$$h = \frac{\Delta E}{\nu}, \quad \Delta E = h\,\nu. \tag{1.13}$$

Nummerieren wir die Ellipsen mit 0, 1, ..., n und nennen die zugehörigen Energien $E_0, E_1, \ldots, E_n$, so folgt aus (1.13)

$$E_n = E_0 + h\,\nu\,n. \tag{1.14}$$

Während in der klassischen Theorie alle Punkte der Zustandsebene gleichberechtigt sind und mögliche Zustände des Oszillators darstellen, sind in der Quantentheorie die Zustände ausgezeichnet, deren Bildpunkte auf einer Ellipse unserer Schar liegen. Sie stellen die stationären Zustände des Oszillators dar, also solche Zustände, die der Oszillator dauernd und ohne Energieverlust durchlaufen kann, also beim geladenen Massenpunkt ohne Ausstrahlung. Von Zeit zu Zeit aber ändert der Oszillator seine

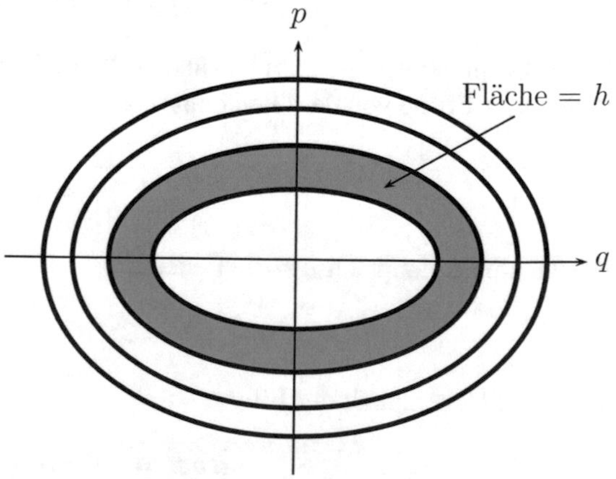

Abb. 1.1 Zustandsebene des linearen Oszillators

Energie. Er emittiert Energie, wenn sein Bildpunkt auf eine kleinere Ellipse überspringt. Er absorbiert Energie, wenn der Bildpunkt auf eine größere Ellipse versetzt wird. Emission und Absorption geschehen in Vielfachen des Energiequantums $h\,\nu$.

Wir verallgemeinern diesen Sachverhalt auf ein beliebiges mechanisches System von einem Freiheitsgrad und sagen: *Der Bildpunkt des Systems in der Zustandsebene ist an gewisse quantentheoretisch ausgezeichnete „gequantelte" Zustandsbahnen gebunden. Jede derselben schließt mit der folgenden ein Elementargebiet der Größe h ein. Die n-te dieser Bahnen habe* (wenn geschlossen) *den Flächeninhalt*

$$J = \iint \mathrm{d}p\,\mathrm{d}q, \tag{1.15}$$

das Integral erstreckt *über das Innere der n-ten Bahn.* Führen wir die Integration nach p aus (entsprechend der elementaren Formel $\int y\mathrm{d}x$ für den Flächeninhalt einer Kurve $y = f(x)$), so entsteht

$$J = \int p\,\mathrm{d}q, \tag{1.16}$$

dieses Integral erstreckt *über die n-te Bahn selbst.* Wir nennen (1.16) das *Zustandsintegral* oder die *Wirkung.*

Die endgültige Formulierung der Quantenhypothese sehen wir in der Forderung, dass der Unterschied des *Zustandsintegrals für zwei aufeinanderfolgende Bahnen gleich h sein soll:*

$$\Delta J = h, \quad J = J_0 + n\,h. \tag{1.17}$$

Diese Forderung sondert aus der *kontinuierlichen Mannigfaltigkeit aller mechanisch möglichen Bewegungen eine diskret unendliche Anzahl wirklicher, quantentheoretisch möglicher Bewegungen aus.* Im Gegensatz zu dieser allgemeinen Fassung der Quantenhypothese bedeutet die ursprüngliche, für die Wärmestrahlung formulierte Energiequantenhypothese Plancks nur eine spezielle, auf den Oszillator passende Folgerung. Der Auswertung des Zustandsintegrals (1.15) waren wir im Vorangehenden nur deshalb enthoben, weil wir den Inhalt der Ellipsen nach der Formel $a\,b\,\pi$ direkt berechnen konnten. Im Besonderen ergibt sich aus (1.17) unter der Annahme $J_0 = 0$ die zu (1.14) analoge Formulierung:

$$J = \int p\,\mathrm{d}q = n\,h. \tag{1.18}$$

Vom Oszillator gehen wir über zum *Rotator.* Wir verstehen darunter einen Massenpunkt m, der um ein festes Zentrum gleichförmig auf einem Kreis vom Radius a umläuft. Die naturgemäße Lagenkoordinate ist hier der Winkel φ, unter dem der Massenpunkt vom Zentrum aus erscheint, gezählt von einer willkürlichen Anfangslage $\varphi = 0$ aus. Wir setzen also $q = \varphi$. Die kinetische Energie ist, da die Geschwindigkeit der Masse m gleich $a\dot{q}$ ist,

$$E_{kin} = \frac{m}{2}\,a^2\dot{q}^2. \tag{1.19}$$

Die potentielle Energie wird bei gleichförmigem Umlauf jedenfalls von φ unabhängig; ob sie von a abhängt, ist uns gleichgültig, da a bei der Bewegung konstant ist. Wir können demnach schreiben

$$E_{pot} = \text{const.}$$

Der zu $\dot{q}$ gehörige Impuls ist nach (1.6) und (1.19)

$$p = m\,a^2 \dot{q}. \tag{1.20}$$

Da $\dot{q}$ =const ist, ist der Impuls p ebenfalls konstant, wie übrigens auch aus den Bewegungsgleichungen (1.5) folgt. Deshalb ist die Zustandsbahn des Rotators in der Zustandsebene (qp) einen Parallele zur q-Achse, Abb. 1.2.

Die Zustandsbahn ist hier also keine geschlossene Kurve. Daher muss in diesem Fall erst definiert werden, was als Flächeninhalt der Zustandsbahn gelten soll. Hierzu dient folgende Bemerkung: Der Zustand des Rotators (seine Lage in der Bahn und die Richtung seines Impulses) wiederholt sich nach jedem vollen Umlauf. Die wirkliche Zustandsbahn ist also keine unendliche, sondern eine in sich zurückkehrende Gerade. Die Zustandsebene des Rotators hat in der q-Richtung nur die Ausdehnung 2π; man kann sie etwa an der Geraden $q = \pm\pi$ aufschneiden und zu einem Zylinder zusammenheften. Der Flächeninhalt des Zylinders zwischen der n-ten und der $(n-1)$-ten Zustandsbahn ist, als Rechteck mit der Grundlinie 2π, gleich $2\pi(p_n - p_{n-1})$. Diese Fläche haben wir gleich h zu setzen. Für die Fläche zwischen der n-ten und der nullten Zustandsbahn, welche die q-Achse ist, folgt dann

$$2\pi\, p_n = n\,h. \tag{1.21}$$

Diese Fläche tritt hier an die Stelle des Flächeninhalts der geschlossenen Kurven von vorher.

Daraus ergibt sich, dass *der Rotator* nicht wie der Oszillator nach Energiequanten, sondern nach Impulsquanten zu quanteln ist. Beim Rotator wird der Impuls ein ganzes Vielfaches von $h/2\pi$. Berechnen wir dagegen die Energie (kinetische Energie) des Rotators, so folgt aus (1.19) und (1.20)

$$E_{kin} = \frac{p\,\dot{q}}{2}$$

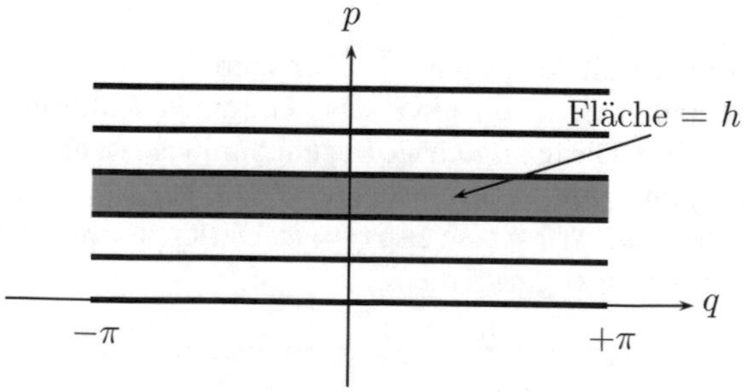

Abb. 1.2 Zustandsebene des Rotators

und aus (1.21) mit $\nu = \dot{q}/2\pi$:

$$E_{kin} = \frac{n\,h}{2}\frac{\dot{q}}{2\pi} = \frac{n\,h\,\nu}{2}. \tag{1.22}$$

Hier bedeutet ν die Umlaufzahl des Rotators (Anzahl der vollen Umläufes in der Zeiteinheit), welche sinngemäß an die Stelle der Schwingungsfrequenz beim Oszillator tritt.

1.3 Bohrsche Postulate

Bohr formulierte sein Modell, indem er das Rutherfordsche Modell um drei Postulate erweiterte. Sie lauten:

1. Elektronen bewegen sich auf stabilen Kreisbahnen um den Atomkern. Anders als es die Theorie der Elektrodynamik vorhersagt, strahlen die Elektronen beim Umlauf keine Energie in Form von elektromagnetischer Strahlung ab.
2. Der Radius der Elektronenbahn ändert sich nicht kontinuierlich, sondern sprunghaft. Bei diesem Quantensprung wird elektromagnetische Strahlung abgegeben (oder aufgenommen), deren Frequenz sich aus dem von Max Planck entdeckten Zusammenhang zwischen Energie und Frequenz des Lichts ergibt. Wenn E_n die Energie des Ausgangszustands und E_m die Energie des Zielzustands ist, dann wird ein Lichtquant emittiert mit der Frequenz ν der ausgesandten Strahlung

$$\nu = \frac{(E_m - E_n)}{h}. \tag{1.23}$$

3. Elektronenbahnen sind nur stabil, wenn der Bahndrehimpuls L des Elektrons ein ganzzahliges Vielfaches des reduzierten Planckschen Wirkungsquantums $\hbar = \frac{h}{2\pi}$ ist: $L = n\hbar$. Dieses Postulat wird häufig auch *Auswahlbedingung* genannt.

Weiter gilt die klassische Bewegungsgleichung:

Coulomb-Kraft = Zentripetalkraft

1.4 Atomgröße

Das Bohrsche Atommodell erlaubt den Vergleich einer Reihe von numerischen Resultaten mit experimentellen Ergebnissen, allen voran die Position der Linien des Wasserstoffspektrums. Das Bohrsche Atommodell betrachtet das Elektron als punktförmiges Teilchen, das durch die entgegengesetzte elektrische Ladung des Kerns angezogen wird. Diese Kraft lenkt die Bahn des Elektrons nach den Gesetzen der klassischen Mechanik in Kreisbahnen. Deshalb nennt man im Bohrschen Atommodell den Abstand eines Elektrons zum Kern auch *klassischen Atomradius*.

Der Drehimpuls L eines Teilchens mit Masse m und Geschwindigkeit v auf einer Kreisbahn mit dem Radius r ist:

$$L = m\,v\,r.$$

Auf das Teilchen wirkt eine Zentripetalkraft

$$F_{\text{zentr}} = \frac{mv^2}{r}.$$

Andererseits wirkt auf das Elektron mit der Elementarladung e im elektrischen Feld des Protons nach dem Coulomb-Gesetz die Kraft

$$F_{\text{el}} = \frac{e^2}{4\pi\varepsilon_0 r^2}.$$

Die Zentripetalkraft, die das Teilchen auf der Kreisbahn hält, wird durch die Coulomb-Kraft aufgebracht, was bedeutet, dass beide gleich groß sind:

$$F_{\text{el}} = F_{\text{zentr}} \quad \Leftrightarrow \quad \frac{e^2}{4\pi\varepsilon_0 r^2} = \frac{m_e v^2}{r}. \tag{1.24}$$

Der Drehimpuls muss der vorausgesetzten Auswahlbedingung genügen. Sie ergibt sich aus der Tatsache, dass der Umfang der Kreisbahn ein ganzzahliges Vielfaches der Elektronenelementarwellenlänge (De-Broglie-Wellenlänge) sein muss, da diese sich ansonsten destruktiv auslöschen würde, und somit das Elektron eine stehende Materiewelle auf der Kreisbahn ist:

$$\lambda_{\text{dB}} = \frac{h}{p} = \frac{h}{m_e v} 2\pi r = n\frac{h}{m_e v}$$

Durch Auflösen nach v erhält man mit

$$\hbar \overset{\text{def}}{=} \frac{h}{2\pi}$$

$$v = \frac{n\hbar}{m_e r}$$

und durch Einsetzen für die Geschwindigkeit v:

$$\frac{e^2}{4\pi\varepsilon_0 r^2} = \frac{m_e\left(\frac{n\hbar}{m_e r}\right)^2}{r} \quad \Leftrightarrow \quad \frac{e^2}{4\pi\varepsilon_0 r^2} = \frac{m_e n^2\hbar^2}{m_e^2 r^3} \quad \Leftrightarrow$$

$$r_n = n^2\frac{\varepsilon_0 \cdot h^2}{m_e e^2 \pi}. \tag{1.25}$$

Der kleinste Radius mit $n = 1$ wird als Bohrscher Atomradius bezeichnet

$$r_1 = \frac{\varepsilon_0 h^2}{m_e e^2 \pi} \approx 5{,}29 \cdot 10^{-11}\text{m}. \tag{1.26}$$

Es gilt also für jede weitere Elektronenbahn

$$r_n = n^2 \cdot r_1 \approx n^2 \cdot 5{,}29 \cdot 10^{-11}\text{m}. \tag{1.27}$$

Die Energie des Elektrons E_n setzt sich aus seiner kinetischen und seiner potentiellen Energie zusammen, wobei die potentielle Energie negativ ist:

$$E_n = E_{kin} + E_{pot} = \frac{m_e \cdot v_n^2}{2} - \frac{1}{4\pi\varepsilon_0} \cdot \frac{e^2}{r_n}. \tag{1.28}$$

Aus (1.24) folgt

$$v_n^2 = \frac{e^2}{4\pi\varepsilon_0 r}.$$

Damit in (1.28), liefert

$$E_n = -\frac{1}{2}\frac{1}{4\pi\varepsilon_0}\frac{e^2}{r_n}.$$

Mit (1.26) und (1.27) wird daraus

$$E_n = -\frac{1}{2}\frac{1}{4\pi\varepsilon_0}\frac{e^2}{n^2 r_1} = -\frac{m_e e^4}{8\varepsilon_0^2 h^2}\frac{1}{n^2} = -13{,}6\,\text{eV} \cdot \frac{1}{n^2}. \tag{1.29}$$

Ein Elektron kann in einem Wasserstoffatom nur diese Energiewerte annehmen, wobei die ganze Zahl n seine augenblickliche Bahn kennzeichnet.

Heisenberg 1925

2

Ausgehend von den bekannten Tatsachen von Spektrallinien, werden die von Heisenberg ab 1925 vorgetragenen Ideen vorgestellt und die Matrizen-Quantenmechanik eingeführt.

2.1 Die Spektrallinien

Die im 19. Jahrhundert vorgenommenen Untersuchungen der Spektrallinien bilden die Vorläufer der Quantentheorie. Sie gehen von den messbaren Größen Frequenz und Helligkeit der Spektrallinien aus. Denn das emittierte Licht setzt sich aus sehr präzisen Frequenzen zusammen. Kirchhoff und Bunsen entdeckten 1850, dass Elemente charakteristische Linien in ihren Spektren erzeugen.

Im sichtbaren Bereich des *Wasserstoffspektrums* werden vier Linien beobachtet, wobei der Abstand mit abnehmender Wellenlänge abnimmt:

$$f(t) = \sum_{\omega \in spektrum H} c_\omega e^{i\omega t}.$$

Im Jahre 1885 entdeckte der Schweizer Mathematiker Balmer (Lehrer an einem Lyzeum), dass sich die Wellenlängen λ dieser Linien mit der einfachen Formel

$$\lambda = A\left(\frac{n^2}{n^2 - 4}\right)$$

berechnen lässt. Hierbei ist $A = 364,56 \times 10^{-9}$ m und $n = 3, 4, 5$ oder 6 einzusetzen. Es ergeben sich so die Wellenlängen in Nanometer:

- 656,279 nm (Rot),
- 486,133 nm (Blaugrün)

G. Ludyk, *Quantenmechanik nur mit Matrizen*,
https://doi.org/10.1007/978-3-662-60882-1_2

- 434,047 nm (Violett)
- 410,174 nm (Violett)

Für die Frequenzen $\nu = c/\lambda$ (c ist die Lichtgeschwindigkeit) erhält man dann die Balmer-Formel[1]

$$\frac{1}{\lambda} = R\left(\frac{1}{4} - \frac{1}{n^2}\right),$$

$R = 4/A$ ist die sogenannte Rydberg-Konstante[2,3] ist, d. h., es ist

$$\frac{1}{\lambda} = 10.973.731\left(\frac{1}{4} - \frac{1}{n^2}\right) \ [\mathrm{m}^{-1}].$$

Das ist die Tabelle der heute bekannten Spektrallinien der Balmer-Serie:

Übergang $n \to m = 2$	$3 \to 2$	$4 \to 2$	$5 \to 2$	$6 \to 2$	$7 \to 2$	$8 \to 2$
Name	H_α	H_β	H_γ	H_δ	H_ϵ	H_ζ
Gemessen (nm)	656,2793	486,1327	434,0466	410,1738	397,0075	388,8052
Berechnet (nm)	656,278	486,132	434,045	410,1735	397,0074	388,8057
Farbe	Rot	Blaugrün	Violett	Violett	Violett	Violett

Fünf Jahre später, 1890, verallgemeinerte Rydberg die Gleichung von Balmer zur Rydberg-Formel[4]

$$\frac{1}{\lambda} = R\left(\frac{1}{m^2} - \frac{1}{n^2}\right)$$

mit $m = 1, 2, \ldots$ und $n = m + 1, m + 2, \ldots$. Für $m = 1$ erhält man die Lyman-Serie, für $m = 2$ die Balmer-Serie, für $m = 3$ die Paschen-Serie, für $m = 4$ die Brackett-Serie und für $m = 5$ die Pfund-Serie, jeweils benannt nach ihren Entdeckern, Abb. 2.1.

Für die Spektren anderer Elemente erhält man andere Rydberg-Konstanten. Der Schweizer Physiker Ritz entdeckte 1908 dann, dass man aus den bekannten Spektrallinien eines Elements neue Linien herleiten kann, ohne irgend welche Konstanten ändern zu müssen. Dies geht so: Aus den obigen Formeln geht hervor, dass die entstehenden Frequenzen ν von zwei ganzen Zahlen, nämlich m und n, abhängen

$$\nu(m, n) = Rc\left(\frac{1}{m^2} - \frac{1}{n^2}\right). \tag{2.1}$$

[1]Johann Jakob Balmer 1825–1898

[2]Johannes Rydberg 1854–1919

[3]Am genauesten bekannte Naturkonstante $R_\infty = 10.973.731,568.539(55)\, m^{-1}$. Der Index ∞ soll darauf hinweisen, dass hierbei von einer unendlich großen Kernmasse ausgegangen wird.

[4]$R_\infty c = 3{,}289841960\ (22) \cdot 10^{15}$ Hz

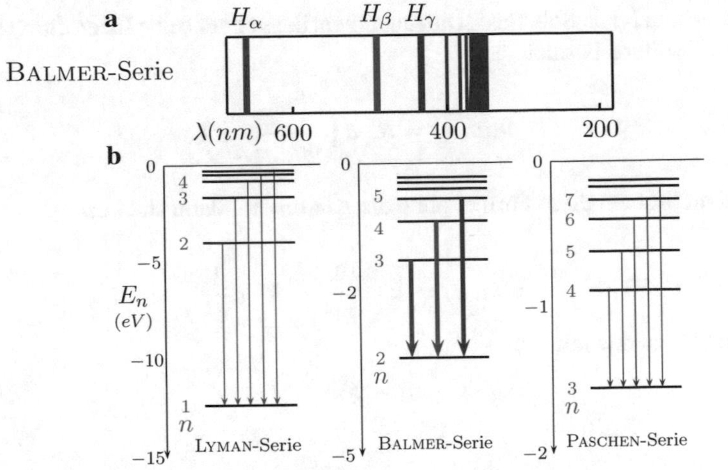

Abb. 2.1 **a** Der sichtbare Teil des Wasserstoffspektrums der Balmer-Serie. **b** Energieniveaus und Übergänge

Name	n1	n2	Formel	Spektralbereich/Farbe
Lyman-Serie	1	2, 3, 4, ...	$\tilde{\nu} = R\left(1 - \frac{1}{n_2^2}\right)$	Vakuum-UV (121 nm → 91 nm)
Balmer-Serie	2	3, 4, 5, ...	$\tilde{\nu} = R\left(\frac{1}{2^2} - \frac{1}{n_2^2}\right)$	Rot, Blaugrün, 4 × Violett, dann Übergang zum nahen UV → 365 nm
Paschen-Serie	3	4, 5, 6, ...	$\tilde{\nu} = R\left(\frac{1}{3^2} - \frac{1}{n_2^2}\right)$	IR-A (1875 nm → 820 nm)
Brackett-Serie	4	5, 6, 7, ...	$\tilde{\nu} = R\left(\frac{1}{4^2} - \frac{1}{n_2^2}\right)$	IR-B (4050 nm → 1460 nm)
Pfund-Serie	5	6, 7, 8, ...	$\tilde{\nu} = R\left(\frac{1}{5^2} - \frac{1}{n_2^2}\right)$	IR-B (7457 nm → 2280 nm)

Addiert man zwei verschiedene Frequenzen $\nu(m_1, n_1)$ und $\nu(m_2, n_2)$ eines Spektrums, erhält man

$$\nu(m_1, n_1) + \nu(m_2, n_2) = Rc\left(\frac{1}{m_1^2} - \frac{1}{n_1^2} + \frac{1}{m_2^2} - \frac{1}{n_2^2}\right). \tag{2.2}$$

Wenn $n_1 = m_2$ ist, erhält man die neue Frequenz durch das *Ritzsche Kombinationsprinzips*

$$\underline{\underline{\nu(m_1.n_2) = \nu(m_1, n_1) + \nu(n_1, n_2)}} = R \cdot c\left(\frac{1}{m_1^2} - \frac{1}{n_2^2}\right). \tag{2.3}$$

Und dann kam Niels Bohr! Es ist anzunehmen, dass er auf seine Ideen durch Betrachtung der Rydberg-Formel

$$\nu(m,n) = R \cdot c \left(\frac{1}{m^2} - \frac{1}{n^2} \right)$$

kam. Schreibt man diese Formel ohne die Klammern, dann steht da

$$\nu(m,n) = R \cdot c \frac{1}{m^2} - R \cdot c \frac{1}{n^2}. \tag{2.4}$$

Vergleicht man das mit

$$E = h \cdot \nu,$$

also

$$\nu = \frac{E}{h},$$

ist es doch naheliegend, für (2.4)

$$\nu(m,n) = \frac{E_m}{h} - \frac{E_n}{h} \tag{2.5}$$

zu schreiben. Daraus folgt dann, dass

$$E_k = \frac{h \cdot R \cdot c}{k^2}$$

ist. Mit der Dimension ist auch alles in Ordnung, denn das Wirkungsquantum h hat die Dimension Js, $R \cdot c$ hat die Dimension s^{-1} und k ist eine diemensionslose ganze Zahl, also hat E_k in der Tat die Dimension einer Energie J.

Jetzt kann man nochmals hervorheben, dass in der Quantentheorie das mechanische Verhalten eines Atoms durch zwei grundlegende Größen charakterisiert wird, nämlich die Energie E_n des stationären Zustandes n und die Wahrscheinlichkeit pro Zeiteinheit $A(n,m)$ des spontanen Überganges vom Zustand n in den Zustand m. Bei einer spektroskopischen Untersuchung wird die vom Atom emittierte Strahlung gemessen, das Linienspektrum. Die Quantentheorie setzt dann die mechanischen Eigenschaften, nämlich E_n und $A(n,m)$, ins Verhältnis zu den spektralen Eigenschaften, nämlich Frequenz und Intensität des emittierten Lichtes. Die Energie $E_n - E_m$ bestimmt die Frequenz des Lichtes und die Übergangswahrscheinlichkeit $A(n,m)$ bestimmt die Intensität.

Das Aussenden einer Strahlung durch ein Atom ist die Folge eines Elektronensprungs zwischen zwei diskreten Elektronenbahnen. Die Übergangswahrscheinlichkeit bestimmt das Auftreten eines Quantensprungs. Die ausgesendete Strahlung während des Übergangs $n \to m$ hat die Frequenz $\nu(n,m)$. Während des Übergangs $n \to m$ tritt also der mechanische Energieverlust $E_m - E_n$ als Photon der Energie $h\,\nu(n,m) = \hbar\omega(n,m)$ auf. Wegen der Energieerhaltung, muss $E_m = E_n + \hbar\,\omega(n,m)$ sein, also $E_m - E_n = \hbar\,\omega(n,m)$.

Ein einzelnes Photon erzeugt nur einen Lichtblitz einer Spektrallinie. Die vollständige Spektrallinie wird nur erzeugt, wenn viele Atome viele Photonen erzeugen. Die Anzahl der Photonen mit der Frequenz $\omega(n, m) = 2\pi\nu(n, m)$, die pro Zeiteinheit an einem gegebenen Ort im Spektrometer ankommt, bestimmt die Linienstärke. Die Linienstärke wird also festgelegt durch die Anzahl der springenden Elektronen, d. h., der Übergangsrate $A(n, m)$.

Gegeben sei eine Menge von Atomen, wobei jedes im Zustand n sei. Dann ist die Lichtstärke $P(n, m)$ des Übergangs $n \to m$ definiert durch den Aufwand an emittierter Energie pro Zeiteinheit Δt und pro Atom durch die ganze Atommenge

$$P(n, m) \stackrel{\text{def}}{=} \frac{1}{N_n} \frac{\Delta E(n, m)}{\Delta t}. \tag{2.6}$$

Hierbei ist N_n die Anzahl der Atome im Zustand n, und $\Delta E(n, m)$ ist der Energieaufwand aller Atome, die in dem Zeitintervall Δt den Übergang $n \to m$ vollziehen. Wieder folgt aus dem Satz über die Erhaltung der Energie, dass

$$\Delta E(n, m) = \Delta N(n, m)\hbar\omega(n, m)$$

ist, wobei $\Delta N(n, m)$ die Anzahl der Atome ist, die in dem Zeitintervall Δt von n nach m springen. Für große N_n ist der Anteil von Atomen, die springen, gleich der Wahrscheinlichkeit für ein Atom zu springen, nämlich

$$\Delta N(n, m)/N_n = A(n, m)\Delta t.$$

$A(n, m)$ ist also die Wahrscheinlichkeit pro Zeiteinheit. Aus (2.6) wird dann

$$P(n, m) = \frac{\Delta N(n, m)\hbar\omega(n, m)}{N_n \Delta t} = A(n, m)\hbar\omega(n, m). \tag{2.7}$$

Daraus geht hervor, dass helle Linien zu sehr wahrscheinlichen Übergängen und schwache Linien zu unwahrscheinlichen Übergängen gehören.

2.2 Einführung von Matrizen

Werner Heisenberg ging von dem Prinzip aus, dass Begriffe und Vorstellungen, die keinem physikalisch beobachtbaren Tatbestand entsprechen, in der theoretischen Beschreibung nicht gebraucht werden sollten. Heisenberg verbannte die Vorstellung von Elektronenbahnen mit bestimmten Radien und Umlaufperioden, weil diese Größen nicht beobachtbar sind, und forderte, die Theorie mit Hilfe von quadratischen Schemata aufzubauen. Statt die Bewegung dadurch zu beschreiben, dass man eine Koordinate als Zeitfunktion $x(t)$ angibt, soll man ein Schema von Übergangsamplituden x_{mn} bestimmen. Grundlage für Heisenbergs Theorie dürfen nur messbare Größen sein. Das waren die Frequenzen und Stärken der Spektrallinien von Atomen.

Aus der Rydberg schen Formel folgt, dass jede Frequenz $\nu(n, m)$ des beobachteten Spektrums als Differenz zweier Energieterme E_n und E_m aufritt

$$h\,\nu(n, m) = E_n - E_m. \tag{2.8}$$

Daraus folgt sofort das Ritzsche Kombinationsprinzip:

$$\underline{\underline{\nu(n, k) + \nu(k, m)}} = \frac{1}{h}\left((E_n - E_k) + (E_k - E_m)\right) = \frac{1}{h}(E_n - E_m) = \underline{\underline{\nu(n, m)}}. \tag{2.9}$$

Die ν sind die beobachtbaren Frequenzen des Spektrums. Weiter folgt aus (2.8)

$$\underline{\underline{\nu(n, m)}} = \frac{1}{h}(E_n - E_m) = -\frac{1}{h}(E_m - E_n) = \underline{\underline{-\nu(m, n)}} \tag{2.10}$$

und

$$\nu(n, n) = \frac{1}{h}(E_n - E_n) = 0. \tag{2.11}$$

Die Frequenzen und die Intensitäten der Spektrallinien sind die einzigen zur Verfügung stehenden Daten von dem, was im Inneren eine Atoms geschieht. Da die auftretenden Frequenzen von *zwei* Termen abhängen, ist es sinnvoll, die Frequenzen in einer Tabelle anzuordnen. In der ersten Zeile stehen alle Frequenzen, die, ausgehend von E_0, erzeugt werden, also

$$\nu(0, 0), \nu(0, 1), \nu(0, 2), \ldots.$$

In der zweiten Zeile stehen entsprechend die Frequenzen, die ausgehend von E_1 aus erzeugt werden, nämlich

$$\nu(1, 0), \nu(1, 1), \nu(1, 2), \ldots.$$

In den Spalten stehen dann immer die Frequenzen untereinander, die beim Erreichen eines bestimmten Niveaus erzeugt werden können. Zusammenfassend erhält man also die folgende Tabelle in Form einer Matrix $\mathbf{\Omega}$

$$\mathbf{\Omega} = 2\pi \begin{pmatrix} \nu(0,0) & \nu(0,1) & \nu(0,2) & \cdots \\ \nu(1,0) & \nu(1,1) & \nu(1,2) & \cdots \\ \nu(2,0) & \nu(2,1) & \nu(2,2) & \cdots \\ \vdots & \vdots & \vdots & \vdots \end{pmatrix}. \tag{2.12}$$

Für ein harmonisch kreisendes Elektron mit der Lage $x(n, t)$, wobei der stationäre Zustand durch n beschrieben wird, kann als Fourier-Reihe beschrieben werden

$$x(n, t) = \sum_{\alpha=-\infty}^{\infty} a_\alpha e^{i\,\omega(n)t}. \tag{2.13}$$

Heisenberg erkannte, dass die α-te Komponente der klassischen Bewegung dem quantenmechanischen Übergang zwischen dem Zustand n und dem Zustand $n-\alpha$ entspricht. Heisenberg ersetzte also die unendlich vielen klassischen Komponenten

$$a_\alpha e^{i\omega(n)t}$$

durch unendlich viele

$$a(n, n-\alpha)e^{i\omega(n,n-\alpha)t}.$$

Um den Übergang von dem stationären Zustand n in den anderen Zustand $(n-\alpha)$ beschreiben zu können, ersetzte er (2.13) durch

$$x \rightarrow a(n, n-\alpha)e^{i\omega(n,n-\alpha)t},$$

oder

$$x_{nm} = a(n, m)e^{i\omega(n,m)t}, \qquad (2.14)$$

und summierte über die Übergangskomponenten wie in (2.13) Heisenberg beschrieb die Position durch eine Menge von Übergangskomponenten x_{mn}, und ersetzte $x_\alpha(n)$ durch x_{mn} und $\alpha\omega(n)$ durch $\omega(n, m)$.

Außerdem modifizierte Heisenberg die alte Bohr-Sommerfeldsche Quantisierungsregel (1.18)

$$J = \int p\,\mathrm{d}q = \int m\dot{x}^2\mathrm{d}t = h\,n,$$

integriert über eine ganze Periode der Bewegung. Wenn man diese Gleichung durch Glieder der Fouriereihe (2.13) für $x(n, t)$ ausdrückt, erhält man

$$h\,n = 2\pi m \sum_{\alpha=-\infty}^{\infty} |a_\alpha(n)|^2\alpha^2\omega_n. \qquad (2.15)$$

Das Vorhandensein der ganzen Zahl n in (2.15) erschien Heisenberg eine beliebige Bedingung zu sein, und er beschloss dass diese Bedingung durch eine neue Bedingung ersetzt werden müsste und dass die neue Bedingung den Übergang zwischen Zuständen beschreibt. Durch Differentiation von (2.15)nach n fand Heisenberg

$$h = 2\pi m \sum_{\alpha=-\infty}^{\infty} \alpha \frac{\mathrm{d}}{\mathrm{d}n}(\alpha\omega_n|a_\alpha|^2).$$

Heisenberg ersetzte die Ableitung durch eine Differenz:

$$h = 4\pi m \sum_{\alpha=0}^{\infty}\{|a(n, n+\alpha)|^2\omega(n, n+\alpha) - |a(n, n-\alpha)|^2\omega(n, n-\alpha)\}. \qquad (2.16)$$

Das ist *Heisenbergs Quantenbedingung,* sie setzt die Amplituden von unterschiedlichen Linien eines Atomspektrums zueinander in Beziehung.

Wie ist die Größe $(x(t))^2$ in der Quantenmechanik repräsentiert, wie sie z. B. bei der Modellierung eines unharmonischen Oszillators auftritt? Die Antwort der klassischen Theorie ist natürlich:

$$b_\beta(n)e^{i\omega(n)\beta t} = \sum_{\alpha=-\infty}^{\infty} a_\alpha a_{\beta-\alpha} e^{i\omega(n)(\alpha+\beta-\alpha)t}, \tag{2.17}$$

so dass,

$$(x(t))^2 = \sum_{\beta=-\infty}^{\infty} b_\beta(n)e^{i\omega(n)\beta t}. \tag{2.18}$$

Für die Quantenmechanik erschien es Heisenberg am einfachsten, (2.17)zu ersetzen durch:

$$b(n, n-\beta)e^{i\omega(n,n-\beta)t} = \sum_{\alpha=-\infty}^{\infty} a(n, n-\alpha)a(n-\alpha, n-\beta)e^{i\omega(n,n-\beta)t}. \tag{2.19}$$

Als Max Born Heisenbergs Manuskript studierte, entdeckte er, dass Heisenbergs symbolische Multiplikation nichts anderes war, als eine Matrizenmultiplikation!

Führt man alle möglichen Übergänge, ähnlich den Frequenzen ν in Ω, zusammen, erhält man eine Matrix der Form[5]

$$\boldsymbol{X} = \left(a(n, m)\, e^{i2\pi\nu(n,m)t}\right).$$

Da $\nu(n, m) = -\nu(m, n)$ ist, ist $x(n, m) = x^*(m, n)$, konjugiert. Die Matrix $\boldsymbol{X}$ ist eine *Hermitesche Matrix*[6]: Beim Transponieren der Matrix $\boldsymbol{X}$ geht jede Komponente in ihren konjugierten Wert über. Führt man also die Matrizenmultiplikation $\boldsymbol{X}\boldsymbol{X}^\mathsf{T}$ aus, gilt für die Elemente der Produktmatrix

$$a(n, m)a(m, n) = |a(n, m)|^2. \tag{2.20}$$

Born und Jordan [BO30] postulierten, dass (2.20) die *Wahrscheinlichkeit* für die Übergänge $n \rightleftharpoons m$ vom Atomzustand n in den Zustand m und umgekehrt darstellt!

Für die Diagonalelemente der Matrix $\boldsymbol{X}$ erhält man, insbesondere wenn man von der Vorstellung der Beschreibung des Zustandsübergangs ausgeht, zunächst keine Frequenz, ist

$$\nu(n, n) = 0$$

[5]Die hier auftretenden Matrizenkomponenten $x(n, m) = a(n, m)\, e^{2\pi i\nu(n,m)t}$ dürfen aber nicht mit dem klassischen Koeffizienten $a_\alpha e^{i\alpha\omega t}$ einer Fourier–Reihe (siehe Anhang) verwechselt werden, über die von $\alpha = -\infty$ bis $\alpha = +\infty$ summiert wird, um die periodische Funktion $x(t)$ zu erhalten.

[6]Charles Hermite 1822–1901

für alle n, da von n nach n kein Übergang stattfindet. Insgesamt hat man also die Form

$$X = \begin{pmatrix} a(0,0) & a(0,1)\,e^{2\pi i\nu(0,1)t} & a(0,2)\,e^{2\pi i\nu(0,2)t} & \cdots \\ a(1,0)\,e^{2\pi i\nu(1,0)t} & a(1,1) & a(1,2)\,e^{2\pi i\nu(1,2)t} & \cdots \\ a(2,0)\,e^{2\pi i\nu(2,0)t} & a(2,1)\,e^{2\pi i\nu(2,1)t} & a(2,2) & \cdots \\ \vdots & \vdots & \vdots & \ddots \end{pmatrix}. \tag{2.21}$$

Hier über irgendwelche Koeffizienten – wie bei der Fourier-Reihe – zu summieren, ergibt keinen Sinn. Vielmehr gibt quantentheoretisch die ganze Menge der Übergangskomponenten, die in der $\infty \times \infty$–Matrix X zusammengefaßt sind, die Lage, in der sich das betrachtete Systems befindet, wieder.

Ziel der ganzen Theorie ist, ein mathematisches Modell so zu erstellen, dass man

1. die allein messbaren Frequenzspektren der Atome, nämlich Frequenz und Stärke der Spektrallinien, berechnen kann und
2. beim Übergang $h \to 0$ die klassische Theorie erhält, wobei h das Plancksche Wirkungsquantum ist.

Für die zeitliche Ableitung der Elemente $x(n,m)$ der Matrix X erhält man

$$\dot{x}(n,m) = 2\pi i\nu(n,m)a(n,m)\,e^{2\pi i\nu(n,m)t}. \tag{2.22}$$

Führt man die Diagonalmatrix E mit den Matrixelementen

$$E(n,m) \stackrel{\text{def}}{=} \delta_{n,m}E_n \tag{2.23}$$

ein, also

$$E = \begin{pmatrix} E_0 & 0 & 0 & \cdots \\ 0 & E_1 & 0 & \cdots \\ 0 & 0 & E_2 & \ddots \\ 0 & 0 & 0 & \ddots \\ \vdots & \vdots & \vdots & \ddots \end{pmatrix},$$

erhält man nach (2.8) für (2.22)

$$\dot{x}(n,m) = 2\pi i\nu(n,m)x(n,m) = \frac{2\pi i}{h}(E_n - E_m)x(n,m). \tag{2.24}$$

Da die Matrix E diagonal ist, erhalten wir als Matrizenelemente

$$E_n x(n,m) = (EX)(n,m)$$

und

$$E_m x(n,m) = (\boldsymbol{XE})(n,m).$$

Deshalb erhalten wir

$$\dot{x}(n,m) = \frac{2\pi i}{h}\left((\boldsymbol{EX})(n,m) - (\boldsymbol{XE})(n,m)\right),$$

und da das für alle Matrizenelemente gilt,

$$\dot{\boldsymbol{X}} = \frac{2\pi i}{h}(\boldsymbol{EX} - \boldsymbol{XE}). \tag{2.25}$$

Das ist die einfachste Form der sogenannten *quantenmechanischen Bewegungsgleichung,* oder *Heisenbergs Bewegungsgleichung*. Hier tritt das erste Mal ein *Kommutator* auf

$$[\boldsymbol{EX}] \stackrel{\text{def}}{=} (\boldsymbol{EX} - \boldsymbol{XE}).$$

2.3 Aufgaben

2.1 **Hermitesche Matrizen:** Unter welchen Bedingungen ist das Produkt von zwei Hermiteschen Matrizen, wieder eine Hermitesche Matrix?

2.2 **Eigenvektoren:** Zeige, dass Eigenvektoren, die zu verschiedenen Eigenwerten gehörn, linear unabhängig sind.

2.3 **Eigenwerte einer hermiteschen Matrix:** Zeige, dass alle Eigenwerte einer hermiteschen Matrix reell sind.

2.4 **Eigenwerte einer Unitären Matrix:** Welche allgemeine Eigenschaft haben die Eigenwerte einer Uniären Matrix?

2.5 **Eigenvektoren:** In einem N-dimensionalen Raum sind N linear unabhängige Vektoren $\boldsymbol{a}_j$ gegeben. Konstruiere eine Menge von N normalisierten orthogonalen Vectoren $\boldsymbol{e}_j$.

2.6 **Normalisierte Eigenvektoren:** Gegben seien die beiden linear unabhängigen Vektoren $\begin{pmatrix}1\\1\end{pmatrix}$ und $\begin{pmatrix}-1\\1\end{pmatrix}$. Welche Transformationsmatrix $\boldsymbol{T}$ transformiert diese beiden Vektoren nach $\begin{pmatrix}1\\0\end{pmatrix}$ und $\begin{pmatrix}0\\1\end{pmatrix}$? Welche Vektoren hätte man erhalten, wenn wir die Methoden aus Aufgabe 2.5 verwendet hätten?

3 Ausbau der Matrizenmethode

Es werden die allgemeine Ideen der Marizenmethode beschrieben, welche durch Born, Heisenberg und Jordan entwickelt wurden und auch auf Systeme mit mehreren Freiheitgraden ausgebaut wurde.

3.1 Vertauschungsrelation

In der klassischen Mechanik wird das Verhalten eines Systems durch kanonische Variable $p_1, p_2, \ldots, q_1, q_2, \ldots$ beschrieben und sein dynamisches Verhalten ist in der Hamiltonfunktion $H(p_1, p_2, \ldots, q_1, q_2, \ldots)$ enthalten. Dieses Vorgehen ist auch für Quantensysteme geeignet. Jedoch müssen die kanonischen Variablen durch ein allgemeineres mathematisches Objekt, nämlich Matrizen, ersetzt werden. Da man bei der klassischen Hamiltontheorie enden will, ist es sinnvoll, die Elemente der Matrix $\boldsymbol{X}$ Lagekoordinate und die dazu gehörige Matrix $\boldsymbol{P} = m\dot{\boldsymbol{X}}$ Impulsmatrix zu nennen, wobei m die Teichenmasse ist.

Max Born und sein Assistent Pascual Jordan, später zusammen mit Werner Heisenberg, entwickelten die Matrizentheorie weiter. Deshalb beginnen wir mit den beiden Matrizen $\boldsymbol{X}$ und $\boldsymbol{P}$. Diese beiden Matrizen müssen nicht kommutativ sein, d. h., wir fordern nicht $\boldsymbol{XP} = \boldsymbol{PX}$. Differenziert man den Kommutator

$$[\boldsymbol{P}, \boldsymbol{X}] \stackrel{\text{def}}{=} (\boldsymbol{PX} - \boldsymbol{XP}), \tag{3.1}$$

nach der Zeit, erhält man

$$\frac{\mathrm{d}}{\mathrm{d}t}[\boldsymbol{P}, \boldsymbol{X}] = [\dot{\boldsymbol{P}}, \boldsymbol{X}] + [\boldsymbol{P}, \dot{\boldsymbol{X}}]. \tag{3.2}$$

G. Ludyk, *Quantenmechanik nur mit Matrizen*,
https://doi.org/10.1007/978-3-662-60882-1_3

Nach Newtons Gesetz ist $m\ddot{X} = f(X)$. Dies in (3.2) eingesetzt, liefert

$$\frac{\mathrm{d}}{\mathrm{d}t}[\boldsymbol{P}, \boldsymbol{X}] = \underbrace{[f(\boldsymbol{X}), \boldsymbol{X}]}_{f(\boldsymbol{X})\boldsymbol{X} - \boldsymbol{X}f(\boldsymbol{X})} + \underbrace{[\boldsymbol{P}, (1/m)\boldsymbol{P}]}_{(1/m)\boldsymbol{P}^2 - (1/m)\boldsymbol{P}^2} = \boldsymbol{0}. \tag{3.3}$$

Hierbei setzt sich $f(\boldsymbol{X})$ aus der Matrix $\boldsymbol{X}$ und Potenzen derselben zusammen. In diesem Fall ist $f(\boldsymbol{X})$ vertauschbar mit $\boldsymbol{X}$, also

$$f(\boldsymbol{X})\boldsymbol{X} = \boldsymbol{X}f(\boldsymbol{X}).$$

Der Kommutator $[\boldsymbol{P}, \boldsymbol{X}]$ *ist also eine konstante Matrix!* Welche Form hat diese konstante Matrix? Die Elemente der Kommutatormatrix setzen sich aus Summen von Produkten der Form $\dot{x}(\ell, j)x(j,k) = i\omega(\ell, j)x(\ell, j)x(j,k)$ bzw. der Form $x(\ell, j)\dot{x}(j,k) = i\omega(j,k)x(\ell, j)x(j,k)$ zusammen. Ein allgemeines Matrixelement des Kommutators $\mathrm{d}\boldsymbol{X}/\mathrm{d}t$ mit $\boldsymbol{X}$ hat die Form

$$(\boldsymbol{X}\dot{\boldsymbol{X}} - \dot{\boldsymbol{X}}\boldsymbol{X})_{\ell k} = i \sum_j (\omega(\ell, j) - \omega(j,k))\, x(\ell, j)x(j,k). \tag{3.4}$$

Die zeitliche Ableitung diese Kommutators ist

$$\begin{aligned}\frac{\mathrm{d}}{\mathrm{d}t}(\boldsymbol{X}\dot{\boldsymbol{X}} - \dot{\boldsymbol{X}}\boldsymbol{X})_{\ell k} &= i^2 \sum_j (\omega(\ell, j) - \omega(j,k))\,(\omega(\ell, j) + \omega(j,k))\, x(\ell, j)x(j,k)\\ &= i^2\omega_{\ell k} \sum_j (\omega(\ell, j) - \omega(j,k))\, x(\ell, j)x(j,k) = 0,\end{aligned}$$

wobei das Ritzsche Kombinationsprinzip beachtet wurde. Es wurde also gezeigt, das diese Größe verschwindet. Für ein Element außerhalb der Diagonalen ist $\omega(\ell, k) \neq 0$; deshalb muss die verbleibende Summe verschwinden. Aber das ist gerade ein außerhalb der Diagonalen liegendes Element von (3.4). Das bedeutet, dass nur Diagonalelemnete von (3.4) ungleich Null sind. Folglich ist $[\boldsymbol{P}, \boldsymbol{X}]$ eine *Diagonalmatrix*.

Welchen Wert haben jetzt die Elemente in der Diagonalen der Matrix $[\boldsymbol{P}, \boldsymbol{X}]$? Wir setzen für die Gesamtenergie des Systems die Energiematrix

$$\boldsymbol{H} = \frac{1}{2m}\boldsymbol{P}^2 + V(\boldsymbol{q}) \tag{3.5}$$

an. Man wei?, dass die Gesamtenergie konstant ist, also $\dot{\boldsymbol{H}} = \boldsymbol{0}$. Auch hier muss die Energiematrix $\boldsymbol{H}$ wieder konstant und eine Diagonalmatrix sein. Das Diagonalelemente $H(i,i)$ muss mit dem i-ten stationären Zustand zusammenhängen, deshalb ist es sinnvoll, $H(i,i)$ exakt gleich der konstanten Energie des Systemzustands zu wählen:

$$H(i,i) = E_i. \tag{3.6}$$

Gemäß (2.25) ist dann mit $\boldsymbol{P} = m\dot{\boldsymbol{X}}$

$$\dot{\boldsymbol{X}} = \frac{2\pi i}{h}(\boldsymbol{H}\boldsymbol{X} - \boldsymbol{X}\boldsymbol{H}), \tag{3.7}$$

also

$$\boldsymbol{P} = \frac{2\pi i m}{h}[\boldsymbol{H}, \boldsymbol{X}]. \tag{3.8}$$

Da $\boldsymbol{H}$ die Gesamtenergie repräsentiert, muss sie von der Form

$$\boldsymbol{H} = \frac{1}{2m}\boldsymbol{P}^2 + V(\boldsymbol{X}) \tag{3.9}$$

sein, mit der potentiellen Energie $V(\boldsymbol{X})$. Nimmt man an, dass die potentielle Energie gleich null ist und setzt (3.9) in (3.8) ein, erhält man

$$\boldsymbol{P} = \frac{\pi i}{h}[\boldsymbol{P}^2, \boldsymbol{X}]. \tag{3.10}$$

$$[\boldsymbol{P}^2, \boldsymbol{X}] = \boldsymbol{P}^2\boldsymbol{X} - \boldsymbol{X}\boldsymbol{P}^2 = \boldsymbol{P}^2\boldsymbol{X} - \boldsymbol{P}\boldsymbol{X}\boldsymbol{P} + \boldsymbol{P}\boldsymbol{X}\boldsymbol{P} - \boldsymbol{X}\boldsymbol{P}^2 = \boldsymbol{P}[\boldsymbol{P}, \boldsymbol{X}] + [\boldsymbol{P}, \boldsymbol{X}]\boldsymbol{P}$$

in (3.10) eingesetzt, ergibt

$$\boldsymbol{P} = \frac{\pi i}{h}(\boldsymbol{P}[\boldsymbol{P}, \boldsymbol{X}] + [\boldsymbol{P}, \boldsymbol{X}]\boldsymbol{P}). \tag{3.11}$$

Schreibt man für $[\boldsymbol{P}, \boldsymbol{X}]$ die Diagonalmatrix $\boldsymbol{D}$, so ist

$$\boldsymbol{P} = \frac{\pi i}{h}(\boldsymbol{P}\boldsymbol{D} + \boldsymbol{D}\boldsymbol{P}). \tag{3.12}$$

Komponentenweise bedeutet das

$$p(n, m)d_m + d_n p(n, m) = \frac{h}{\pi i}p(n, m). \tag{3.13}$$

Unter der Annahme, dass $p(n, m) \neq 0$ für $n \neq m$ ist, liefert (3.13) $d_m + d_n = h/(\pi i)$. Da das für alle m, n gelten soll, folgt $d_m = d_n = h/(2\pi i)$, also

$$\boldsymbol{D} = h/(2\pi i)\boldsymbol{I}. \tag{3.14}$$

Damit haben wir das endgültige Ergebnis für die Vertauschungsrelation

$$\boldsymbol{P}\boldsymbol{X} - \boldsymbol{X}\boldsymbol{P} = \frac{h}{2\pi i}\boldsymbol{I}, \tag{3.15}$$

wobei alle Matrizen $\infty \times \infty$-Matrizen sind.

Man kann diese „Herleitung" auch ignorieren und die Vertauschungsrelation, wie es Born und Jordan taten, einfach als Postulat an den Anfang stellen! Etwas ähnliches hat auch Dirac mit seinen „q-Zahlen" gemacht. Hier also nochmals der wichtige Hinweis, dass die Matrizen $\boldsymbol{X}$ und $\boldsymbol{P}$ unendlichdimensional sind, und natürlich auch alle mit ihnen gebildeten neuen Matrizen!

Aus (3.15) lassen sich folgende Vertauschungsrelationen für Potenzen von $\boldsymbol{X}$ und $\boldsymbol{P}$ herleiten:

$$\boldsymbol{X}^n\boldsymbol{P} - \boldsymbol{P}\boldsymbol{X}^n = n\frac{i\,h}{2\pi}\boldsymbol{X}^{n-1} \tag{3.16}$$

und

$$\boldsymbol{P}^n\boldsymbol{X} - \boldsymbol{X}\boldsymbol{P}^n = -n\frac{i\,h}{2\pi}\boldsymbol{P}^{n-1}. \tag{3.17}$$

Beweis von (3.16) durch vollständige Induktion: Für $n = 1$ entspricht (3.16) der Gleichung (3.15). Angenommen (3.16) ist für n richtig. Multiplikation von (3.16) von links mit $\boldsymbol{X}$, ergibt

$$\boldsymbol{X}^{n+1}\boldsymbol{P} - \boldsymbol{X}\boldsymbol{P}\boldsymbol{X}^n = n\frac{i\,h}{2\pi}\boldsymbol{X}^n.$$

(3.15) nach $\boldsymbol{X}\boldsymbol{P}$ aufgelöst und in den zweiten Term eingesetzt, ergibt

$$\boldsymbol{X}^{n+1}\boldsymbol{P} - \left(\boldsymbol{P}\boldsymbol{X} + \frac{h}{2\pi\,i}\boldsymbol{I}\right)\boldsymbol{X}^n = n\frac{i\,h}{2\pi}\boldsymbol{X}^n.$$

Schließlich den zweiten Term in der runden Klammer auf die rechte Seite gebracht, ergibt (3.16) für $n+1$. **q.e.d.** (3.17) kann analog bewiesen werden.

Aus der Vertauschungsrelation kann noch eine später gebrauchte Relation hergeleitet werden. Wenn nämlich $f(\boldsymbol{P}, \boldsymbol{X})$ irgend eine Funktion von $\boldsymbol{P}$ und $\boldsymbol{X}$ ist, so gilt

$$f\boldsymbol{X} - \boldsymbol{X}f = \frac{h}{2\pi\,i}\frac{\partial f}{\partial \boldsymbol{P}}, \tag{3.18}$$

und

$$\boldsymbol{P}f - f\boldsymbol{P} = \frac{h}{2\pi\,i}\frac{\partial f}{\partial \boldsymbol{X}}. \tag{3.19}$$

Beweis Angenommen, (3.18) und (3.19) sind richtig für zwei Funktionen $\boldsymbol{f}_1$ und $\boldsymbol{f}_2$, dann sind sie auch richtig für $\boldsymbol{f}_1 + \boldsymbol{f}_2$ und $\boldsymbol{f}_1 \cdot \boldsymbol{f}_2$. Für $\boldsymbol{f}_1 + \boldsymbol{f}_2$ ist das trivial und für $\boldsymbol{f}_1 \cdot \boldsymbol{f}_2$ ergibt eine kurze Rechnung:

$$\begin{aligned} \boldsymbol{f}_1\boldsymbol{f}_2\boldsymbol{X} - \boldsymbol{X}\boldsymbol{f}_1\boldsymbol{f}_2 &= \boldsymbol{f}_1(\boldsymbol{f}_2\boldsymbol{X} - \boldsymbol{X}\boldsymbol{f}_2) + (\boldsymbol{f}_1\boldsymbol{X} - \boldsymbol{X}\boldsymbol{f}_1)\boldsymbol{f}_2 \\ &= \frac{h}{2\pi i}\left(\boldsymbol{f}_1\frac{\partial \boldsymbol{f}_2}{\partial \boldsymbol{P}} + \frac{\partial \boldsymbol{f}_1}{\partial \boldsymbol{P}}\boldsymbol{f}_2\right) = \frac{h}{2\pi i}\frac{\partial(\boldsymbol{f}_1\boldsymbol{f}_2)}{\partial \boldsymbol{P}}; \end{aligned}$$

für $\boldsymbol{P}\boldsymbol{f}_1\boldsymbol{f}_2 - \boldsymbol{f}_1\boldsymbol{f}_2\boldsymbol{P}$ entsprechend. Nun gelten (3.18) und (3.19) für $\boldsymbol{P}$ und $\boldsymbol{X}$, also auch für jede Funktion $\boldsymbol{f}$, die nach Potenzen von $\boldsymbol{P}$ und $\boldsymbol{X}$ entwickelbar ist. **q.e.d.** (3.19) kann ähnlich bewiesen werden.

Wenn wir jede Hamilton-Matrix $\boldsymbol{H}$ für $\boldsymbol{P} = \boldsymbol{P}(\boldsymbol{X}, \boldsymbol{H})$ lösen, und in (3.18) $\boldsymbol{P} = \boldsymbol{f}$ wählen, finden wir

$$\boldsymbol{P}\boldsymbol{X} - \boldsymbol{X}\boldsymbol{P} = \frac{h}{2\pi i}\frac{\partial \boldsymbol{P}}{\partial \boldsymbol{P}} = \frac{h}{2\pi i}\boldsymbol{I}. \tag{3.20}$$

Damit haben wir gezeigt, dass die Kommutierungsbeziehung (3.15) allgemein für alle Hamilton-Matrizen $\boldsymbol{H}$ gilt.

Differentiation nach einer Matrix

Als Differentiation von Matrizenfunktionen nach einer Matrix wurde hier eine sehr einfache Art der Differentiation gewählt. Ist $\boldsymbol{F}(\boldsymbol{X}, \boldsymbol{Y}, \boldsymbol{Z}, \ldots)$ eine Funktion der unabhängigen Matrizen $\boldsymbol{X}, \boldsymbol{Y}, \boldsymbol{Z}, \ldots$, so wird als *partielle Ableitung* nach der Matrix $\boldsymbol{X}$ definiert:

$$\frac{\partial \boldsymbol{F}}{\partial \boldsymbol{X}} \stackrel{\text{def}}{=} \lim_{\epsilon\to 0}\frac{\boldsymbol{F}(\boldsymbol{X}+\epsilon\boldsymbol{I}, \boldsymbol{Y}, \boldsymbol{Z}, \ldots) - \boldsymbol{F}(\boldsymbol{X}, \boldsymbol{Y}, \boldsymbol{Z}, \ldots)}{\epsilon}.$$

Diese Art der Differentiation liefert ähnliche Ergebnisse, wie die normale Differentiation. Denn es ist z. B.

$$\frac{\mathrm{d}\boldsymbol{X}}{\mathrm{d}\boldsymbol{X}} = \boldsymbol{I}$$

und

$$\begin{aligned} \frac{\mathrm{d}\boldsymbol{X}^2}{\mathrm{d}\boldsymbol{X}} &= \lim_{\epsilon\to 0}\frac{1}{\epsilon}\sum_k [(X_{nk} + \epsilon\delta_{nk})(X_{km} + \epsilon\delta_{km}) - X_{nk}X_{km}] \\ &= (2X_{nm}) = 2\boldsymbol{X}. \end{aligned}$$

Für die Differentiation eines Produktes von zwei Matrizenfunktionen gilt:

$$\frac{\partial}{\partial \boldsymbol{X}}(\boldsymbol{F}\boldsymbol{G}) = \frac{\partial \boldsymbol{F}}{\partial \boldsymbol{X}}\boldsymbol{G} + \boldsymbol{F}\frac{\partial \boldsymbol{G}}{\partial \boldsymbol{X}}. \tag{3.21}$$

Dies ergibt sich aus der Umformung

$$\begin{aligned} &\boldsymbol{F}(\boldsymbol{X}+\epsilon\boldsymbol{I}, \boldsymbol{Y}, \ldots)\boldsymbol{G}(\boldsymbol{X}+\epsilon\boldsymbol{I}, \boldsymbol{Y}, \ldots) - \boldsymbol{F}(\boldsymbol{X}, \boldsymbol{Y}, \ldots)\boldsymbol{G}(\boldsymbol{X}, \boldsymbol{Y}, \ldots) \\ &= [\boldsymbol{F}(\boldsymbol{X}+\epsilon\boldsymbol{I}, \boldsymbol{Y}, \ldots) - \boldsymbol{F}(\boldsymbol{X}, \boldsymbol{Y}, \ldots)]\,\boldsymbol{G}(\boldsymbol{X}+\epsilon\boldsymbol{I}, \boldsymbol{Y}, \ldots) \\ &\quad - \boldsymbol{F}(\boldsymbol{X}+\epsilon\boldsymbol{I}, \boldsymbol{Y}, \ldots)\,[\boldsymbol{G}(\boldsymbol{X}+\epsilon\boldsymbol{I}, \boldsymbol{Y}, \ldots) - \boldsymbol{G}(\boldsymbol{X}, \boldsymbol{Y}, \ldots)]. \end{aligned}$$

Aus (3.21) folgt direkt auch

$$\frac{\mathrm{d}\boldsymbol{X}^n}{\mathrm{d}\boldsymbol{X}} = n\boldsymbol{X}^{n-1}.$$

Man kann also Polynome und Potenzreihen von Matrizen wie bei der normalen Differentiaton differenzieren. Für die Exponentialfunktion einer Matrix

$$e^{\boldsymbol{X}} \overset{\text{def}}{=} \sum_{i=0}^{\infty} \frac{\boldsymbol{X}^i}{i!}$$

erhält man durch gliedweise Differentiation der Reihe

$$\frac{\mathrm{d}\, e^{\boldsymbol{X}}}{\mathrm{d}\boldsymbol{X}} = e^{\boldsymbol{X}}.$$

3.2 Systeme mit mehreren Freiheitsgraden

Unter $\boldsymbol{P}$ haben wir $m\dot{\boldsymbol{X}}$ verstanden. Das in die Vertauschungsrelation (3.15) eingesetzt liefert die neue Form der Vertauschungsrelation

$$\boldsymbol{X}\dot{\boldsymbol{X}} - \dot{\boldsymbol{X}}\boldsymbol{X} = \frac{h}{2\pi\, m\, i}\boldsymbol{I}. \tag{3.22}$$

Aus dieser Form geht ganz klar hervor, dass sich hier die Vertauschungsrelation auf die Größe $\boldsymbol{X}$ und ihre zeitliche Ableitung bezieht. Das muss allerdings nicht immer der Fall sein, wie wir schon beim Drehimpuls sehen werden. Überträgt man diese Erkenntnis auf Systeme mit mehreren Freiheitsgraden, dann ist die folgende naheliegende Verallgemeinerung sinnvoll:

$$\boldsymbol{X}_k\boldsymbol{P}_k - \boldsymbol{P}_k\boldsymbol{X}_k = \frac{h}{2\pi\, i}\boldsymbol{I}. \tag{3.23}$$

Da $\boldsymbol{X}_k$ nicht von $\boldsymbol{X}_i$ für $k \neq i$ abhängt, ist weiterhin für $i \neq k$ sowohl

$$\boldsymbol{X}_k\boldsymbol{P}_i - \boldsymbol{P}_i\boldsymbol{X}_k = \boldsymbol{0} \tag{3.24}$$

als auch

$$\boldsymbol{X}_k\boldsymbol{X}_i - \boldsymbol{X}_i\boldsymbol{X}_k = \boldsymbol{0} \tag{3.25}$$

und

$$\boldsymbol{P}_k\boldsymbol{P}_i - \boldsymbol{P}_i\boldsymbol{P}_k = \boldsymbol{0}. \tag{3.26}$$

Allgemein gilt: Wenn $\boldsymbol{F}(\boldsymbol{P}, \boldsymbol{X})$ eine Funktion der $\boldsymbol{P}_k$, $\boldsymbol{X}_k$ ist, dann ist

$$[\boldsymbol{X}_k, \boldsymbol{F}] = -\frac{h}{2\pi i}\frac{\partial \boldsymbol{F}}{\partial \boldsymbol{P}_k}, \tag{3.27}$$

$$[\boldsymbol{P}_k, \boldsymbol{F}] = -\frac{h}{2\pi i}\frac{\partial \boldsymbol{F}}{\partial \boldsymbol{X}_k}. \tag{3.28}$$

In der klassischen Physik wird ein mechanisches System durch die Energie als Funktion der Impulse und Koordinaten gekennzeichnet. Entsprechend wird in der Quantenmechanik ein System durch Angabe der Energiefunktion (Energiematrix) $\boldsymbol{H}(\boldsymbol{P}, \boldsymbol{X})$ gekennzeichnet. Analog zu den klassischen Bewegungsgleichungen[1]

$$\dot{x} = \frac{\partial H}{\partial p} = \{H, x\} \quad \text{und} \quad \dot{p} = -\frac{\partial H}{\partial x} = \{H, p\} \tag{3.29}$$

werden also als quantenmechanische Bewegungsgleichungen diese Matrixrelationen angenommen:

$$\dot{\boldsymbol{X}}_k = \frac{\partial \boldsymbol{H}}{\partial \boldsymbol{P}_k} = \frac{2\pi i}{h}[\boldsymbol{H}, \boldsymbol{X}_k], \tag{3.30}$$

$$\dot{\boldsymbol{P}}_k = -\frac{\partial \boldsymbol{H}}{\partial \boldsymbol{X}_k} = \frac{2\pi i}{h}[\boldsymbol{H}, \boldsymbol{P}_k]. \tag{3.31}$$

3.3 Transformationen

Matrizendifferentialgleichungen der Form

$$\dot{\boldsymbol{X}} = \boldsymbol{A}\boldsymbol{X}$$

[1] Hierbei wird das Poisson-Jacobische Klammersymbol verwendet:

$$\{F, G\} = -\{G, F\} = \sum_k \left(\frac{\partial F}{\partial p_k}\frac{\partial G}{\partial x_k} - \frac{\partial G}{\partial p_k}\frac{\partial F}{\partial x_k} \right).$$

haben die Lösung

$$\boldsymbol{X}(t) = \boldsymbol{\Phi}(t)\boldsymbol{X}(0)$$

mit der Transitionsmatrix [Ludyk]

$$\boldsymbol{\Phi}(t) \stackrel{\text{def}}{=} \sum_{k=0}^{\infty} \frac{1}{k!}\boldsymbol{A}^k = \exp(\boldsymbol{A}t).$$

Wir machen jetzt für die Matrizengleichung

$$\dot{\boldsymbol{X}} = \frac{i}{\hbar}[\boldsymbol{H}, \boldsymbol{X}] \tag{3.32}$$

mit

$$\boldsymbol{\Phi}(t) = \exp\left(\frac{i}{\hbar}\boldsymbol{H}t\right) \tag{3.33}$$

den Lösungsansatz

$$\boldsymbol{X}(t) = \boldsymbol{\Phi}(t)\boldsymbol{X}(0)\boldsymbol{\Phi}^{-1}(t), \tag{3.34}$$

wobei $\boldsymbol{X}(0)$ der Wert von $\boldsymbol{X}$ zum Zeitpunkt $t = 0$ ist. Dann ist in der Tat mit $\dot{\boldsymbol{\Phi}}(t) = \frac{i}{\hbar}\boldsymbol{H}\boldsymbol{\Phi}(t)$

$$\begin{aligned}\dot{\boldsymbol{X}} &= \dot{\boldsymbol{\Phi}}(t)\boldsymbol{X}(0)\boldsymbol{\Phi}^{-1}(t) + \boldsymbol{\Phi}(t)\boldsymbol{X}(0)\dot{\boldsymbol{\Phi}}^{-1}(t)\\ &= \frac{i}{\hbar}\boldsymbol{H}\boldsymbol{X}(t) + \boldsymbol{\Phi}(t)\boldsymbol{X}(0)\left(-\frac{i}{\hbar}\boldsymbol{H}\boldsymbol{\Phi}^{-1}\right) = \frac{i}{\hbar}\left[\boldsymbol{H}\boldsymbol{X}(t) - \boldsymbol{X}(t)\boldsymbol{H}\right],\end{aligned}$$

wobei, wegen der Reihenentwicklung (3.33) von $\boldsymbol{\Phi}(t)$, die Vertauschbarkeit von $\boldsymbol{H}$ mit $\boldsymbol{\Phi}^{-1}(t) = \boldsymbol{\Phi}(-t)$ verwandt wurde.

Als sehr fruchtbar erwiesen hat sich die folgende Zusammenfassung [Jordan]: Wenn die Matrizen $\boldsymbol{P}_k$, $\boldsymbol{X}_k$ den kanonischen Vertauchungsregeln (3.24) bis (3.26) genügen und außerdem die Eigenschaft haben, dass die aus ihnen gebildete Hamilton-Funktion $\boldsymbol{H}(\boldsymbol{P}, \boldsymbol{X})$ eine Diagonalmatrix wird, dann sind die kanonischen Bewegungsgleichungen (3.30) und (3.31) erfüllt. Man hat also ein aufgegebenes quantenmechanisches Problem bereits gelöst, wenn man nur (3.24) bis (3.26) erfüllt hat und $\boldsymbol{H}$ eine Diagonalmatrix ist!

Führt man diese Transformationen ein

$$X \Rightarrow X' = TXT^*$$

$$P \Rightarrow P' = TPT^*$$

mit

$$T = \exp(-iHt/\hbar),$$

so werden die Koordinaten und Impulse zeitunabhängig. Allerdings wird aus einem konstanten Vektor $\boldsymbol{v}$ ein zeitabhängiger Vektor

$$T\boldsymbol{v} = \exp(-iHt/\hbar)\boldsymbol{v}.$$

Aber $\exp(-iHt/\hbar)\boldsymbol{v}$ is die Lösung der Differentialgleichung

$$\dot{\boldsymbol{v}}(t) = -\frac{i}{\hbar}H\boldsymbol{v}(t). \tag{3.35}$$

Das ist Schrödingers Gleichung für den Zusatandsvektor $\boldsymbol{v}$, Kap. 11. In der Quantenmechanik nach Heisenberg ändert sich der Zustandsvektor $\boldsymbol{v}$ nicht zeitlich, Kap. 4, während eine Observable A die Heisenberg Gleichung erfüllt

$$\frac{\mathrm{d}}{\mathrm{d}t}A = \frac{i}{h}[H, A].$$

3.4 Aufgaben

3.1 **Kommutierungsbeziehungen:** Was ist

$$[A, [B, C]] + [B, [C, A]] + [C, [A, B]]?$$

3.2 **Potenzen in Kommutatoren:** Zeige, dass

$$[X, P^n] = n\,i\hbar P^{n-1}.$$

3.3 **Anti-Kommutatorbeziehungen für hermitesche Matrizen:** Zeige, dass für A und B, die Summe $AB + BA$ ebenfalls eine Hermitesche Matrix ist.

3.4 **Koordinatenransformation:** Wie sieht X aus, wenn eine Koordinatentransformation nach (3.34) mit einer Diagonalmatrix H durchgeführt wird?

3.5 **Exponentialfunktion einer Hermiteschen Matrix:** Zeige, dass für eine Hermitesche Matrix H die Matrix $\exp(iH)$ eine unitäre Matrix ist.

3.6 **Kommutatorbeziehungen:** Zeige, dass für hermiteschen Matrizen A und B, die Matrix $i\hbar C = [AB - BA]$ auch eine hermitesche Matrix ist.

3.7 **Kommutatorbeziehungen:** Zeige, dass

$$a)[A, BC] = B[A, C] + [A, B]C$$

und

$$b)[AB, C] = A[B, C] + [A, C]B$$

ist.

3.8 **Exponentialfunktion einer nilpotenten Matrix:** Was ist die Exponentialfunktions-Matrix $\exp(t\boldsymbol{N})$ für eine nilpotente Matrix

$$\boldsymbol{N} = \begin{pmatrix} 0 & 1 & 0 \\ 0 & 0 & 2 \\ 0 & 0 & 0 \end{pmatrix}?$$

4 Observable und Unschärferelation

Es werden Zustandsvektoren und andere Matrizen eingeführt. Für die Interpretation von Versuchen, werden Projektionsmatrizen und Dichtematrizen für vermischte Zustände definiert. Auch Heisenbergs berühmte Unsicherheitsformel wird hergeleitet und interpretiert.

4.1 Zustandsvektor

In der klassischen Physik wird das dynamische Verhalten eines Systems vollständig durch den Zustandsvektor

$$\boldsymbol{\xi} \stackrel{\text{def}}{=} \begin{pmatrix} \boldsymbol{x} \\ \boldsymbol{p} \end{pmatrix}$$

beschrieben, wobei das zeitliche Verhalten durch ein Differentialgleichungssystem erster Ordnung, den hamiltonschen Gleichungen

$$\dot{\boldsymbol{\xi}} = \begin{pmatrix} \dot{\boldsymbol{x}} \\ \dot{\boldsymbol{p}} \end{pmatrix} = \begin{pmatrix} \frac{\partial H}{\partial \boldsymbol{p}} \\ -\frac{\partial H}{\partial \boldsymbol{x}} \end{pmatrix},$$

beschrieben wird. Die Zustandsgrößen, z. B. die Größe und das Gewicht eines Menschen oder in der Astronomie die Raumkoordinaten x_i und die Impulskomponenten p_i eines Himmelskörpers, können in jedem Zeitpunkt gleichzeitig gemessen werden. Diese physikalischen Messwerte sind reelle Zahlen, die mit endlicher Genauigkeit, z. B. Δx_i, behaftet sind. Genauer gesagt ist der Messwert ein Vielfaches dieser endlichen Genauigkeit, also $x_i = N_i \cdot \Delta x_i$, wobei N_i eine ganze Zahl ist. Wenn die x_i und p_i, bzw. die Genauigkeiten Δx_i und Δp_i, in die Größenordnung der Planckschen Konstante h kommen, was in der Quantenmechanik der Fall ist, kann man x_i und p_i nicht mehr gleichzeitig beliebig genau messen.

G. Ludyk, *Quantenmechanik nur mit Matrizen*,
https://doi.org/10.1007/978-3-662-60882-1_4

4.2 Stern-Gerlach-Versuch

Mit Hilfe des Stern-Gerlach-Versuchs wurde 1922 von den Physikern Otto Stern[1] und Walther Gerlach[2] erstmals die Richtungsquantelung von Drehimpulsen von Atomen beobachtet. Der Stern-Gerlach-Versuch ist ein grundlegendes Experiment in der Physik und wird immer wieder herangezogen, um diesen quantenmechanischen Effekt zu erläutern, der im Rahmen der klassischen Physik nicht verständlich ist.

Bei diesem Versuch wird ein Strahl von (elektrisch neutralen) Silberatomen im Vakuum durch einen Spalt zwischen den Polschuhen eines Magneten geschickt. Der eine Polschuh hat die Form einer zum Strahl parallelen Schneide, der andere die einer flachen Rinne; das Magnetfeld ist dadurch in Richtung quer zum Strahl stark inhomogen. Auf einem Schirm schlägt sich das Silber nieder. Es werden zwei voneinander getrennte Flecke gefunden, das heißt, das Magnetfeld spaltet den Strahl in zwei getrennte Teilstrahle auf. Der Versuch fand im Februar 1922 im Gebäude des Physikalischen Vereins in Frankfurt am Main in der Robert-Mayer-Straße statt.

Hier ist eine quantenmechanische Erklärung dieses Versuchs. Das Silberatom hat ein magnetisches Moment $\vec{\mu}$, das mit seinem Drehimpuls $\vec{S}$ gleichgerichtet ist. Das Magnetfeld des Versuchs lässt sich in der Form

$$\vec{B}_{ges} = \vec{B}_{homogen} + \vec{B}_{inhomogen} = \left(B_{homogen} + B_{inhomogen}\right) \cdot \vec{e}_z$$

darstellen. Der Drehimpuls hat die Quantenzahl $\frac{1}{2}$. Deshalb gibt es in z-Richtung nur die Einstellmöglichkeiten $-\hbar/2$ oder $+\hbar/2$ (auch „Spin nach unten" und „Spin nach oben" genannt). Ein klassischer Drehimpuls könnte sich dagegen in beliebiger Richtung zu dieser Achse einstellen. Im inhomogenen Feld wirkt nun eine Kraft

$$\vec{F} = \vec{\mu} \cdot \nabla \vec{B}_{\mathrm{ges}} = \begin{pmatrix} 0 \\ 0 \\ \mu_z \cdot \frac{\partial B}{\partial z} \end{pmatrix}$$

auf das magnetische Moment des Atoms. Da $\vec{\mu}$ proportional zu $\vec{S}$ ist, kann auch die z-Komponente von $\vec{\mu}$ nur einen positiven oder einen gleich großen negativen Wert annehmen. Deshalb wirkt je nach Ausrichtung des Drehimpulses eine betragsmäßig gleiche, aber in der Richtung entgegengesetzte Kraft quer zur Flugrichtung auf das Atom. Der Strahl spaltet sich in zwei Teilstrahle auf, so dass die beobachtete Verteilung entsteht. Klassisch könnte das magnetische Moment $\vec{\mu}$ kontinuierlich jeden Winkel zur z-Achse einnehmen, die Ablenkkraft hätte also ebenfalls kontinuierlich verteilte Werte, und die Silberatome würden sich in einem kontinuierlichen Streifen niederschlagen.

[1] Otto Stern,1888–1969, deutscher Physiker, Nobelpreis 1943.
[2] Walther Gerlach, 1889–1979, deutscher Physiker.

4.3 Zustände und Postulate

In dem Stern-Gerlach-Versuch kann man den Atomen zwei Zustände zuordnen:

- Atome mit $\mu_z > 0 : \begin{pmatrix} 1 \\ 0 \end{pmatrix}$
- Atome mit $\mu_z < 0 : \begin{pmatrix} 0 \\ 1 \end{pmatrix}$

Der Gesamtzustand wird also durch einen Vektor der Form

$$\boldsymbol{\xi} = \frac{1}{\sqrt{\alpha^2 + \beta^2}} \left(\alpha \begin{pmatrix} 1 \\ 0 \end{pmatrix} + \beta \begin{pmatrix} 0 \\ 1 \end{pmatrix} \right) = \frac{1}{\sqrt{\alpha^2 + \beta^2}} \begin{pmatrix} \alpha \\ \beta \end{pmatrix}$$

charakterisiert.

Quantenmechanik ist eine axiomatische Theorie, denn sie ist wohlbegründet durch wenige Postulate. Ein Postulat ist eine Feststellung, auch Axiom genannt, welche ohne Beweis als richtig angenommen wird. Postulate sind die Grundlage, auf der Sätze hergeleitet werden können.

Postulat 1 : *Der physikalische Zustand eines Quantensystems wird zu einer Zeit t_0 vollständig durch einen Zustandsvektor $\boldsymbol{\xi}$ beschrieben.*

In der Quantenmechanik werden die physikalisch messbaren Eigenschaften durch Matrizen, z. B. $\boldsymbol{X}_i$ und $\boldsymbol{P}_i$, beschrieben.

Postulat 2 : *Jede physikalisch messbare Eigenschaft $\mathcal{A}$ wird durch eine hermitesche Matrix **A** im Zustandsraum beschrieben. **A** bezeichnet man als* **Observable.**

Da hermitesche Matrizen nur reelle Eigenwerte besitzen, sind, wie erwartet, Messergebnisse immer reell.

Postulat 3 : *Die Messung der physikalischen Eigenschaft $\mathcal{A}$ liefert immer einen Eigenwert der Matrix **A**.*

Ein Quantenzustand $\boldsymbol{a}$ wird Eigenzustand der Matrix $\boldsymbol{A}$ genannt, wenn die Wirkung einer Matrix auf den Zustand den gleichen Zustand, multipliziert mit einem Eigenwert λ, d. h., $\boldsymbol{A}\boldsymbol{a} = \lambda\boldsymbol{a}$, ergibt. Wenn das Quantensystem sich in dem Zustand $\boldsymbol{a}$ befindet, erhält man durch eine Messung der Observablen $\boldsymbol{A}$ das Ergebnis λ. λ muss eine reelle Zahl sein (da alles, was man physikalisch misst, eine reelle Zahl ist.).

Beispiel Im Stern-Gerlach-Versuch werden quantisierte Ergebnisse beobachtet: Die Verteilung der möglichen magnetischen Momente μ_z ist nicht kontinuierlich, wie es die klassische Theorie vorhersagt, sondern ist auf zwei Werte beschränkt. Dies sind genau die Eigenwerte ± 1 der Matrix

$$\begin{pmatrix} 1 & 0 \\ 0 & -1 \end{pmatrix}.$$

Eine Zustandsgröße wird also vollständig durch die Linearkombination aus Eigenvektoren beschrieben. Damit die Eigenwerte, die jetzt die Meßergebnisse sind, immer reell sind, müssen die zugehörigen Matrizen immer Hermitesche Matrizen sein, es muss also z. B. $\boldsymbol{X}_i = \bar{\boldsymbol{X}}_i^{\mathsf{T}} = \boldsymbol{X}_i^{\dagger}$ sein, d. h., dass die transponierte Matrix mit konjugiert komplexen Elementen gleich der ursprünglichen Matrix ist.

Hermitesche Matrizen, die physikalischen Größen entsprechen, haben einen vollständigen Satz von Eigenvektoren[3] und werden *Observable* genannt. Die möglichen Messwerte für die zu der Observablen $\boldsymbol{A}$ korrespondierenden physikalischen Größe können nur die Eigenwerte λ_i von $\boldsymbol{A}$ sein. Wenn der Zustandsvektor $\boldsymbol{\xi}$ aus Eigenvektoren $\boldsymbol{e}_i$ von $\boldsymbol{A}$ zusammengesetzt werden kann,

$$\boldsymbol{\xi} = \sum_i c_i\, \boldsymbol{e}_i, \tag{4.1}$$

dann ist die Wahrscheinlichkeit, bei der Messung von $\boldsymbol{A}$ das Resultat λ_i zu finden, gleich $|c_i|^2$, unter der Bedingung, dass die Eigenvektoren normiert sind. Ist der Zustandsvektor gleich einem Eigenvektor $\boldsymbol{e}_i$, dann findet man mit Sicherheit das Resultat λ_i.

4.4 Projektionsmatrizen

Sind die Eigenvektoren $\boldsymbol{e}_i$ normiert, d. h., gilt $\boldsymbol{e}_i^{\mathsf{T}}\boldsymbol{e}_j = 1$ für $i = j$ und $\boldsymbol{e}_i^{\mathsf{T}}\boldsymbol{e}_j = 0$ für $i \neq j$, dann erhält man den Koeffizienten c_j, wenn man (4.1) von links mit dem Zeilenvektor $\boldsymbol{e}_j^{\mathsf{T}}$ multipliziert, denn es ist

$$\boldsymbol{e}_j^{\mathsf{T}}\boldsymbol{\xi} = \sum_i c_i\, \boldsymbol{e}_j^{\mathsf{T}}\boldsymbol{e}_i = c_j. \tag{4.2}$$

[3]Ein vollständigen Satz von Eigenvektoren ist eine Eigenvektormenge, so dass jeder Vektor als Linearkombination dieser Eigenvektoren dargestellt werden kann.

Multipliziert man formal diese Gleichung von links mit dem Spaltenvektor $\boldsymbol{e}_j$, erhält man

$$\boldsymbol{e}_j\boldsymbol{e}_j^{\mathsf{T}}\boldsymbol{\xi} = \boldsymbol{P}_j\boldsymbol{\xi} = \sum_i c_i\,\boldsymbol{e}_j\boldsymbol{e}_j^{\mathsf{T}}\boldsymbol{e}_i = \boldsymbol{e}_j\boldsymbol{e}_j^{\mathsf{T}}\sum_i c_i\,\boldsymbol{e}_i = \boldsymbol{P}_j\sum_i c_i\,\boldsymbol{e}_i = c_j\,\boldsymbol{e}_j. \tag{4.3}$$

Die hier auftretende Matrix

$$\boldsymbol{P}_j \stackrel{\text{def}}{=} \boldsymbol{e}_j\boldsymbol{e}_j^{\mathsf{T}} \tag{4.4}$$

nennt man *Projektionsmatrix*, weil sie den Zustandsvektor $\boldsymbol{\xi}$ auf den Eigenvektor $\boldsymbol{e}_j$ projiziert.

Die Projektionsmatrizen, auch *Projektionsoperatoren* genannt, haben folgende Eigenschaften:

- Es ist
$$\boldsymbol{P}_j^2 = \boldsymbol{P}_j,$$
da $\boldsymbol{P}_j^2 = (\boldsymbol{e}_j\boldsymbol{e}_j^{\dagger})(\boldsymbol{e}_j\boldsymbol{e}_j^{\dagger}) = \boldsymbol{e}_j(\boldsymbol{e}_j^{\dagger}\boldsymbol{e}_j)\boldsymbol{e}_j^{\dagger} = \boldsymbol{e}_j\boldsymbol{e}_j^{\dagger} = \boldsymbol{P}_j$.
- Es ist
$$\sum_i \boldsymbol{P}_i = \boldsymbol{I},$$
denn es ist z. B.
$$\boldsymbol{P}_2 = \begin{pmatrix} 0\,0\,0 \cdots \\ 0\,1\,0 \cdots \\ 0\,0\,0 \cdots \\ \vdots\;\vdots\;\vdots\;\ddots \end{pmatrix}$$
usw.

Die Projektionsmatrix beschreibt gewissermaßen die Präparation eines Versuchs:

Projektionsmatrizen sind *mathematische Modelle* für einen Versuchsaufbau!

Fügt man z. B. beim Stern-Gerlach-Versuch hinter dem Magnetfeld eine Blende so ein, dass der untere Strahlungsanteil gesperrt wird, dann können nur die oberen Anteile die Detektoren erreichen, nur „Eigenvektoren“

$$\begin{pmatrix} 1 \\ 0 \end{pmatrix}.$$

Die Projektionsmatrix setzt sich also so zusammen

$$\boldsymbol{P}_1 = \begin{pmatrix} 1 \\ 0 \end{pmatrix}(1,0) = \begin{pmatrix} 1\,0 \\ 0\,0 \end{pmatrix}$$

und es ist

$$\boldsymbol{P}_1\boldsymbol{\xi} = \begin{pmatrix} 1\,0 \\ 0\,0 \end{pmatrix}\left(\alpha\begin{pmatrix} 1 \\ 0 \end{pmatrix} + \beta\begin{pmatrix} 0 \\ 1 \end{pmatrix}\right) = \alpha\begin{pmatrix} 1 \\ 0 \end{pmatrix}.$$

4.5 Wahrscheinlichkeitsinterpretation

Man kann die Wahrscheinlichkeit p_i angeben, dass das Ergebnis einer Messung a_i ist. Um diese Wahrscheinlichkeit zu bestimmen, müssen Experimente mit einer großen Zahl von Messungen unter gleichbleibenden Bedingungen durchgeführt werden. Das Ergebnis solcher Messreihen ist der Mittelwert $\langle A \rangle$ einer Observablen A. So sind die Spektrallinien eines Atoms die Mittelwerte aus vielen Übergänge von einem Atomzustand in einen anderen.

In der Zustandsdarstellung

$$\boldsymbol{\xi} = \sum_i c_i \, \boldsymbol{e}_i ,$$

beschreibt das Glied $c_i \, \boldsymbol{e}_i$, die *Möglichkeit,* dass die Messung der entsprechenden Größe (von A) den Eigenwert a_i liefert. Sind $\boldsymbol{\xi}$ und $\boldsymbol{e}_i$ normiert, so ist nach Born die Zahl $c_i^* c_i = \left| c_i^2 \right|$ die Wahrscheinlichkeit, dass die Messung den Eigenwert a_i ergibt. Die Wahrscheinlichkeiten sind natürlich positiv und ergeben addiert den Wert eins:

$$\sum_j c_j^* c_j = 1.$$

Der im Mittel gemessene Wert von A ist dann also

$$\sum_j c_j^* c_j \, a_j = \boldsymbol{\xi}^\dagger \boldsymbol{A} \boldsymbol{\xi},$$

wobei vorausgesetzt wurde, dass bei komplexen Koeffizienten c_i unter dem transponierten Vektor $\boldsymbol{\xi}^\dagger$

$$\boldsymbol{\xi}^\dagger = \sum_i c_i^* \, \boldsymbol{e}_i^\mathsf{T}$$

verstanden wird, denn mit der Eigenwertgleichung $\boldsymbol{A}\boldsymbol{e}_i = a_i \boldsymbol{e}_i$ ist

$$\boldsymbol{A}\boldsymbol{\xi} = \boldsymbol{A} \sum_i c_i \, \boldsymbol{e}_i = \sum_i c_i \, \boldsymbol{A}\boldsymbol{e}_i = \sum_i c_i \, a_i \boldsymbol{e}_i .$$

Das von links mit $\boldsymbol{\xi}^\dagger$ multipliziert, liefert schließlich mit $\boldsymbol{e}_i^\mathsf{T} \boldsymbol{e}_j = \delta_{ij}$

$$\boldsymbol{\xi}^\mathsf{T} \boldsymbol{A}\boldsymbol{\xi} = \left(\sum_j c_j^* \, \boldsymbol{e}_j^\mathsf{T} \right) \left(\sum_i c_i \, a_i \, \boldsymbol{e}_i \right) = \sum_j \left| c_j^2 \right| a_j = \langle \boldsymbol{A} \rangle . \tag{4.5}$$

Zusammengefasst:

> Die Wahrscheinlichkeit, im Zustand $\boldsymbol{\xi}$ den Eigenwert a_j von $\boldsymbol{A}$ zu messen, ist $\left|c_j^2\right|$. Dabei ist $c_j \boldsymbol{e}_j$ die Projektion des normierten Vektors $\boldsymbol{\xi}$ auf den normierten Eigenvektor $\boldsymbol{e}_j$. Der Mittelwert der Observablen $\boldsymbol{A}$ ist, wenn sich das System im Zustand $\boldsymbol{\xi}$ befindet, $\langle \boldsymbol{A} \rangle = \boldsymbol{\xi}^\dagger \boldsymbol{A}\, \boldsymbol{\xi}$. Der Erwartungswert ist besonders wichtig in der Quantenmechanik. Wenn die Messung der Observablen $\boldsymbol{A}$ vielfach wiederholt wird, wird der Durchschnitt aller Ergebnisse schließlich $\langle \boldsymbol{A} \rangle$ ergeben. Das gleiche Ergebnis erhält man, wenn wir die Observable $\boldsymbol{A}$ in vielen voneinander unabhängigen Systemen gleichzeitig messen.

4.6 Dichtematrix

4.6.1 Definitionen

Bis jetzt wurden Systeme betrachtet, die aus verschiedenen Teilchen in bestimmten Zuständen bestanden. Ein *Ensembel* ist eine Ansammlung von vielen identischen Teilchen, die sich aber in verschiedenen Zuständen befinden können. Bekannt sei allerdings die statistische Verteilung dieser Zustände. Albert Einstein war ein früher Vertreter der Ensemble-Interpretation.

Während der Zustand eines Teilchens durch einen Vektor beschrieben wird, wird der Zustand eines Ensembles von Teilchen im Wesentlichen durch eine *Zustandsmatrix*, genannt *Dichtematrix*, beschrieben. Zu der Dichtematrix $\boldsymbol{D}$ kommt man wie folgt. Aus Definition (4.5) des Erwartungswertes $\langle \boldsymbol{A} \rangle$ folgt durch Einfügen der Einheitsmatrix in der besonderen Form

$$\boldsymbol{I} = \sum_i \boldsymbol{I}_i = \sum_i \boldsymbol{e}_i \boldsymbol{e}_i^{\mathsf{T}},$$

wobei $\boldsymbol{I}_i$ eine Matrix ist, die nur in dem i-ten Diagonalelement eine Eins und sonst nur Nullen enthält,

$$\begin{aligned}
\langle \boldsymbol{A} \rangle &\stackrel{\text{def}}{=} \boldsymbol{\xi}^{\mathsf{T}} \boldsymbol{A} \boldsymbol{\xi} = \boldsymbol{\xi}^{\mathsf{T}} \boldsymbol{A} \boldsymbol{I} \boldsymbol{\xi} = \boldsymbol{\xi}^{\mathsf{T}} \boldsymbol{A} (\sum_i \boldsymbol{I}_i) \boldsymbol{\xi} \\
&= \boldsymbol{\xi}^{\mathsf{T}} \boldsymbol{A} \left(\sum_i \boldsymbol{e}_i \boldsymbol{e}_i^{\mathsf{T}} \right) \boldsymbol{\xi} = \sum_i \underbrace{\boldsymbol{\xi}^{\mathsf{T}} \boldsymbol{A} \boldsymbol{e}_i}\, \underbrace{\boldsymbol{e}_i^{\mathsf{T}} \boldsymbol{\xi}} = \sum_i \underbrace{\boldsymbol{e}_i^{\mathsf{T}} \boldsymbol{\xi}}\, \underbrace{\boldsymbol{\xi}^{\mathsf{T}} \boldsymbol{A} \boldsymbol{e}_i} .
\end{aligned} \tag{4.6}$$

Jetzt führt man die *Dichtematrix* $\boldsymbol{D}$ ein

$$\boldsymbol{D} \stackrel{\text{def}}{=} \boldsymbol{\xi}\boldsymbol{\xi}^{\mathsf{T}} = \sum_i c_i\, \boldsymbol{e}_i \cdot \sum_j c_j^* \boldsymbol{e}_j^{\mathsf{T}} = \sum_{i,j} c_i\, \boldsymbol{e}_i \cdot c_j^* \boldsymbol{e}_j^{\mathsf{T}}. \tag{4.7}$$

Die Elemente der Matrix $\boldsymbol{D}$ in der $\boldsymbol{e}$-Basis sind

$$d(k,\ell) = \boldsymbol{e}_k^{\mathsf{T}} \boldsymbol{D} \boldsymbol{e}_\ell = \boldsymbol{e}_k^{\mathsf{T}} \sum_{i,j} c_i\, \boldsymbol{e}_i \cdot c_j^* \boldsymbol{e}_j^{\mathsf{T}} = c_k c_\ell^*.$$

Allgemein ist die Dichtematrix keine Diagonalmatrix. Die Spur einer Matrix ist als Summe der Elemente in der Hauptdiagonalen definiert und kann deshalb mittels der normierten Eigenvektoren $\boldsymbol{e}_\nu$ auch so geschrieben werden

$$\text{spur}(\boldsymbol{X}) \stackrel{\text{def}}{=} \sum_\nu \boldsymbol{e}_\nu^{\mathsf{T}} \boldsymbol{X} \boldsymbol{e}_\nu. \tag{4.8}$$

Mit dieser Definition folgt aus (4.6) und (4.7) schließlich

$$\langle \boldsymbol{A} \rangle = \text{Spur}(\boldsymbol{D}\boldsymbol{A}). \tag{4.9}$$

Der Erwartungswert einer dynamischen Variablen A, repräsentiert durch die Matrix $\boldsymbol{A}$, im Zustand $\boldsymbol{D}$, ist (4.9).

Wenn $\boldsymbol{\xi}$ ein normierter Zustandsvektor ist, dann folgt aus (4.7)

$$\text{Spur}(\boldsymbol{D}) = \sum_i \left|c_i^2\right| = 1. \tag{4.10}$$

Außerdem ist

$$\boldsymbol{D}^2 = \boldsymbol{D}, \tag{4.11}$$

denn es ist

$$\boldsymbol{D}^2 = \boldsymbol{\xi}\, \underbrace{\boldsymbol{\xi}^{\mathsf{T}} \boldsymbol{\xi}}_{1}\, \boldsymbol{\xi}^{\mathsf{T}} = \boldsymbol{\xi}\boldsymbol{\xi}^{\mathsf{T}} = \boldsymbol{D}.$$

Gemischte Zustände

Sind alle Teilchen des betrachteten Ensembles im gleichen Zustand, dann spricht man von einem *reinen Zustand*. In diesem Fall erhält man offensichtlich den Erwartungswert bei einer Vielzahl von Messungen aus (4.9). Sind dagegen die Teilchen in verschiedenen Zuständen, spricht man von einem *gemischten Zustand*. Wenn jetzt N_ν von N Teilchen sich im Zustand $\boldsymbol{\xi}_\nu$ befinden, dann ist die Wahrscheinlichkeit[4], ein solches Teilchen aus dem gesamten Ensemble herauszugreifen, gleich

$$p_\nu = \frac{N_\nu}{N},$$

[4] Es ist aber auch so, dass man oft über den Zustand eines Systems nur unvollständige Informationen zur Verfügung hat, was z. B. immer der Fall ist, wenn die Zahl der Teilchen sehr groß ist und man deshalb in der Tat nur Wahrscheinlichkeitaussagen treffen kann.

wobei insgesamt natürlich

$$\sum_\nu p_\nu = 1$$

gelten muss. Für den Erwartungswert erhält man dann

$$\langle \boldsymbol{A} \rangle = \sum_\nu p_\nu \boldsymbol{\xi}_\nu^\mathsf{T} \boldsymbol{A} \boldsymbol{\xi}_\nu. \tag{4.12}$$

Modifiziert man jetzt die Dichtematrix für gemischte Zustände so

$$\boldsymbol{D}_g \stackrel{\text{def}}{=} \sum_\nu p_\nu \boldsymbol{\xi}_\nu \boldsymbol{\xi}_\nu^\mathsf{T}, \tag{4.13}$$

hat man eine Erweiterung des Zustandsbegriffs erreicht, denn es können jetzt auch Systeme beschrieben werden, deren Zustand nicht in allen Einzelheiten, z. B. als Zustandsvektor in einem Hilbertraum, bekannt ist. Für diese modifizierte Dichtematrix $\boldsymbol{D}_g$ gilt auch jetzt wieder

$$\begin{aligned} \underline{\underline{\operatorname{Spur}(\boldsymbol{D}_g \boldsymbol{A})}} &= \sum_\nu \sum_\mu \boldsymbol{e}_\nu^\mathsf{T} p_\mu \boldsymbol{\xi}_\mu \boldsymbol{\xi}_\mu^\mathsf{T} \boldsymbol{A} \boldsymbol{e}_\nu = \sum_\nu \sum_\mu p_\mu \boldsymbol{\xi}_\mu^\mathsf{T} \boldsymbol{A} \boldsymbol{e}_\nu \boldsymbol{e}_\nu^\mathsf{T} \boldsymbol{\xi}_\mu \\ &= \sum_\mu p_\mu \boldsymbol{\xi}_\mu^\mathsf{T} \boldsymbol{A} \boldsymbol{\xi}_\mu = \underline{\underline{\langle \boldsymbol{A} \rangle}}. \end{aligned} \tag{4.14}$$

Allerdings ist jetzt

$$\boldsymbol{D}_g^2 \neq \boldsymbol{D}_g, \tag{4.15}$$

denn es ist

$$\boldsymbol{D}_g^2 = \sum_\nu p_\nu \boldsymbol{\xi}_\nu \boldsymbol{\xi}_\nu^\mathsf{T} \sum_\mu p_\mu \boldsymbol{\xi}_\mu \boldsymbol{\xi}_\mu^\mathsf{T} = \sum_\nu p_\nu^2 \boldsymbol{\xi}_\nu \boldsymbol{\xi}_\nu^\mathsf{T}. \tag{4.16}$$

Vergleicht man (4.13) mit (4.16), dann sind die beiden nur dann gleich, wenn ein $p_\nu = 1$ ist und alle übrigen gleich null. Das ist aber nur dann der Fall, wenn es sich um einen *reinen Zustand* handelt. Für einen *gemischten Zustand* gilt also immer (4.15).

Für die Spur von $\boldsymbol{D}$ erhält man

$$\operatorname{Spur}(\boldsymbol{D}) = \sum_\nu \boldsymbol{e}_\nu^\mathsf{T} \boldsymbol{\xi}_\nu \boldsymbol{\xi}_\nu^\mathsf{T} \boldsymbol{e}_\nu = \sum_\nu \boldsymbol{\xi}_\nu^\mathsf{T} \boldsymbol{e}_\nu \boldsymbol{e}_\nu^\mathsf{T} \boldsymbol{\xi}_\nu = \sum_\nu \boldsymbol{\xi}_\nu^\mathsf{T} \boldsymbol{\xi}_\nu = 1, \tag{4.17}$$

und, da $\boldsymbol{D}^2 = \boldsymbol{D}$ ist, gilt auch

$$\text{Spur}(\boldsymbol{D}^2) = 1. \tag{4.18}$$

Für den gemischten Zustand erhält man dagegen

$$\begin{aligned} \text{spur}(\boldsymbol{D}_g^2) &= \sum_\nu \boldsymbol{e}_\nu^\top \left(\sum_\mu p_\mu \boldsymbol{\xi}_\mu \boldsymbol{\xi}_\mu^\top \sum_\kappa p_\kappa \boldsymbol{\xi}_\kappa \boldsymbol{\xi}_\kappa^\top \right) \boldsymbol{e}_\nu \\ &= \sum_\nu \boldsymbol{e}_\nu^\top \left(\sum_\mu p_\mu^2 \boldsymbol{\xi}_\mu \boldsymbol{\xi}_\mu^\top \right) \boldsymbol{e}_\nu = \sum_\nu p_\nu^2 < 1. \end{aligned} \tag{4.19}$$

Anhand der Spur der quadrierten Dichtematrix kann man also ermitteln, ob das System sich in einem reinen oder in einem gemischten Zustand befindet!

4.6.2 Beispiele

1. Für den Zustandsvektor

$$\boldsymbol{\xi} = \begin{pmatrix} 1 \\ 0 \end{pmatrix}$$

erhält man

$$\boldsymbol{D} = \boldsymbol{\xi}\boldsymbol{\xi}^\top = \begin{pmatrix} 1 \\ 0 \end{pmatrix} (1\ 0) = \begin{pmatrix} 1 & 0 \\ 0 & 0 \end{pmatrix},$$

und es ist in der Tat

$$\boldsymbol{D}^2 = \begin{pmatrix} 1 & 0 \\ 0 & 0 \end{pmatrix} \begin{pmatrix} 1 & 0 \\ 0 & 0 \end{pmatrix} = \begin{pmatrix} 1 & 0 \\ 0 & 0 \end{pmatrix} = \boldsymbol{D}.$$

2. Für

$$\boldsymbol{\xi} = \frac{1}{\sqrt{2}} \begin{pmatrix} 1 \\ i \end{pmatrix}$$

erhält man

$$\boldsymbol{D} = \boldsymbol{\xi}\boldsymbol{\xi}^\dagger = \frac{1}{\sqrt{2}} \begin{pmatrix} 1 \\ i \end{pmatrix} \frac{1}{\sqrt{2}} (1\ \ -i) = \begin{pmatrix} \frac{1}{2} & -\frac{i}{2} \\ \frac{i}{2} & \frac{1}{2} \end{pmatrix}.$$

Es ist wieder $\boldsymbol{D}^2 = \boldsymbol{D}$ und auch für die Spur gilt $\text{Spur}(\boldsymbol{D}) = 1$.

3. Beim Stern-Gerlach-Versuch hatten wir den beiden möglichen Zuständen die Vektoren $\begin{pmatrix} 1 \\ 0 \end{pmatrix}$ und $\begin{pmatrix} 0 \\ 1 \end{pmatrix}$ zugeordnet. Wenn die beiden Vektoren mit den Wahrscheinlichkeiten p_1 bzw. p_2 auftreten erhält man die Dichtematrix

$$\boldsymbol{D}_g = p_1 \begin{pmatrix} 1 \\ 0 \end{pmatrix} (1\ 0) + p_2 \begin{pmatrix} 0 \\ 1 \end{pmatrix} (0\ 1) = \begin{pmatrix} p_1 & 0 \\ 0 & p_2 \end{pmatrix}.$$

Hier ist

$$\boldsymbol{D}_g^2 = \begin{pmatrix} p_1^2 & 0 \\ 0 & p_2^2 \end{pmatrix},$$

d. h., es ist $\boldsymbol{D}_g^2 \neq \boldsymbol{D}_g$ und $\text{Spur}(\boldsymbol{D}_g) = 1$, aber $\text{Spur}(\boldsymbol{D}_g^2) < 1$, da, wenn $p_1 < 1$ und $p_2 < 1$ und $p_1 + p_2 = 1$ ist, dann ist $p_1^2 + p_2^2 < 1$.

4.7 Zeitliche Entwicklung des Erwartungswertes

Zwar ist die Erwartungswert $\boldsymbol{D}$ konstant, aber der Erwartungswert $\langle \boldsymbol{A} \rangle = \langle \boldsymbol{\xi}^{\mathsf{T}} \boldsymbol{A} \boldsymbol{\xi} \rangle = \text{Spur}(\boldsymbol{D}\boldsymbol{A})$ der Observablen $\boldsymbol{A}$ ist zeitveränderlich; denn es ist, wenn $\boldsymbol{A}$ nicht explizit von der Zeit abhängig ist,

$$\frac{\mathrm{d}}{\mathrm{d}t}\boldsymbol{A} = \frac{i}{\hbar}[\boldsymbol{H}\boldsymbol{A}] = \frac{i}{\hbar}(\boldsymbol{H}\boldsymbol{A} - \boldsymbol{A}\boldsymbol{H}) \tag{4.20}$$

und damit

$$\frac{\mathrm{d}}{\mathrm{d}t}\langle \boldsymbol{A} \rangle = \frac{i}{\hbar}\langle (\boldsymbol{H}\boldsymbol{A} - \boldsymbol{A}\boldsymbol{H}) \rangle,$$

bzw.

$$\frac{\mathrm{d}}{\mathrm{d}t}\langle \boldsymbol{A} \rangle = \text{Spur}(\boldsymbol{D}\dot{\boldsymbol{A}}).$$

Wir wollen jetzt unsere Ergebnisse zusammenfassen. Ein einzelnes Teilchen wird durch einen Quantenzustand $\boldsymbol{\xi}$ beschrieben. Allerdings ist das Einzige, was man messen kann, der Erwartungswert $\langle \boldsymbol{A} \rangle = \langle \boldsymbol{\xi}^{\mathsf{T}} \boldsymbol{A} \boldsymbol{\xi} \rangle$. Dagegen beschreibt die Zustandsmatrix (die Dichtematrix) $\boldsymbol{D}$ alles, was man über den Zustand einer Gruppe von Teilchen wissen kann. Betrachtet man jetzt ein einzelnes Teilchen dieser Gruppe, dann weiß man, dass es sich in dem gemischten Zustand $\boldsymbol{D}_g$ befindet und der Erwartungswert $\langle \boldsymbol{A} \rangle = \text{Spur}(\boldsymbol{D}_g \boldsymbol{A})$ ist.

4.8 Heisenbergs Unschärferelation

Neben dem Mittelwert $\langle \boldsymbol{A} \rangle$, auch Erwartungswert genannt, ist die *Varianz* ein Maß dafür, wie stark die Schwankungen der Messwerte sind. Die Varianz ist der Mittelwert über die quadrierten Abweichungen vom Mittelwert $\langle \boldsymbol{A} \rangle$, also

$$(\Delta a)^2 \stackrel{\text{def}}{=} \langle (a - \langle \boldsymbol{A} \rangle)^2 \rangle = \langle \boldsymbol{A}^2 \rangle - 2\langle \boldsymbol{A} \rangle^2 + \langle \boldsymbol{A} \rangle^2 = \langle \boldsymbol{A}^2 \rangle - \langle \boldsymbol{A} \rangle^2 . \tag{4.21}$$

Angenommen, wir sollen die physikalischen Größen a und b messen, dargestellt durch die beiden Matrizen $\boldsymbol{A}$ und $\boldsymbol{B}$. Sei $\boldsymbol{\xi}$ ein normierter Zustandsvektor. Die Mittel-

oder Erwartungswerte von a und b sind dann[5]

$$\langle \boldsymbol{A} \rangle = \boldsymbol{\xi}^{\dagger} \boldsymbol{A}\, \boldsymbol{\xi}$$

und

$$\langle \boldsymbol{B} \rangle = \boldsymbol{\xi}^{\dagger} \boldsymbol{B}\, \boldsymbol{\xi}$$

und die mittleren Schwankungsquadrate

$$(\Delta A)^2 = \boldsymbol{\xi}^{\dagger} (\boldsymbol{A} - \langle \boldsymbol{A} \rangle\, \boldsymbol{I})^2 \boldsymbol{\xi}$$

und

$$(\Delta B)^2 = \boldsymbol{\xi}^{\dagger} (\boldsymbol{B} - \langle \boldsymbol{B} \rangle\, \boldsymbol{I})^2 \boldsymbol{\xi}.$$

Wir definieren diese komplexe Matrix

$$\boldsymbol{M} \stackrel{\text{def}}{=} (\boldsymbol{A} - \langle \boldsymbol{A} \rangle\, \boldsymbol{I}) + i\, \alpha (\boldsymbol{B} - \langle \boldsymbol{B} \rangle\, \boldsymbol{I}),$$

wobei $\alpha > 0$ und reell ist. Dann gilt, da $(\boldsymbol{M}\boldsymbol{\xi})^{\dagger} (\boldsymbol{M}\boldsymbol{\xi}) \geq 0$ ist,

$$\begin{aligned}
(\boldsymbol{M}\boldsymbol{\xi})^{\dagger} (\boldsymbol{M}\boldsymbol{\xi}) &= \boldsymbol{\xi}^{\dagger} \boldsymbol{M}^{\dagger} \boldsymbol{M} \boldsymbol{\xi} \\
&= \boldsymbol{\xi}^{\dagger} \left[(\boldsymbol{A} - \langle \boldsymbol{A} \rangle\, \boldsymbol{I})^2 + \alpha^2 (\boldsymbol{B} - \langle \boldsymbol{B} \rangle\, \boldsymbol{I})^2 + i\, \alpha (\boldsymbol{A}\boldsymbol{B} - \boldsymbol{B}\boldsymbol{A}) \right] \boldsymbol{\xi} \\
&= (\Delta a)^2 + \alpha^2 (\Delta b)^2 + i\, \alpha\, \boldsymbol{\xi}^{\dagger} (\boldsymbol{A}\boldsymbol{B} - \boldsymbol{B}\boldsymbol{A}) \boldsymbol{\xi} \geq 0.
\end{aligned}$$

Daraus folgt[6]

$$\alpha^{-1} (\Delta a)^2 + \alpha (\Delta b)^2 \geq -i\, \boldsymbol{\xi}^{\dagger} [\boldsymbol{A}, \boldsymbol{B}]\, \boldsymbol{\xi} = -i\, \langle [\boldsymbol{A}, \boldsymbol{B}] \rangle\,. \tag{4.22}$$

Variiert man α bei festem ΔA und ΔB, so nimmt die linke Seite dieser Ungleichung ihr Minimum an, wenn α der Gleichung

$$-\alpha^{-2} (\Delta a)^2 + (\Delta b)^2 = 0$$

genügt, d. h., wenn $\alpha = \Delta a / \Delta b$ ist. Für diesen Wert von α geht die Ungleichung (4.22) über in

$$2 \Delta a \Delta b \geq -i\, \langle [\boldsymbol{A}, \boldsymbol{B}] \rangle\,,$$

[5] Es ist allgemein $\boldsymbol{\xi}^{\dagger} \stackrel{\text{def}}{=} \boldsymbol{\xi}^{*^{\mathsf{T}}}$, also der transponierte, konjugiert komplexe Vektor, da $\boldsymbol{\xi}$ und $\boldsymbol{A}$ auch komplexe Komponenten haben können.

[6] Mit $\langle [\boldsymbol{A}, \boldsymbol{B}] \rangle \stackrel{\text{def}}{=} \boldsymbol{\xi}^{\dagger} [\boldsymbol{A}, \boldsymbol{B}]\, \boldsymbol{\xi}$.

d. h.,

$$\Delta a \Delta b \geq -i \frac{1}{2} \langle [\boldsymbol{A}, \boldsymbol{B}] \rangle \tag{4.23}$$

Insbesondere ist für $\boldsymbol{A} = \boldsymbol{X}$ und $\boldsymbol{B} = \boldsymbol{P}$

$$\langle [\boldsymbol{X}, \boldsymbol{P}] \rangle = \langle i\hbar \boldsymbol{I} \rangle = i\hbar$$

also

$$\Delta x \Delta p \geq \frac{\hbar}{2} \tag{4.24}$$

Das ist Heisenbergs berühmte *Unschärferelation*! Diese Ungleichung zeigt, dass die Unbestimmtheit Δp des Impulses in dem Maße zunehmen muss, wie die Unbestimmtheit Δx der Koordinate abnimmt, und umgekehrt. Diese Genauigkeitsgrenze ist nicht zu unterbieten. Allerdings gilt das nur, wenn, wie hier, $\boldsymbol{AB} \neq \boldsymbol{BA}$ ist

Anders sieht es aus bei Systemen mit mehreren Freiheitsgraden. Denn die Gleichungen (3.23) bis (3.26) besagen, da $\boldsymbol{X}_k$ nicht von $\boldsymbol{X}_i$ für $k \neq i$ abhängt, ist sowohl $\boldsymbol{X}_k \boldsymbol{P}_i = \boldsymbol{P}_i \boldsymbol{X}_k$ als auch $\boldsymbol{X}_k \boldsymbol{X}_i = \boldsymbol{X}_i \boldsymbol{X}_k$ und $\boldsymbol{P}_k \boldsymbol{P}_i = \boldsymbol{P}_i \boldsymbol{P}_k$. Es gilt also für diese Obversablen

$$\Delta x_k \Delta p_i \geq 0$$

$$\Delta x_k \Delta x_i \geq 0$$

$$\Delta p_k \Delta p_i \geq 0.$$

Es können somit jeweils gleichzeitig beide Observablen von verschiedenen Teilchen mit beliebiger Genauigkeit bestimmt werden!

4.9 Aufgaben

4.1 **Unschärferelation:** Die Geschwindigkeit eines Electrons sei $1000\,\frac{m}{s}$, und sie werde gemessen mit der Genauigkeit 0.1%. Mit welcher Genauigkeit kann man die Lage des Elektrons messen?

4.2 **Projectionsmatrizen:** Unter welchen Bedingungen ist die Produktmatrix $\boldsymbol{P} = \boldsymbol{P}_1 \cdot \boldsymbol{P}_2$ zweier Projektionsmatrizen $\boldsymbol{P}_1$ und $\boldsymbol{P}_2$ wieder eine Projektionsmatrix?

4.3 **Dichtematrix:** Welches sind die Dichtematrizen für die beiden reinen Spinzustände 1/2, wenn das System sich im Zustand a) $\boldsymbol{e}_{3,1} = \begin{pmatrix} 1 \\ 0 \end{pmatrix}$ und b) $\boldsymbol{e}_{2,1} = \frac{1}{\sqrt{2}} \begin{pmatrix} 1 \\ i \end{pmatrix}$ befindet?

4.4 **Projektionsmatrix:** Welches sind die Eigenwerte und Eigenvektoren einer Meßanordnung, die durch die Projektionsmatrix $\boldsymbol{M} = \boldsymbol{e}_1 \boldsymbol{e}_1^{\mathsf{T}} + \boldsymbol{e}_2 \boldsymbol{e}_2^{\mathsf{T}}$ beschrieben wird, wobei e_1 und e_2 orthogonale Vektoren sind?

5 Harmonischer Oszillator

Als erste Anwendung der Matrizenmethode wird das quantenmechanische Verhalten des harmonischen Oszillators detailliert untersucht.

5.1 Physik des Harmonischen Oszillators

Als erstes Anwendungsbeispiel betrachten wir den harmonische Oszillators, bestehend aus einer Masse, die an einer Feder aufgehängt ist. Er war schon immer ein einfaches dynamisches Modell für ein Atom oder Molekül in der Quantenphysik. Man nimmt z. B. an, dass die Atome in der Materie kleine harmonische Oszillatoren sind, d. h., dass die Elektronen elastisch in dem Atom befestigt sind (eindimensionale elastische Oszillatoren). Dieses eindimensionale System hat die mathematische Beschreibung

$$m\ddot{x} = -kx,$$

wobei m die Masse, x die Auslenkung aus der Ruhelage und k die Federkonstante ist[1], oder auch

$$\ddot{x} + \omega_0^2 x = 0, \tag{5.1}$$

mit der Kreisfrequenz

$$\omega_0 \stackrel{\text{def}}{=} \sqrt{k/m}.$$

Zu diesem einfachen System gehört die Hamilton-Funktion

$$H = \frac{m}{2}\dot{x}^2 + \frac{m}{2}\omega_0^2 x^2,$$

[1] d. h., die Rückstellkraft f ist proportional zur Auslenkung: $f = -kx$.

G. Ludyk, *Quantenmechanik nur mit Matrizen*,
https://doi.org/10.1007/978-3-662-60882-1_5

wobei der erste Term auf der rechten Seite die kinetische Energie und der zweite Term die potentielle Energie ist. Wenn man den Impuls $p = m\dot{x}$ einführt, wird daraus

$$H = \frac{1}{2m}p^2 + \frac{m}{2}\omega_0^2 x^2. \tag{5.2}$$

Heisenberg [Heisenberg] und – mathematisch abschließend – Born und Jordan [Born,Jordan] behandelten als Erste diesen eindimensionalen harmonischen Oszillator quantenmechanisch vollständig, d. h., sie versuchten für dieses Modell die Energieniveaus zu ermitteln, zwischen denen sich die Elektronen bewegen. Für ein entsprechendes Quantensystem setzen wir als Matrix der Gesamtenergie an

$$\boldsymbol{H} = \frac{1}{2m}\boldsymbol{P}^2 + \frac{m}{2}\omega_0^2 \boldsymbol{X}^2. \tag{5.3}$$

Die Gleichung etwas umgeformt, ergibt

$$\boldsymbol{H} = \hbar\omega_0 \left(\underbrace{\frac{1}{2m\omega_0\hbar}\boldsymbol{P}^2}_{\widetilde{\boldsymbol{P}}^2} + \underbrace{\frac{m\omega_0}{2\hbar}\boldsymbol{X}^2}_{\widetilde{\boldsymbol{X}}^2} \right). \tag{5.4}$$

Es ist also

$$\widetilde{\boldsymbol{X}} \stackrel{\text{def}}{=} \sqrt{\frac{m\omega_0}{2\hbar}}\,\boldsymbol{X} \quad \text{bzw.} \quad \boldsymbol{X} = \sqrt{\frac{2\hbar}{m\omega_0}}\,\widetilde{\boldsymbol{X}}$$

und

$$\widetilde{\boldsymbol{P}} \stackrel{\text{def}}{=} \sqrt{\frac{1}{2m\omega_0\hbar}}\,\boldsymbol{P} \quad \text{bzw.} \quad \boldsymbol{P} = \sqrt{2m\omega_0\hbar}\,\widetilde{\boldsymbol{P}}.$$

Aus der Algebra ist bekannt, dass $(a + ib)(a - ib) = a^2 + b^2$ ist. Für nicht vertauschbare Matrizen $\boldsymbol{A}$ und $\boldsymbol{B}$ erhält man dagegen

$$(\boldsymbol{A} + i\boldsymbol{B})(\boldsymbol{A} - i\boldsymbol{B}) = \boldsymbol{A}^2 + \boldsymbol{B}^2 + i(\boldsymbol{BA} - \boldsymbol{AB}).$$

Es ist also

$$(\widetilde{\boldsymbol{X}} + i\,\widetilde{\boldsymbol{P}})(\widetilde{\boldsymbol{X}} - i\,\widetilde{\boldsymbol{P}}) = \widetilde{\boldsymbol{X}}^2 + \widetilde{\boldsymbol{P}}^2 - i(\widetilde{\boldsymbol{X}}\widetilde{\boldsymbol{P}} - \widetilde{\boldsymbol{P}}\widetilde{\boldsymbol{X}}). \tag{5.5}$$

Führen jetzt für die links in Klammern stehenden Matrizen neue Bezeichnungen ein, nämlich

$$\boldsymbol{A} \stackrel{\text{def}}{=} \widetilde{\boldsymbol{X}} + i\widetilde{\boldsymbol{P}} \tag{5.6}$$

und

$$\boldsymbol{A}^\dagger \stackrel{\text{def}}{=} \widetilde{\boldsymbol{X}} - i\widetilde{\boldsymbol{P}}. \tag{5.7}$$

$\boldsymbol{A}$ und $\boldsymbol{A}^\dagger$ sind nicht vertauschbar, denn es ist

$$\underline{\underline{[\boldsymbol{A}, \boldsymbol{A}^\dagger]}} = \boldsymbol{A}\boldsymbol{A}^\dagger - \boldsymbol{A}^\dagger\boldsymbol{A} = (\widetilde{\boldsymbol{X}} + i\widetilde{\boldsymbol{P}})(\widetilde{\boldsymbol{X}} - i\widetilde{\boldsymbol{P}}) - (\widetilde{\boldsymbol{X}} - i\widetilde{\boldsymbol{P}})(\widetilde{\boldsymbol{X}} + i\widetilde{\boldsymbol{P}})$$
$$= -\frac{i}{2\hbar}\underbrace{(\boldsymbol{X}\boldsymbol{P} - \boldsymbol{P}\boldsymbol{X})}_{i\hbar\boldsymbol{I}} + \frac{i}{2\hbar}\underbrace{(\boldsymbol{P}\boldsymbol{X} - \boldsymbol{X}\boldsymbol{P})}_{-i\hbar\boldsymbol{I}} = \underline{\underline{\boldsymbol{I}}}. \tag{5.8}$$

Die Matrizen $\boldsymbol{X}$ und $\boldsymbol{P}$ gehorchen dabei der Vertauschungsrelation

$$\boldsymbol{X}\boldsymbol{P} - \boldsymbol{P}\boldsymbol{X} = i\hbar\boldsymbol{I}. \tag{5.9}$$

Außerdem ist

$$\boldsymbol{A}^\dagger\boldsymbol{A} = \widetilde{\boldsymbol{X}}^2 + \widetilde{\boldsymbol{P}}^2 - \frac{1}{2}\boldsymbol{I},$$

also

$$\widetilde{\boldsymbol{X}}^2 + \widetilde{\boldsymbol{P}}^2 = \boldsymbol{A}^\dagger\boldsymbol{A} + \frac{1}{2}\boldsymbol{I},$$

d. h., es ist gemäß (5.4)

$$\boldsymbol{H} = \hbar\omega_0\left(\boldsymbol{A}^\dagger\boldsymbol{A} + \frac{1}{2}\boldsymbol{I}\right). \tag{5.10}$$

Es gelten außerdem die Kommutierungsbeziehung

$$[\boldsymbol{H}, \boldsymbol{A}] = [\hbar\omega_0\boldsymbol{A}^\dagger\boldsymbol{A}, \boldsymbol{A}] = \hbar\omega_0[\boldsymbol{A}^\dagger, \boldsymbol{A}]\boldsymbol{A} = -\hbar\omega_0\boldsymbol{A} \tag{5.11}$$

und

$$[\boldsymbol{H}, \boldsymbol{A}^\dagger] = [\hbar\omega_0\boldsymbol{A}^\dagger\boldsymbol{A}, \boldsymbol{A}^\dagger] = \hbar\omega_0\boldsymbol{A}^\dagger[\boldsymbol{A}, \boldsymbol{A}^\dagger] = \hbar\omega_0\boldsymbol{A}^\dagger. \tag{5.12}$$

Gesucht sind jetzt die Eigenwerte der Energiematrix $\boldsymbol{H}$, denn das sind bei dem einfachen Atommodell ja die Energieniveaus, zwischen denen sich die Elektronen bewegen und entsprechende Strahlungen aufnehmen oder abgeben. Angenommen, man hat einen Eigenvektor $\boldsymbol{e}$ von $\boldsymbol{H}$ gefunden, dann ist

$$\boldsymbol{H}\boldsymbol{e} = \lambda\,\boldsymbol{e}. \tag{5.13}$$

Multiplikation von $\boldsymbol{e}$ von links mit Gl. (5.11) ergibt

$$\boldsymbol{H}\boldsymbol{A}\boldsymbol{e} - \boldsymbol{A}\boldsymbol{H}\boldsymbol{e} = -\hbar\omega_0\boldsymbol{A}\boldsymbol{e}.$$

Daraus wird mit (5.13)

$$\underline{\underline{\boldsymbol{H}\boldsymbol{A}\boldsymbol{e} = (\lambda - \hbar\omega_0)\boldsymbol{A}\boldsymbol{e}.}} \tag{5.14}$$

Aus dieser Gleichung kann man ablesen, dass, wenn $\boldsymbol{e}$ ein Eigenvektor von $\boldsymbol{H}$ mit dem Eigenwert λ ist, auch $\boldsymbol{A}\boldsymbol{e}$ ein Eigenvektor von $\boldsymbol{H}$, aber mit dem Eigenwert $\lambda - \hbar\omega_0$. Der Eigenwert wurde also um die Energie $\hbar\omega_0 = h\nu_0$ erniedrigt.

Wir multiplizieren jetzt $\boldsymbol{Ae}$ von links mit (5.11) um mit (5.14)

$$\boldsymbol{HA}^2\boldsymbol{e} - \underbrace{\boldsymbol{AHAe}}_{(\lambda-\hbar\omega_0)\boldsymbol{A}^2\boldsymbol{e}} = -\hbar\omega_0\boldsymbol{A}^2\boldsymbol{e}$$

zu erhalten, also

$$\underline{\underline{\boldsymbol{HA}^2\boldsymbol{e} = (\lambda - 2\hbar\omega_0)\boldsymbol{A}^2\boldsymbol{e}}}, \tag{5.15}$$

d. h., der Eigenwert wurde nochmals um die Energie $\hbar\omega_0$ erniedrigt. So würde das weitergehen. Aber ein Eigenwert der Energie $\boldsymbol{H}$ kann nie negativ werden! Denn multipliziert man $\boldsymbol{H}$ in der Form (5.10) von links und rechts mit einem Eigenvektor $\boldsymbol{e}$, erhält man

$$\boldsymbol{e}^{\mathsf{T}}\boldsymbol{He} = \lambda\,\boldsymbol{e}^{\mathsf{T}}\boldsymbol{e} = \hbar\omega_0\left(\boldsymbol{e}^{\mathsf{T}}\boldsymbol{A}^{\dagger}\boldsymbol{Ae} + \frac{1}{2}\boldsymbol{e}^{\mathsf{T}}\boldsymbol{e}\right) = \underbrace{(\boldsymbol{Ae}\cdot\boldsymbol{Ae})}_{\geq 0} + \frac{1}{2}\underbrace{\boldsymbol{e}^{\mathsf{T}}\boldsymbol{e}}_{\geq 0} \geq 0,$$

d. h., die Eigenwerte λ von $\boldsymbol{H}$ sind alle positiv.

Das Abwärtsgehen muss also irgendwo enden. Sei dieser Grundeigenvektor $\boldsymbol{e}_0$. Dann muss $\boldsymbol{Ae}_0 = \boldsymbol{0}$ sein. Als Eigenwertgleichung erhalten wir dafür

$$\underline{\underline{\boldsymbol{He}_0}} = \left(\hbar\omega_0\boldsymbol{A}^{\dagger}\boldsymbol{A} + \frac{1}{2}\hbar\omega_0\right)\boldsymbol{e}_0 = \underline{\underline{\frac{1}{2}\hbar\,\omega_0\,\boldsymbol{e}_0}}. \tag{5.16}$$

Multiplizieren wir jetzt $\boldsymbol{e}_0$ von links mit (5.12), erhalten wir

$$\boldsymbol{HA}^{\dagger}\boldsymbol{e}_0 - \boldsymbol{A}^{\dagger}\boldsymbol{He}_0 = \hbar\omega_0\boldsymbol{A}^{\dagger}\boldsymbol{e}_0,$$

also

$$\underline{\underline{\boldsymbol{HA}^{\dagger}\boldsymbol{e}_0 = \hbar\omega_0\left(1 + \frac{1}{2}\right)\boldsymbol{A}^{\dagger}\boldsymbol{e}_0}}. \tag{5.17}$$

Jetzt wurde der Eigenwert also um die Energie $\hbar\omega_0$ *erhöht*. Deshalb wird die Matrix $\boldsymbol{A}^{\dagger}$ auch als *Aufsteigeoperator* bezeichnet. Multiplizieren wir (5.12) erneut mit den neuen Eigenvektor $\boldsymbol{A}^{\dagger}\boldsymbol{e}_0$ von rechts, erhält man

$$\boldsymbol{H}(\boldsymbol{A}^{\dagger})^2\boldsymbol{e}_0 - \boldsymbol{A}^{\dagger}\boldsymbol{HA}^{\dagger}\boldsymbol{e}_0 = \hbar\omega_0(\boldsymbol{A}^{\dagger})^2\boldsymbol{e}_0,$$

also

$$\underline{\underline{\boldsymbol{H}(\boldsymbol{A}^{\dagger})^2\boldsymbol{e}_0 = \hbar\,\omega_0(2 + \frac{1}{2})(\boldsymbol{A}^{\dagger})^2\boldsymbol{e}_0}}. \tag{5.18}$$

Allgemein gilt mit

$$\boldsymbol{e}_n \stackrel{\text{def}}{=} (\boldsymbol{A}^{\dagger})^n\boldsymbol{e}_0,$$

wobei n eine beliebig große positive ganze Zahl ist,

$$\boldsymbol{H}\,\boldsymbol{e}_j = \underbrace{\hbar\,\omega_0\left(j+\frac{1}{2}\right)}_{\lambda_j=E_j}\boldsymbol{e}_j, \quad j=0,1,2,\dots \tag{5.19}$$

also

$$\boldsymbol{H}\,\boldsymbol{e}_j = \underbrace{\hbar\,\omega_0\left(j+\frac{1}{2}\right)}_{\lambda_j=E_j}\boldsymbol{e}_j, \quad j=0,1,2,\dots, \tag{5.20}$$

das heißt

$$\lambda_j = E_j = \hbar\,\omega_0\left(j+\frac{1}{2}\right), \quad j=0,1,2,\dots \tag{5.21}$$

Man kann also Energie in das System pumpen, soviel wie man will. Die niedrigste Energiestufe ist aber $E_0 = \frac{\hbar\omega_0}{2}$ und nicht 0 wie in der klassischen Theorie. Wir können alle Energiestufen in der Diagonalmatrix zusammenfassen

$$\boldsymbol{E} = \hbar\,\omega_0\begin{pmatrix} \frac{1}{2} & 0 & 0 & 0 & \cdots \\ 0 & \frac{3}{2} & 0 & 0 & \cdots \\ 0 & 0 & \frac{5}{2} & 0 & \cdots \\ 0 & 0 & 0 & \frac{7}{2} & \cdots \\ \vdots & \vdots & \vdots & \vdots & \ddots \end{pmatrix}. \tag{5.22}$$

Das Energiespektrum besteht aus äquidistanten Energiewerten mit dem Abstand $\hbar\,\omega_0$. Der harmonische Oszillator kann also beim Übergang zwischen zwei Energieniveaus nur Energie als ganzzahliges Vielfache von $\hbar\,\omega_0$ abgeben oder aufnehmen (Abb. 5.1).

Welche Gestalt haben die Matrizen $\boldsymbol{X}$ und $\boldsymbol{P}$ für den harmonischen Oszillator? Wenn man mit Heisenberg annimmt, dass beim harmonischen Oszillator nur Übergänge zwischen Nachbarzuständen möglich sind, also nur $x(k, k+1) \neq 0$ und $x(k+1, k) \neq 0$ sein kann, erhält man die Matrix

$$\boldsymbol{X} = \begin{pmatrix} 0 & x(0,1) & 0 & 0 & 0 & \cdots \\ x(1,0) & 0 & x(1,2) & 0 & 0 & \cdots \\ 0 & x(2,1) & 0 & x(2,3) & 0 & \cdots \\ \vdots & \ddots & \ddots & \ddots & \ddots & \ddots \end{pmatrix}. \tag{5.23}$$

Wegen

$$\boldsymbol{P} = m\dot{\boldsymbol{X}} \tag{5.24}$$

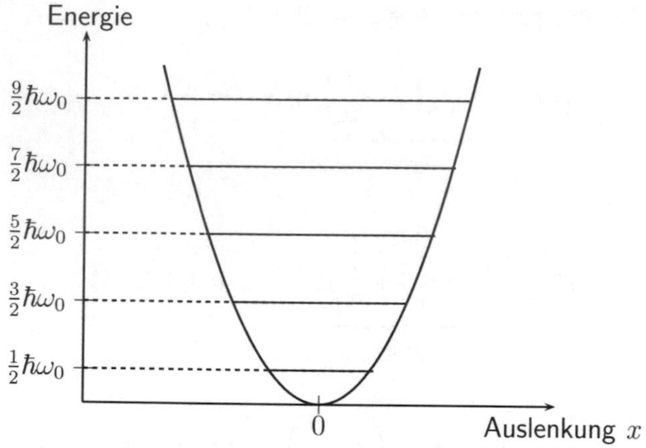

Abb. 5.1 Die parabolische potentielle Energie und die äquidistanten Energiestufen des harmonischen Oszillators (setzt sich nach oben bis nach Unendlich fort)

können wir eine entsprechende Matrix für $\boldsymbol{P}$ berechnen:

$$\boldsymbol{P} = \begin{pmatrix} 0 & p(0,1) & 0 & 0 & 0 & \cdots \\ p(1,0) & 0 & p(1,2) & 0 & 0 & \cdots \\ 0 & p(2,1) & 0 & p(2,3) & 0 & \cdots \\ \vdots & \ddots & \ddots & \ddots & \ddots & \ddots \end{pmatrix}. \tag{5.25}$$

Die Gestalt von $\boldsymbol{X}$ und $\boldsymbol{P}$ soll jetzt auf moderne Weise hergeleitet werden. Wegen (5.10) ist

$$\begin{aligned} \boldsymbol{H}\boldsymbol{e}_n &= \hbar\omega_0 \boldsymbol{A}^\dagger \boldsymbol{A}\boldsymbol{e}_n + \frac{\hbar\omega_0}{2}\boldsymbol{e}_n \\ &= \hbar\omega_0 \left(n + \frac{1}{2}\right)\boldsymbol{e}_n, \end{aligned}$$

also mit (5.20)

$$\boldsymbol{A}^\dagger \boldsymbol{A}\boldsymbol{e}_n = n\,\boldsymbol{e}_n. \tag{5.26}$$

Die Matrix $\boldsymbol{A}^\dagger \boldsymbol{A}$ ist eine hermitesche Matrix, d. h., ihre Eigenwerte sind alle reell und die Eigenvektoren bilden ein Orthogonalsystem, stehen also aufeinander senkrecht. Außerdem steigen die Eigenvektoren $\boldsymbol{e}_n$ durch Multiplikation von links mit $\boldsymbol{A}$ abwärts:

$$\boldsymbol{A}\boldsymbol{e}_n = \alpha_n \boldsymbol{e}_{n-1}. \tag{5.27}$$

Dieses von links mit dem konjugiert Komplexen multipliziert, liefert

$$e_n^\dagger A^\dagger A e_n = e_n^\dagger e_n \, |\alpha_n|^2 \stackrel{!}{=} |\alpha_n|^2 \,. \tag{5.28}$$

Damit wird die Länge der Eigenvektoren auf 1 normiert. Mit (5.26) wird aus (5.28)

$$n e_n^\dagger e_n = n = |\alpha_n|^2 \,. \tag{5.29}$$

Wählen α_n reell, dann ist

$$\alpha_n = \sqrt{n}.$$

Damit wird aus (5.27)

$$A e_n = \sqrt{n} e_{n-1} \tag{5.30}$$

und damit aus (5.26)

$$A^\dagger A e_n = n \, e_n = A^\dagger (\sqrt{n} e_{n-1}),$$

d. h.,

$$A^\dagger e_{n-1} = \sqrt{n} e_n$$

bzw. (wir verschieben den Index n, statt $n-1$)

$$A^\dagger e_n = \sqrt{n+1} e_{n+1}. \tag{5.31}$$

Diese Berechnung kann wiederholt angewendet werden, so dass man

$$e_n = \frac{1}{\sqrt{n}} A^\dagger e_{n-1} = \frac{A^\dagger}{\sqrt{n}} \cdot \frac{A^\dagger}{\sqrt{n-1}} e_{n-2} = \cdots$$

$$\underline{\underline{e_n = \frac{1}{\sqrt{n!}} \left(A^\dagger\right)^n e_0}} \tag{5.32}$$

erhält. Da die e_i Eigenvektoren einer hermiteschen Matrix sind, stehen sie orthogonal aufeinander, d. h., es ist

$$e_i^\dagger e_j = \delta_{ij}.$$

Damit erhält man die Elemente $A_{i,k}$ $(i, k = 0, 1, 2, 3, \ldots)$ der unendlich großen Matrix A aus

$$A_{i,k} = e_i^\dagger A e_k = (A^\dagger e_i)^\dagger e_k \stackrel{(5.31)}{=} (\sqrt{i+1} e_{i+1})^\dagger e_k = \sqrt{i+1}\, \delta_{i+1,k},$$

d. h., es wird

$$A = \begin{pmatrix} 0 & 1 & 0 & 0 & \cdots \\ 0 & 0 & \sqrt{2} & 0 & \\ 0 & 0 & 0 & \sqrt{3} & \ddots \\ \vdots & & & \ddots & \ddots \end{pmatrix}. \tag{5.33}$$

Entsprechend erhält man die Elemente $A^\dagger_{i,k}$ der unendlich großen Matrix $A^\dagger$

$$A^\dagger_{i,k} = e_i^* A^\dagger e_k = (Ae_i)^* e_k \overset{(5.30)}{=} \sqrt{i}\, e_{i-1}^* e_k = \sqrt{i}\,\delta_{i-1,k},$$

$$A^\dagger = \begin{pmatrix} 0 & 0 & 0 & 0 & \cdots \\ 1 & 0 & 0 & 0 & \\ 0 & \sqrt{2} & 0 & 0 & \\ 0 & 0 & \sqrt{3} & 0 & \ddots \\ \vdots & & \ddots & \ddots & \ddots \end{pmatrix}. \tag{5.34}$$

Aus (5.6) und (5.7) folgt[2]

$$\widetilde{X} = \frac{1}{2}(A + A^\dagger) \quad \text{und} \quad \widetilde{P} = \frac{i}{2}(A^\dagger - A)$$

und schließlich

$$X = \sqrt{\frac{2\hbar}{m\omega_0}}\,\widetilde{X} = \sqrt{\frac{\hbar}{2\,m\omega_0}}(A + A^\dagger), \tag{5.35}$$

$$X = \sqrt{\frac{\hbar}{2m\omega_0}} \begin{pmatrix} 0 & 1 & 0 & 0 & 0 & \cdots \\ 1 & 0 & \sqrt{2} & 0 & 0 & \cdots \\ 0 & \sqrt{2} & 0 & \sqrt{3} & 0 & \cdots \\ 0 & 0 & \sqrt{3} & 0 & \sqrt{4} & \cdots \\ \vdots & & \ddots & \ddots & \ddots & \ddots \end{pmatrix} \tag{5.36}$$

[2]Es ist übrigens in der Tat

$$AA^\dagger - A^\dagger A = \begin{pmatrix} 1 & 0 & 0 & \cdots \\ 0 & 2 & 0 & \cdots \\ 0 & 0 & 3 & \cdots \\ \vdots & \vdots & \vdots & \ddots \end{pmatrix} - \begin{pmatrix} 0 & 0 & 0 & \cdots \\ 0 & 1 & 0 & \cdots \\ 0 & 0 & 2 & \cdots \\ \vdots & \vdots & \vdots & \ddots \end{pmatrix} = \begin{pmatrix} 1 & 0 & 0 & \cdots \\ 0 & 1 & 0 & \cdots \\ 0 & 0 & 1 & \cdots \\ \vdots & \vdots & \vdots & \ddots \end{pmatrix} = I.$$

$$X^2 = \frac{\hbar}{2m\omega_0}\begin{pmatrix} 1 & 0 & \sqrt{2} & 0 & 0 & \cdots \\ 0 & 3 & 0 & \sqrt{2\cdot 3} & 0 & \cdots \\ \sqrt{2} & 0 & 5 & 0 & \sqrt{3\cdot 4} & \cdots \\ 0 & \sqrt{2\cdot 3} & 0 & 7 & 0 & \cdots \\ \vdots & & \ddots & \ddots & \ddots & \ddots \end{pmatrix} \tag{5.37}$$

$$P = \sqrt{2\hbar m\omega_0}\,\tilde{P} = \sqrt{\frac{\hbar m\omega_0}{2}}(iA^\dagger - iA)$$

$$P = i\sqrt{\frac{\hbar m\omega_0}{2}}\begin{pmatrix} 0 & -1 & 0 & 0 & 0 & \cdots \\ 1 & 0 & -\sqrt{2} & 0 & 0 & \cdots \\ 0 & \sqrt{2} & 0 & -\sqrt{3} & 0 & \cdots \\ 0 & 0 & \sqrt{3} & 0 & -\sqrt{4} & \cdots \\ \vdots & \vdots & \vdots & \vdots & \vdots & \ddots \end{pmatrix} \tag{5.38}$$

$$P^2 = \frac{\hbar m\omega_0}{2}\begin{pmatrix} 1 & 0 & -\sqrt{2} & 0 & 0 & \cdots \\ 0 & 3 & 0 & -\sqrt{2\cdot 3} & 0 & \cdots \\ -\sqrt{2} & 0 & 5 & 0 & -\sqrt{3\cdot 4} & \cdots \\ 0 & -\sqrt{2\cdot 3} & 0 & 7 & 0 & \cdots \\ \vdots & \vdots & \vdots & \vdots & \vdots & \ddots \end{pmatrix}. \tag{5.39}$$

Das sind in der Tat die schon in (5.23) und (5.25) vorhergesagten Formen, die bereits von Heisenberg hergeleitet wurden.

Als nächstes suchen wir die Frequenzmatrix $\boldsymbol{\Omega}$. Wir haben

$$\dot{X}(j,k) = i \cdot \omega(j,k) X(j,k),$$

und wir können die Elemente in den beiden Nebendiagonalen zur Hauptdiagonalen berechnen aus der Formel

$$P(j,k) = m \cdot i \cdot \omega(j,k) \cdot X(j,k), \tag{5.40}$$

d. h., es ist

$$\omega(j,k) = \frac{P(j,k)}{m \cdot i \cdot X(j,k)}. \tag{5.41}$$

Daraus erhält man für die Nebendiagonalen den Wert $\mp\omega_0$, also insgesamt die Frequenzmatrix

$$\boldsymbol{\Omega} = \begin{pmatrix} 0 & -\omega_0 & 0 & 0 & 0 & \cdots \\ \omega_0 & 0 & -\omega_0 & 0 & 0 & \cdots \\ 0 & \omega_0 & 0 & -\omega_0 & 0 & \cdots \\ 0 & 0 & \omega_0 & 0 & -\omega_0 & \cdots \\ \vdots & & \ddots & \ddots & \ddots & \ddots \end{pmatrix}. \tag{5.42}$$

Nach (5.20) gilt für die Eigenwerte

$$E_n = \hbar\omega_0 \left(n + \frac{1}{2} \right) \quad \text{für} \quad n = 0, 1, 2, \ldots. \tag{5.43}$$

Außerdem ist

$$\omega(n,m) = 2\pi\nu(n,m) = \frac{1}{\hbar}(E_n - E_m),$$

also mit (5.43)

$$\omega(n,m) = (n-m) \cdot \omega_0 \quad \text{für} \quad |n-m| = 1.$$

Das stimmt aber vollkommen mit den Werten in (5.42) überein!

5.2 Erwartungswerte (Mittelwerte) und Varianzwerte

Ein harmonischer Oszillator sei in dem Eigenzustand $\boldsymbol{e}_j$ zum Eigenwert $(j + 1/2)\hbar\omega_0$. Wenn wir die Energiematrix diagonal wählen, gilt für die Eigenvektorkomponenten $\boldsymbol{e}_j(k) = \delta_{jk}$, d. h., es ist nur die j-te Komponente gleich eins, die anderen sind null. Der Erwartungswert einer Observablen $\boldsymbol{A}$ in dem betrachteten Eigenzustand ist dann gegeben durch

$$\langle A \rangle = \boldsymbol{e}_j^{\mathsf{T}} \boldsymbol{A} \boldsymbol{e}_j = a_{jj}.$$

Der Erwartungswert der Observablen $\boldsymbol{X}$ ist gleich null, da in (5.36) $a_{jj} = 0$ für alle j ist. Ebenso ist der Mittelwert von $\boldsymbol{P}$ gleich null. Berechnet man dagegen den Mittelwert von $\boldsymbol{X}^2$ und $\boldsymbol{P}^2$, so folgt aus (5.37)

$$(\boldsymbol{X}^2)_{jj} = \frac{\hbar}{2m\omega_0}(2j-1)$$

und aus (5.39)

$$(\boldsymbol{P}^2)_{jj} = \frac{\hbar m\omega_0}{2}(2j-1).$$

Das ist dann aber, da die Mittelwerte ja alle Null sind, auch gleizeitig die mittlere quadratische Abweichung der Lage eines Teilchens, nämlich

$$(\Delta x)^2 = \frac{\hbar}{2m\omega_0}(2j-1),$$

und die mittlere quadratische Abweichung des Impulses ist

$$(\Delta p)^2 = \frac{\hbar m\omega_0}{2}(2j-1).$$

Daraus folgt dann

$$(\Delta x \Delta p)^2 = \hbar^2 \left(j - \frac{1}{2}\right)^2,$$

also ist Heisenbergs Unschärferelation erfüllt:

$$\underline{\underline{\Delta x \Delta p \geq \frac{1}{2}\hbar.}}$$

Im Grundzustand ist weder Δx noch Δp gleich null, sondern $\Delta x \Delta p = \frac{1}{2}\hbar > 0$. In diesem Grundzustand hat das System die „Nullpunktsenergie“

$$E_0 = \frac{\hbar\omega_0}{2},$$

die der Oszillator auch niemals abgeben kann.

5.3 Aufgaben

5.1 **Kommutationsrelationen:** Zeige, dass die üblichen Kommutationsrelationnen zwischen $\boldsymbol{P}$ und $\boldsymbol{X}$ auch für den harmonischen Oszillator gelten.

5.2 **Dimension von $\boldsymbol{A}$:** Was ist die physikalische Dimension von $\boldsymbol{A} = \widetilde{\boldsymbol{X}} + i\widetilde{\boldsymbol{P}}$, wie sie in (5.6) definiert wurde?

5.3 **Observable:** Ist die Matrix $\boldsymbol{A} = \widetilde{\boldsymbol{X}} + i\widetilde{\boldsymbol{P}}$ wie in in (5.6) definiert, eine Observable?

5.4 **Hamilton:** Aus (5.10) folgt $\boldsymbol{H} = \hbar\omega_0(\boldsymbol{N} + \frac{1}{2}\boldsymbol{I})$ mit $\boldsymbol{N} \stackrel{\text{def}}{=} \boldsymbol{A}^\dagger \boldsymbol{A}$. Ist $\boldsymbol{N}$ eine hermitesche Matrix?

5.5 **Kommutator:** Zeige, dass für $\boldsymbol{A} = \widetilde{\boldsymbol{X}} + i\widetilde{\boldsymbol{P}}$, wie in (5.6) definiert, $[\boldsymbol{A}^n, \boldsymbol{N}] = n\boldsymbol{A}^n$ gilt.

5.6 **Die Form von $\boldsymbol{N}$:** Was ist die Form von $\boldsymbol{N}$, und was sind die Eigenwerte?

5.7 **Die Form von $\boldsymbol{X}$, $\boldsymbol{X}^2$ und $\boldsymbol{X}^3$:** Welches sind die Matrixelemente von $\boldsymbol{X}$, $\boldsymbol{X}^2$ und $\boldsymbol{X}^3$? Berechne sie mittels der Eigenwertgleichungen der Matrizen $\boldsymbol{A}^\dagger$ und $\boldsymbol{A}$.

6 Drehimpuls

Das Vorgehen beim harmonischen Oszillator, einem *eindimensionalen* System, soll jetzt auf die Behandlung von zunächst *dreidimensionale* Systeme übertragen werden. Der dreidimensionale Drehimpuls ist ein solches System. Er spielt vor allem bei der Behandlung von Atomen und anderen quantenmechanischen Problemen mit Rotationssymmetrie eine Rolle. Die Verallgemeinerung auf drei Dimensionen erreichten erstmalig Born, Heisenberg und Jordan in ihrer berühmten „Dreimännerarbeit" [BO25]. Green schreibt in [GR65].:

> Schon vor der Quantenmechanik hatte Bohr entdeckt, dass die Atomspektren nur erklärt werden können, wenn die Werte des Drehimpulses auf bestimmte ganzzahlige Vielfache des Planckschen Wirkungsquants beschränkt werden. Aber erst die Quantenmechanik lehrte das Verhalten des Drehimpulses eines atomaren Systems vollständig verstehen.

Die Matrizen, die in diesem Kapitel auftreten, sind fast alles endlich dimensionale $N \times N$-Matrizen mit $N \in \mathbb{N} = \{0, 1, 2, 3, \ldots\}$, einer natürlichen Zahl.

6.1 Matrizenvektor des Drehimpulses

Wenn ein Teilchen um eine feste Achse kreist, entsteht ein Drehimpuls, der definiert wird

$$\boldsymbol{\ell} \stackrel{\text{def}}{=} \boldsymbol{r} \times \boldsymbol{p}. \tag{6.1}$$

$$\boldsymbol{r} \stackrel{\text{def}}{=} \begin{pmatrix} x_1 \\ x_2 \\ x_3 \end{pmatrix} \tag{6.2}$$

ist der Abstandsvektor des Teilchens von der Drehachse und

$$\boldsymbol{p} \stackrel{\text{def}}{=} m\,\dot{\boldsymbol{r}} \tag{6.3}$$

G. Ludyk, *Quantenmechanik nur mit Matrizen*,
https://doi.org/10.1007/978-3-662-60882-1_6

der Impuls des Teilchens. Die Drehimpulsgleichung (6.1) komponentenweise ausgeschrieben, lautet

$$\ell_1 = x_2 p_3 - x_3 p_2,$$

$$\ell_2 = x_3 p_1 - x_1 p_3,$$

$$\ell_3 = x_1 p_2 - x_2 p_1.$$

Wenn keine äußeren Kräfte auf das System wirken, bleibt der Drehimpuls für alle Zeiten konstant. Dies kann man zeigen, indem man die zeitliche Ableitung untersucht: Ist diese gleich null, dann ist der Drehimpuls $\boldsymbol{\ell}$ konstant.

$$\frac{\mathrm{d}}{\mathrm{d}t}(\boldsymbol{x} \times \dot{\boldsymbol{x}}) = \dot{\boldsymbol{x}} \times \dot{\boldsymbol{x}} + \boldsymbol{x} \times \ddot{\boldsymbol{x}}.$$

Ist die Anziehungskraft innerhalb des Systems (des Atoms) proportional zum Abstand $\boldsymbol{x}$ der Massen, dann ist

$$\frac{\mathrm{d}}{\mathrm{d}t}(\boldsymbol{x} \times \dot{\boldsymbol{x}}) = \dot{\boldsymbol{x}} \times \dot{\boldsymbol{x}} + \boldsymbol{x} \times c\,\boldsymbol{x} = \boldsymbol{0},$$

also der Drehimpuls $\boldsymbol{\ell}$ konstant!

In der Quantenmechanik werden die Komponenten des Abstandsvektors durch die Matrizen $\boldsymbol{X_1}$, $\boldsymbol{X_2}$ und $\boldsymbol{X_3}$ dargestellt, die zusammengefasst werden in dem Matrizenvektor

$$\mathfrak{R} \overset{\text{def}}{=} \begin{pmatrix} \boldsymbol{X_1} \\ \boldsymbol{X_2} \\ \boldsymbol{X_3} \end{pmatrix}. \tag{6.4}$$

Entsprechend wird der Matrizenvektor des Impulses definiert

$$\mathfrak{P} = \begin{pmatrix} \boldsymbol{P_1} \\ \boldsymbol{P_2} \\ \boldsymbol{P_3} \end{pmatrix} \overset{\text{def}}{=} \begin{pmatrix} m\dot{\boldsymbol{X}}_1 \\ m\dot{\boldsymbol{X}}_2 \\ m\dot{\boldsymbol{X}}_3 \end{pmatrix}, \tag{6.5}$$

oder mit dem Matrizenvektor für die Geschwindigkeit

$$\mathfrak{V} \overset{\text{def}}{=} \begin{pmatrix} \dot{\boldsymbol{X}}_1 \\ \dot{\boldsymbol{X}}_2 \\ \dot{\boldsymbol{X}}_3 \end{pmatrix} \tag{6.6}$$

auch

$$\mathfrak{P} = m\mathfrak{V}. \tag{6.7}$$

Für die Matrizen $\boldsymbol{X}_i$ und $\boldsymbol{P}_i$ gelten natürlich auch die Vertauschungsrelationen gemäß (3.23) bis (3.26).

Wird das Vektorprodukt für Matrizenvektoren so definiert

$$\mathfrak{A} \times \mathfrak{B} = \begin{pmatrix} A_1 \\ A_2 \\ A_3 \end{pmatrix} \times \begin{pmatrix} B_1 \\ B_2 \\ B_3 \end{pmatrix} \stackrel{\text{def}}{=} \begin{pmatrix} A_2 B_3 - A_3 B_2 \\ A_3 B_1 - A_1 B_3 \\ A_1 B_2 - A_2 B_1 \end{pmatrix},$$

dann ist

$$\mathfrak{A} \times \mathfrak{B} = -\mathfrak{B} \times \mathfrak{A},$$

aber nur, wenn $\boldsymbol{A}_i$ für $i \neq j$ mit $\boldsymbol{B}_j$ vertauschbar ist. Da $\boldsymbol{X}_i$ vertauschbar mit $\boldsymbol{P}_j$ für $i \neq j$ ist, erhalten wir die Definition

Definition : Matrizenvektor des Drehimpulses:

$$\mathfrak{L} = \begin{pmatrix} L_1 \\ L_2 \\ L_3 \end{pmatrix} \stackrel{\text{def}}{=} \mathfrak{R} \times \mathfrak{P} = -\mathfrak{P} \times \mathfrak{X}. \tag{6.8}$$

Die Komponenten des Drehimpulses sind allerdings *nicht* miteinander vertauschbar, denn es gilt z. B.

$$\begin{aligned} &\boldsymbol{L}_1\boldsymbol{L}_2 - \boldsymbol{L}_2\boldsymbol{L}_1 \\ &= (\boldsymbol{X}_2\boldsymbol{P}_3 - \boldsymbol{X}_3\boldsymbol{P}_2)(\boldsymbol{X}_3\boldsymbol{P}_1 - \boldsymbol{X}_1\boldsymbol{P}_3) - (\boldsymbol{X}_3\boldsymbol{P}_1 - \boldsymbol{X}_1\boldsymbol{P}_3)(\boldsymbol{X}_2\boldsymbol{P}_3 - \boldsymbol{X}_3\boldsymbol{P}_2) \\ &= \boldsymbol{X}_2\boldsymbol{P}_3\boldsymbol{X}_3\boldsymbol{P}_1 + \boldsymbol{X}_3\boldsymbol{P}_2\boldsymbol{X}_1\boldsymbol{P}_3 - \boldsymbol{X}_3\boldsymbol{P}_1\boldsymbol{X}_2\boldsymbol{P}_3 - \boldsymbol{X}_1\boldsymbol{P}_3\boldsymbol{X}_3\boldsymbol{P}_2 \\ &= \boldsymbol{X}_1\boldsymbol{P}_2(\boldsymbol{X}_3\boldsymbol{P}_3 - \boldsymbol{P}_3\boldsymbol{X}_3) + \boldsymbol{X}_2\boldsymbol{P}_1(\boldsymbol{P}_3\boldsymbol{X}_3 - \boldsymbol{X}_3\boldsymbol{P}_3) \\ &= (\boldsymbol{X}_1\boldsymbol{P}_2 - \boldsymbol{X}_2\boldsymbol{P}_1)\, i\,\hbar = i\,\hbar\,\boldsymbol{L}_3 = [\boldsymbol{L}_1, \boldsymbol{L}_2]. \end{aligned}$$

Entsprechend erhält man

$$[\boldsymbol{L}_2, \boldsymbol{L}_3] = i\,\hbar\,\boldsymbol{L}_1$$

und

$$[\boldsymbol{L}_3, \boldsymbol{L}_1] = i\,\hbar\,\boldsymbol{L}_2.$$

Die Observablen, die den Komponenten des Drehimpulses $\mathfrak{L}$ zugeordnet werden, sind also nicht kompatibel, können nicht vertauscht werden, d. h., sie können *nicht gleichzeitig gemessen* werden!

Für „normale" Vektoren ist das Vektorprodukt mit sich selbst immer gleich Null:

$$\boldsymbol{a} \times \boldsymbol{a} = \boldsymbol{0}.$$

Für das Matrizenvektorprodukt mit $\mathfrak{L}$ gilt das in der Quantenmechanik nicht mehr! Es folgt dann nämlich aus dem Obigen:

$$\mathfrak{L} \times \mathfrak{L} = i\hbar \mathfrak{L} \neq \mathbf{0}. \tag{6.9}$$

Für die beiden sich gegenseitig anziehenden Massen m_e und m_n eines Elektrons und eines Kerns in einem Atom, gilt die folgende Bewegungsgleichung:

$$m_e \frac{\mathrm{d}^2}{\mathrm{d}t^2} \boldsymbol{x}_e = \boldsymbol{f}, \quad m_n \frac{\mathrm{d}^2}{\mathrm{d}t^2} \boldsymbol{x}_n = -\boldsymbol{f}.$$

Dividiert man diese Bewegungsgleichung durch die Massen und subtrahiert sie, erhalten wir für den relativen Abstand

$$\boldsymbol{x} \stackrel{\text{def}}{=} \boldsymbol{x}_e - \boldsymbol{x}_n \tag{6.10}$$

eine solche Bewegungsgleichung

$$\frac{\mathrm{d}^2}{\mathrm{d}t^2}(\boldsymbol{x}_e - \boldsymbol{x}_n) = \left(\frac{1}{m_e} + \frac{1}{m_n}\right) \boldsymbol{f} = \frac{1}{m} \boldsymbol{f}.$$

Die *reduzierte Masse m* ist so definert

$$m \stackrel{\text{def}}{=} \frac{m_e m_n}{m_e + m_n}.$$

Mit der relativen Geschwindigkeit $\boldsymbol{v} \stackrel{\text{def}}{=} \dot{\boldsymbol{x}}$ und dem relativen Impuls

$$\boldsymbol{p} \stackrel{\text{def}}{=} m\boldsymbol{v},$$

erhalten wir schließlich

$$m \frac{\mathrm{d}^2}{\mathrm{d}t^2} \boldsymbol{x} = \boldsymbol{f} = m\dot{\boldsymbol{v}} = \dot{\boldsymbol{p}}.$$

Aus (6.10) folgt durch eine Differentiation nach der Zeit

$$\boldsymbol{v} = \boldsymbol{v}_e - \boldsymbol{v}_n = \frac{1}{m_e} \boldsymbol{p}_e - \frac{1}{m_n} \boldsymbol{p}_n = \frac{1}{m} \boldsymbol{p}.$$

Damit erhalten wir die alternative Formulierung für den relativen Impuls

$$\boldsymbol{p} = m \left(\frac{1}{m_e} \boldsymbol{p}_e - \frac{1}{m_n} \boldsymbol{p}_n\right). \tag{6.11}$$

In der Quantenmechanik wird die relative Lage und der relative Impuls des Elektrons und des Atomkerns durch die folgenden Matrizen beschrieben

$$\boldsymbol{X}_j = \boldsymbol{X}_{ej} - \boldsymbol{X}_{nj}\,, \; j = 1, 2, 3.$$

Die Geschwindigkeiten und Impulse von Elektron und Kern werden dargestellt durch die Matrizen $\boldsymbol{V}_{ej}$ und $\boldsymbol{V}_{nj}$ sowie

$$\boldsymbol{V}_{ej} = \frac{1}{m_e}\boldsymbol{P}_{ej} \quad \text{und} \quad \boldsymbol{V}_{nj} = \frac{1}{m_n}\boldsymbol{P}_{nj}$$

und dem relativen Impuls

$$\boldsymbol{P}_j = m\left(\frac{1}{m_e}\boldsymbol{P}_{ej} - \frac{1}{m_n}\boldsymbol{P}_{nj}\right) = \frac{1}{m_n + m_e}\left(m_n\boldsymbol{P}_{ej} - m_e\boldsymbol{P}_{nj}\right).$$

Die Matrizen $\boldsymbol{X}_{ej}$ und $\boldsymbol{P}_{ej}$ für das Elektron sind vertauschbar mit den Matrizen $\boldsymbol{X}_{nj}$ und $\boldsymbol{P}_{nj}$ für den Kern. Deshalb folgt für die relativen Lagematrizen und Impulsmatrizen

$$\begin{aligned}\boldsymbol{X}_j\boldsymbol{P}_j - \boldsymbol{P}_j\boldsymbol{X}_j &= \frac{m_n}{m_n + m_e}\left(\boldsymbol{X}_{ej}\boldsymbol{P}_{ej} - \boldsymbol{P}_{ej}\boldsymbol{X}_{ej}\right) + \frac{m_e}{m_n + m_e}\left(\boldsymbol{X}_{nj}\boldsymbol{P}_{nj} - \boldsymbol{P}_{nj}\boldsymbol{X}_{nj}\right)\\ &= \left(\frac{m_n}{m_n + m_e} + \frac{m_e}{m_n + m_e}\right)i\hbar\boldsymbol{I} = i\hbar\boldsymbol{I}.\end{aligned}$$

Die relativen Matrizen erfüllen also die gleichen Bedingungen wie die für eine einzelne Masse.

Definiert man das Skalarprodukt zweier Matrizenvektoren so:

$$(\mathfrak{A} \cdot \mathfrak{B}) \stackrel{\text{def}}{=} \boldsymbol{A}_1\boldsymbol{B}_1 + \boldsymbol{A}_2\boldsymbol{B}_2 + \boldsymbol{A}_3\boldsymbol{B}_3,$$

dann ist

$$(\mathfrak{L} \cdot \mathfrak{L}) \stackrel{\text{def}}{=} \boldsymbol{L}^2 = \boldsymbol{L}_1^2 + \boldsymbol{L}_2^2 + \boldsymbol{L}_3^2.$$

6.2 Eigenwerte und Eigenvektoren von L^2 und L_3

6.2.1 Vertauschbarkeit von L^2 und L_3

Zunächst soll gezeigt werden, dass für die Matrix $\boldsymbol{L}^2$ und alle Matrizen $\boldsymbol{L}_i$, $i = 1, 2$ und 3

$$\boldsymbol{L}^2\boldsymbol{L}_i - \boldsymbol{L}_i\boldsymbol{L}^2 = \boldsymbol{0}$$

ist, dass also $\boldsymbol{L}^2$ mit allen Matrizen $\boldsymbol{L}_i$ vertauschbar ist. $\boldsymbol{L}^2$ und $\boldsymbol{L}_i$ sind also gleichzeitig messbar, was für die $\boldsymbol{L}_i$ untereinander nicht der Fall ist, z. B. können $\boldsymbol{L}_1$ und $\boldsymbol{L}_2$ nicht gleichzeitig fehlerfrei gemessen werden. Die Vertauschbarkeit soll für die beiden Matrizen $\boldsymbol{L}^2$ und $\boldsymbol{L}_3$ gezeigt werden. Mit der Abkürzung

$$[\boldsymbol{A}, \boldsymbol{B}] \stackrel{\text{def}}{=} \boldsymbol{AB} - \boldsymbol{BA}$$

ist

$$[L_3, {L_1}^2] = \underbrace{L_3L_1L_1 - L_1L_3L_1}_{[L_3,L_1]L_1} + \underbrace{L_1L_3L_1 - L_1L_1L_3}_{L_1[L_3,L_1]}$$
$$= i\hbar(L_2L_1 + L_1L_2). \tag{6.12}$$

Analog erhält man

$$[L_3, L_2^2] = -i\hbar(L_1L_2 + L_2L_1). \tag{6.13}$$

Weiterhin ist

$$[L_3, L_3^2] = 0. \tag{6.14}$$

Addiert man schließlich (6.12), (6.13) und (6.14), erhält man in der Tat

$$[L_3, L^2] = 0,$$

also

$$L_3L^2 = L^2L_3. \tag{6.15}$$

Allgemein gilt für $i = 1, 2$ und 3 die Vertauschbarkeit

$$L_iL^2 = L^2L_i.$$

6.2.2 Eigenwerte und Eigenvektoren

Es sollen jetzt die Eigenwerte und Eigenvektoren der beiden Matrizen L^2 und L_3 gefunden werden. Es wird im Allgemeinen L_3 bevorzugt, da bei späteren Betrachtungen über die Wirkung von Magnetfeldern auf Atome, die x_3- bzw. z-Richtung für das Magnetfeld gewählt wird. Allgemein gilt für zwei vertauschbare Matrizen A und B, dass sie die gleichen Eigenvektoren haben. Das kann man für reguläre Matrizen so einsehen. Sei e_A ein Eigenvektor von A zum Eigenwert λ_A, also $Ae_A = \lambda_A e_A$. Dann ist

$$ABe_A = BAe_A = B(\lambda_A e_A) = \lambda_A Be_A.$$

Also ist Be_A ein Eigenvektor von A zum selben Eigenwert λ_A und somit muss Be_A ein Vielfaches des Eigenvektors e_A sein,

$$Be_A = \lambda_B e_A,$$

d. h., die Matrizen A und B haben die gleichen Eigenvektoren.

Da die beiden Matrizen $\boldsymbol{L}_3$ und $\boldsymbol{L}^2$ vertauschbar sind, haben sie also die gleichen Eigenvektoren. Greifen einen davon heraus, $\boldsymbol{e}$. Außerdem ziehen wir beim Eigenwert den Faktor $\hbar^2$ heraus. λ ist dann ein reiner Zahlenwert:[1]

$$\boldsymbol{L}^2\boldsymbol{e} = \hbar^2\lambda\,\boldsymbol{e} \tag{6.16}$$

$$\boldsymbol{L}_3\boldsymbol{e} = \hbar\mu\,\boldsymbol{e}. \tag{6.17}$$

Mit den *Leitermatrizen* (auch *Aufsteige-* bzw. *Absteigeoperatoren* genannt)[2] kann man auch hier, wie beim harmonischen Oszillator, aus bekannten Eigenvektoren zu neuen Eigenvektoren springen. Sie werden wie folgt definiert:

$$\boldsymbol{L}_+ \stackrel{\text{def}}{=} \boldsymbol{L}_1 + i\,\boldsymbol{L}_2 \tag{6.18}$$

$$\boldsymbol{L}_- \stackrel{\text{def}}{=} \boldsymbol{L}_1 - i\,\boldsymbol{L}_2. \tag{6.19}$$

Die Matrizen $\boldsymbol{L}_\pm$ sind mit der Matrix $\boldsymbol{L}^2$ vertauschbar, denn es ist

$$\begin{aligned}\boldsymbol{L}^2\boldsymbol{L}_\pm - \boldsymbol{L}_\pm\boldsymbol{L}^2 &= \boldsymbol{L}^2\boldsymbol{L}_1 \pm i\,\boldsymbol{L}^2\boldsymbol{L}_2 - \boldsymbol{L}_1\boldsymbol{L}^2 \mp i\,\boldsymbol{L}_2\boldsymbol{L}^2 \\ &= \underbrace{[\boldsymbol{L}^2, \boldsymbol{L}_1]}_{\boldsymbol{0}} + i\,\underbrace{[\boldsymbol{L}^2, \boldsymbol{L}_2]}_{\boldsymbol{0}} = \boldsymbol{0},\end{aligned}$$

also

$$[\boldsymbol{L}^2\boldsymbol{L}_\pm] = \boldsymbol{0}. \tag{6.20}$$

Andererseits gilt aber auch

$$[\boldsymbol{L}_3, \boldsymbol{L}_\pm] = \pm\,\hbar\,\boldsymbol{L}_\pm; \tag{6.21}$$

denn es ist

$$\begin{aligned}[\boldsymbol{L}_3, \boldsymbol{L}_\pm] &= [\boldsymbol{L}_3, \boldsymbol{L}_1] \pm i[\boldsymbol{L}_3, \boldsymbol{L}_2] = i\hbar\boldsymbol{L}_2 \mp i^2\hbar\boldsymbol{L}_1 \\ &= \hbar(\pm\boldsymbol{L}_1 + i\,\boldsymbol{L}_2) = \pm\,\hbar\,\boldsymbol{L}_\pm.\end{aligned}$$

Daraus folgt auch

$$[\boldsymbol{L}_+\boldsymbol{L}_-] = 2\hbar\boldsymbol{L}_3. \tag{6.22}$$

---

[1] Die Plancksche Konstante $\hbar$ hat die Dimension $Energie \cdot Zeit$. Der Drehimpuls hat die Dimension $Länge \cdot Masse \cdot Länge \cdot Zeit^{-1}$. Die Energie hat die Dimension $Masse \cdot Länge^2 \cdot Zeit^{-2}$, also hat endgültig $\hbar$ die Dimension $Masse \cdot Länge^2 \cdot Zeit^{-1}$, die gleiche Dimension wie der Drehimpuls. Der Drehimpuls zum Quadrat hat dann eben die gleiche Dimension wie $\hbar^2$.

[2] Sie werden auch *Erzeugungs-* bzw. *Vernichtungsoperator* genannt, da sie einem Oszillator Energiequanten $\hbar\omega$ hinzufügen bzw. entziehen.

Löst man (6.22) nach L_+L_- auf, erhält man

$$L_+L_- = L^2 - L_3(L_3 - \hbar I) \tag{6.23}$$

und

$$L_-L_+ = L^2 - L_3(L_3 + \hbar I). \tag{6.24}$$

6.2.3 Maximal- und Minimalwerte der Eigenwerte

Für (6.16) kann man auch

$$(L_1^2 + L_2^2)e + \hbar^2\mu^2 e = \hbar^2\lambda e$$

schreiben. Multipliziert von links mit e^T liefert das für normierte Eigenvektoren (d. h. $\|e\| = 1$)

$$e^\mathsf{T}(L_1^2 + L_2^2)e = \hbar^2(\lambda - \mu^2). \tag{6.25}$$

Da die Matrizen L_1 und L_2 hermitesche Matrizen sind, sind ihre Eigenwerte alle reell, also muss die linke Seite von (6.25) postiv sein, $(\lambda - \mu^2) \geq 0$ oder $\lambda \geq \mu^2$. Multiplizieren (6.16) von links mit der Matrix $L_\pm$ und erhalten, da $L_\pm$ mit L^2 vertauschbar ist,

$$L_\pm L^2 e = \underline{\underline{L^2 L_\pm e = \hbar^2\lambda L_\pm e}}, \tag{6.26}$$

d. h., $L_\pm e_j$ ist auch ein Eigenvektor von L^2 mit dem gleichen Eigenwert $\hbar^2\lambda$. Weiter erhalten wir mit (6.21) für $L_3 L_\pm e$

$$\begin{aligned} \underline{\underline{L_3 L_\pm e}} &= ([L_3, L_\pm] + L_\pm L_3)e \\ &= (\pm L_\pm + L_\pm L_3)e = \underline{\underline{\hbar(1 \pm \mu)L_\pm e}}. \end{aligned} \tag{6.27}$$

$L_\pm e$ ist also auch ein Eigenvektor von L_3. Allerdings ändert sich der dazugehörige Eigenwert in $\hbar(1 \pm \mu)$. Wie beim harmonischen Oszillator ergibt mehrfaches Multiplizieren der Eigenwertgleichungen mit L_+ Steigerung des Eigenwerts von L_3 in Stufen. Das muss allerdings einmal stoppen, denn sonst würde die Bedingung $\lambda \geq \mu^2$ verletzt werden. Der maximal erlaubte Wert von λ, ohne $\lambda \geq \mu^2$ zu verletzen, sei $\bar{m}$. Dann ist mit der Definition $e_m \overset{\text{def}}{=} L_+^m e$

$$L_3 e_m = \hbar\bar{m}e_m \tag{6.28}$$

also

$$L_3(L_+e_m) = \hbar(1 + \bar{m})(L_+e_m).$$

Aber ein Eigenwert $\hbar(1+\bar{m})$ ist nicht möglich, da $\bar{m}$ der größte Wert von μ sein sollte! Also ist $(\boldsymbol{L}_+\boldsymbol{e}_m) = \boldsymbol{0}$. Diese Gleichung von links mit der Matrix $\boldsymbol{L}_-$ multipliziert, liefert mit Berücksichtigung von

$$\boldsymbol{L}_-\boldsymbol{L}_+ = \boldsymbol{L}^2 - \boldsymbol{L}_3^2 - \hbar\boldsymbol{L}_3$$

schließlich

$$\boldsymbol{L}_-(\boldsymbol{L}_+\boldsymbol{e}_m) = \boldsymbol{0}$$

oder

$$(\boldsymbol{L}^2 - \boldsymbol{L}_3^2 - \hbar\boldsymbol{L}_3)\boldsymbol{e}_m = \boldsymbol{0},$$

also

$$\hbar^2(\lambda - \bar{m}^2 - \bar{m})\boldsymbol{e}_m = \boldsymbol{0}.$$

Da der Eigenvektor $\boldsymbol{e}_m$ kein Nullvektor sein kann, muss die runde Klammer gleich null sein, also

$$\lambda = \bar{m}(\bar{m} + 1). \tag{6.29}$$

Wenn wir jetzt die zweite Eigenwertgleichung (6.28) $\boldsymbol{L}_3\boldsymbol{e}_m = \hbar\,\bar{m}\,\boldsymbol{e}_m$ von links mit dem Absteigeoperator $\boldsymbol{L}_-$ multiplizieren, erhalten wir

$$\boldsymbol{L}_-\boldsymbol{L}_3\boldsymbol{e}_m = \hbar\,\bar{m}\boldsymbol{L}_-\boldsymbol{e}_m$$

oder mit (6.27)

$$\boldsymbol{L}_3(\boldsymbol{L}_-\boldsymbol{e}_m) = \hbar(\bar{m} - 1)(\boldsymbol{L}_-\boldsymbol{e}_m).$$

Für den größten Eigenwert $\bar{m}$ haben wir

$$\boldsymbol{L}^2\boldsymbol{e}_m = \hbar^2\lambda\boldsymbol{e}_m$$

oder

$$\boldsymbol{L}^2(\boldsymbol{L}_-\boldsymbol{e}_m) = \hbar^2\lambda(\boldsymbol{L}_-\boldsymbol{e}_m).$$

Also ist $\boldsymbol{L}_-\boldsymbol{e}_m$ ein Eigenvektor von $\boldsymbol{L}^2$ und $\boldsymbol{L}_3$ mit den Eigenwerten $\hbar^2\lambda$ und $\hbar(\bar{m}-1)$. n-malige Multiplikation mit $\boldsymbol{L}_-$ ergibt dann

$$\boldsymbol{L}_3(\boldsymbol{L}_-^n\boldsymbol{e}_m) = \hbar(\bar{m} - n)(\boldsymbol{L}_-^n\boldsymbol{e}_m).$$

Es muss allerdings auch ein kleinster Wert für m existieren, da sonst $\lambda \geq m^2$ verletzt würde. Der kleinste Wert von m ohne Verletzung von $\lambda \geq m^2$ sei $\hbar(\bar{m} - n)$. Dann ist

$$\boldsymbol{L}_3(\boldsymbol{L}_-^{n+1}\boldsymbol{e}_m) = \hbar(\bar{m} - (n + 1))(\boldsymbol{L}_-^{n+1}\boldsymbol{e}_m) = \boldsymbol{0}.$$

Da $\hbar(\bar{m} - (n + 1)) \neq 0$, ist, muss $(\boldsymbol{L}_-^{n+1}\boldsymbol{e}_m) = \boldsymbol{0}$ sein, d. h., $(\boldsymbol{L}_-\boldsymbol{L}_-^n\boldsymbol{e}_m) = \boldsymbol{0}$ und auch $(\boldsymbol{L}_+\boldsymbol{L}_-\boldsymbol{L}_-^n\boldsymbol{e}_m) = \boldsymbol{0}$. Ersetzen $\boldsymbol{L}_+\boldsymbol{L}_-$ durch (6.23), und erhalten

$$(\boldsymbol{L}^2 - \boldsymbol{L}_3^2 + \hbar\boldsymbol{L}_3)\boldsymbol{L}_-^n\boldsymbol{e}_m = \boldsymbol{0}$$

oder

$$\hbar^2(\lambda - (\underline{m} - n)^2 + (\underline{m} - n))\boldsymbol{L}_-^n\boldsymbol{e}_m = \boldsymbol{0}.$$

Da $\boldsymbol{L}_-^n\boldsymbol{e}_m \neq \boldsymbol{0}$ ist, erhalten wir die Bedingung

$$\lambda - (\bar{m} - n)^2 + (\bar{m} - n) = 0.$$

Mit dem Wert von $\lambda = \bar{m}(\bar{m} + 1)$ nach (6.29) wird daraus

$$\bar{m}(\bar{m} + 1) - (\bar{m} - n)^2 + (\bar{m} - n) = (n + 1)(2\bar{m} - n) = 0.$$

Da $(n + 1) \neq 0$ ist, muss $2\bar{m} - n = 0$ sein, oder $\bar{m} = n/2$, wobei n die Anzahl von Schritten vom maximalen Eigenwert $\hbar^2\bar{m}$ zum minimalen Eigenwert $\hbar^2(\bar{m} - n)$ ist. Die Zahl n ist immer eine ganze Zahl einschließlich der Null. Wenn wir ℓ für $n/2$ schreiben, sind $\hbar\ell$ und $-\hbar\ell$ die maximalen und minimalen Eigenwerte von $\boldsymbol{L}_3$. Also sind für einen gegebenen Wert von ℓ die Eigenwerte von $\boldsymbol{L}_3$ gleich $\hbar m$, wobei $m = \ell, \ell - 1, \ldots, -\ell$ ist. Es existieren also $2\ell + 1$ Eigenwerte von $\boldsymbol{L}_3$. Da n immer eine ganze Zahl ist, sind die möglichen Werte von ℓ: 0, 1/2, 1, 3/2, ..., d. h., halbganze Quantenzahlen sind automatisch bei der Behandlung des Drehimpulses aufgetreten!

Bezeichnen wir den gemeinsamen Eigenvektor von $\boldsymbol{L}^2$ und $\boldsymbol{L}_3$ mit den Eigenwerten $\hbar^2\ell(\ell + 1)$ und $\hbar m$ mit $\boldsymbol{e}_{\ell m}$, erhalten wir schließlich den

Satz : Für die Matrizen $\boldsymbol{L}^2$ und $\boldsymbol{L}_3$ gelten folgende Eigenwertgleichungen

$$\boldsymbol{L}^2\boldsymbol{e}_{\ell m} = \hbar^2\ell(\ell + 1)\boldsymbol{e}_{\ell m} \tag{6.30}$$

$$\boldsymbol{L}_3\boldsymbol{e}_{\ell m} = \hbar m\boldsymbol{e}_{\ell m}. \tag{6.31}$$

Die *erlaubten Quantenzahlen* sind:

- *Drehimpulsquantenzahl:* $\ell = 0,\ 1/2,\ 1,\ 3/2, \ldots$
- *Magnetische Quantenzahl:* $m = -\ell,\ -\ell + 1, \ldots,\ \ell - 1,\ \ell.$

Die Matrix $\boldsymbol{L_3}$ hat also für einen gegebenen ℓ-Wert ein Spektrum mit $2\ell + 1$ Eigenwerten

$$-\hbar\ell, \quad \hbar(-\ell+1), \quad \cdots \quad , \quad \hbar(\ell-1), \quad \hbar\ell$$

und ist eine quadratische $(2\ell+1) \times (2\ell+1)$-Matrix! Man hat es bei der Heisenbergschen Matrizenmechanik nicht immer nur mit unendlich großen Matrizen in einem Hilbertraum zu tun!

6.3 Orientierung der Drehimpulsvektoren

Aus dem obigen Satz erhält man für den Betrag $|\boldsymbol{L}|$ und die z-Komponente des Drehimpulses $\boldsymbol{L}$

$$|\boldsymbol{L}| = \hbar\sqrt{\ell(\ell+1)}, \tag{6.32}$$

$$L_3 = \hbar m. \tag{6.33}$$

Da es in der Quantenmechanik nicht möglich ist, neben der Länge $|\boldsymbol{L}|$ und der z-Komponente L_3 weitere Komponenten (L_1, L_2) gleichzeitig exakt zu bestimmen, kann der Drehimpulsvektor $\boldsymbol{L}$ niemals exakt parallel zur z-Achse des Koordinatensystems stehen. In einem solchen Fall wären nämlich die x- und die y- Komponenten genau Null und somit exakt bestimmt. Die einzige Aussage, die über die x- und y-Komponenten gemacht werden kann, ist, dass diese zusammen eine Kreisbahn bilden, da

$$L_1^2 + L_2^2 = |\boldsymbol{L}|^2 - L_3^2 = \hbar[\ell(\ell+1) - m^2] \tag{6.34}$$

gelten muss, wobei die rechte Seite von dieser Gleichung für gegebene Werte der Quantenzahlen ℓ und m konstant ist und diese somit eine Kreisbahn mit dem Radius $\hbar\sqrt{\ell(\ell+1) - m^2}$ beschreibt, Abb. 6.1.

Das System mit dem Drehimpuls $|\boldsymbol{L}| = \hbar\sqrt{\ell(\ell+1)}$ hat also eine wohldefinierte Komponente entlang der x_3-Achse mit erlaubten Werten $L_3 = \hbar m$, $(-\ell \le m \le \ell)$,

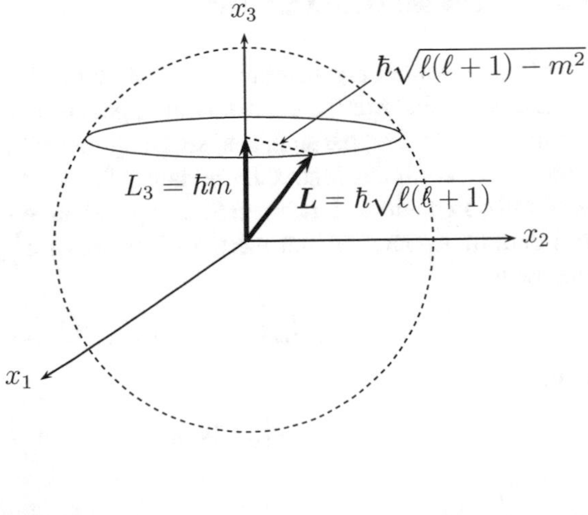

Abb. 6.1 Der Drehimpuls $\boldsymbol{L}$ hat eine Komponente entlang der x_3-Achse mit erlaubten Werten $L_3 = \hbar m, \; -\ell \le m \le \ell$, und unbestimmten Komponenten L_1 und L_2 in der x_1x_2-Ebene

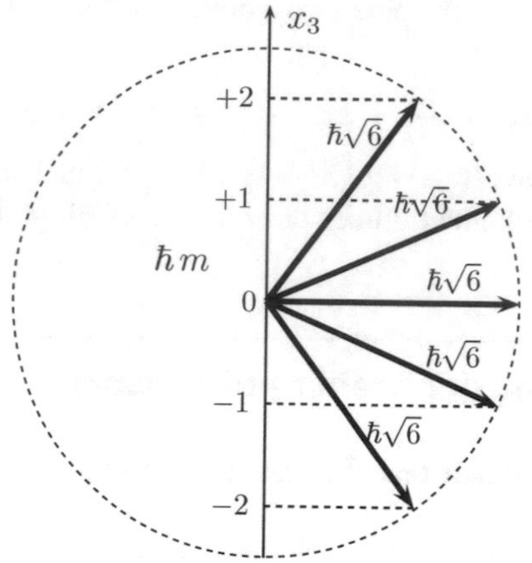

Abb. 6.2 Die fünf (d. h. $2\ell+1$) erlaubten Richtungen des Drehimpulses für $\ell = 2$. Die Vektorlänge ist $\sqrt{\ell(\ell+1)} = \sqrt{6}$

und unbestimmte Komponenten L_1 und L_2 in der x_1, x_2-Ebene. Das Drehmoment ist also quantisiert, und ℓ heißt *Drehimpulsquantenzahl.* Die Quantenzahl m spezifiert die x_3-Komponente des Drehimpulses. Da aber m beschränkt ist auf $2\ell + 1$ Werte, ist auch die x_3-Komponente auf $2\ell + 1$ diskrete Werte für ein gegebenes ℓ beschränkt. Diese Beschränkung des Drehimpulses heißt *Raumquantisierung.* Dieser Name kommt von der Vektordarstellung des Drehimpulses. Der Drehimpuls wird durch einen Vektor der Länge $\sqrt{\ell(\ell+1)}$ und der Richtung, die durch die Komponente in der x_3-Achse der Länege m gegeben ist, dargestellt, Abb. 6.2.

Aus den Quantenzahlen ℓ und m kann man nicht die x_1- und x_2-Komponenten des Drehimpulses bestimmen. Deshalb ist eine bessere Darstellung der Zustände des Drehimpulses in Form der Kegel in Abb. 6.2, in denen kein Versuch unternommen wurde, andere Komponenten als die x_3-Komponenten darzustellen. Der Drehimpulsvektor liegt fest auf einem dieser Kegel.

6.4 Die Matrizen L^2 und L_3

Die Eigenvektoren ergeben einen vollständigen Satz von orthonormalen Vektoren als Basis für eine Matrix, die den Drehimpuls repräsentiert. Da die beiden Matrizen $\boldsymbol{L}^2$ und $\boldsymbol{L}_3$ vertauschbar sind, sind sie Diagonalmatrizen. Da die beiden Matrizen $\boldsymbol{L}_1$ und $\boldsymbol{L}_2$ nicht mit der Matrix $\boldsymbol{L}_3$ vertauschbar sind, werden sie nicht diagonal sein. Multiplizieren wir die im obigen Satz angegebenen Eigenwertgleichungen von links mit dem transponierten, normierten Eigenvektor $\boldsymbol{e}_{\ell m}^{\mathsf{T}}$, erhält man für die Diagonalelemente

$$\boldsymbol{e}_{\ell m}^{\mathsf{T}} \boldsymbol{L}^2 \boldsymbol{e}_{\ell m} = L^2_{mm} = \hbar^2\, \ell(\ell+1) \tag{6.35}$$

und

$$\boldsymbol{e}_{\ell m}^{\mathsf{T}} \boldsymbol{L}_3 \boldsymbol{e}_{\ell m} = L_{3,mm} = \hbar m. \tag{6.36}$$

Die Matrizen $\boldsymbol{L}^{2(\ell)}$ haben also die schöne einfache Diagonalform

$$\underline{\underline{\boldsymbol{L}^{2(\ell)} = \hbar^2\, \ell(\ell+1)\boldsymbol{I}.}} \tag{6.37}$$

Wir kennzeichnen jetzt die Matrizen für den Wert ℓ durch eine hochgestellte Zahl, z. B. $\boldsymbol{L_3}^{(\ell)}$.

Beispielsweise erhält man für $\ell = \frac{1}{2}$ die Diagonalmatrizen

$$\boldsymbol{L}^{2(1/2)} = \hbar^2 \begin{pmatrix} 3/4 & 0 \\ 0 & 3/4 \end{pmatrix}, \tag{6.38}$$

$$\boldsymbol{L_3}^{(1/2)} = \frac{\hbar}{2} \begin{pmatrix} 1 & 0 \\ 0 & -1 \end{pmatrix}; \tag{6.39}$$

und für $\ell = 1$ die Diagonalmatrizen

$$\boldsymbol{L}^{2(1)} = \hbar^2 \begin{pmatrix} 2 & 0 & 0 \\ 0 & 2 & 0 \\ 0 & 0 & 2 \end{pmatrix},$$

$$\boldsymbol{L}_{\boldsymbol{3}}^{(\boldsymbol{1})} = \hbar \begin{pmatrix} 1 & 0 & 0 \\ 0 & 0 & 0 \\ 0 & 0 & -1 \end{pmatrix}.$$

Bei gegebenen festen Werten der Quantenzahlen ℓ und m kann man den Drehimpuls $\boldsymbol{L}^{(\ell)}$ als Vektor im dreidimensionalen Raum mit den Komponenten $L_1^{(\ell)}$, $L_2^{(\ell)}$ und $L_3^{(\ell)}$ auffassen. Für den Betrag, die Länge, $|\boldsymbol{L}^{(\ell)}|$ und die x_3-Komponente $L_3^{(\ell)}$ erhält man

$$|\boldsymbol{L}^{(\ell)}| = \hbar\sqrt{\ell(\ell+1)} \text{ und } L_3^{(\ell)} = \hbar m.$$

Da aber

$$|\boldsymbol{L}^{(\ell)}|^2 = L_1^{(\ell)2} + L_2^{(\ell)2} + L_3^{(\ell)2}$$

ist, gilt für $L_1^{(\ell)2} + L_2^{(j)2}$

$$L_1^{(\ell)2} + L_2^{(\ell)2} = |\boldsymbol{L}^{(\ell)}|^2 - L_3^{(\ell)2} = \hbar^2[(\ell(\ell+1) - m^2]. \tag{6.40}$$

Die rechte Seite ist für gegebene Quantenzahlen ℓ und m eine Konstante, d. h., (6.40) beschreibt einen Kreis um die x_3-Achse mit dem Radius $\hbar\sqrt{\ell(\ell+1) - m^2}$.

6.5 Die Matrizen L_+, L_-, L_1 und L_2

Es ist

$$\boldsymbol{L}_3\boldsymbol{L}_+\boldsymbol{e}_{\ell m} = \hbar(m+1)\boldsymbol{L}_+\boldsymbol{e}_{\ell m}. \tag{6.41}$$

Für den Eigenwert $\hbar(m+1)$ kann auch die folgende Eigenwertgleichung geschrieben werden

$$\boldsymbol{L}_3\boldsymbol{e}_{\ell,m+1} = \hbar(m+1)\boldsymbol{e}_{\ell,m+1}. \tag{6.42}$$

Da die Eigenwerte von $\boldsymbol{L}_3$ in (6.41) und (6.42) gleich sind, können die Eigenvektoren sich nur um einen multiplikativen Faktor α_m unterscheiden,

$$\boldsymbol{L}_+\boldsymbol{e}_{jm} = \alpha_m\, \boldsymbol{e}_{\ell,m+1}. \tag{6.43}$$

Entsprechend erhält man

$$\boldsymbol{L}_-\boldsymbol{e}_{\ell m} = \beta_m\, \boldsymbol{e}_{\ell,m-1}, \tag{6.44}$$

mit

$$\alpha_m = \boldsymbol{e}_{\ell,m+1}^{\mathsf{T}}\boldsymbol{L}_+\boldsymbol{e}_{\ell m} \tag{6.45}$$

oder

$$\alpha_m^* = \boldsymbol{e}_{\ell,m}^{\mathsf{T}}\boldsymbol{L}_-\boldsymbol{e}_{\ell,m+1} \tag{6.46}$$

und

$$\beta_m = \boldsymbol{e}_{\ell,m-1}^{\mathsf{T}}\boldsymbol{L}_-\boldsymbol{e}_{\ell,m} \tag{6.47}$$

oder

$$\beta_{m+1} = \boldsymbol{e}_{\ell,m}^{\mathsf{T}}\boldsymbol{L}_-\boldsymbol{e}_{\ell,m+1}. \tag{6.48}$$

Ein Vergleich von (6.46) mit (6.48) liefert

$$\alpha_m^* = \beta_{m+1}. \tag{6.49}$$

Multipliziert man (6.43) von links mit der Matrix $\boldsymbol{L}_-$, erhält man

$$\boldsymbol{L}_-\boldsymbol{L}_+\boldsymbol{e}_{\ell m} = \alpha_m\, \boldsymbol{L}_-\boldsymbol{e}_{\ell,m+1}. \tag{6.50}$$

Ersetzen von $\boldsymbol{L}_-\boldsymbol{L}_+$ durch $\boldsymbol{L}^2 - \boldsymbol{L}_3^2 - \hbar\boldsymbol{L}_3$ und Verwenden von (6.44) ergibt

$$(\boldsymbol{L}^2 - \boldsymbol{L}_3^2 - \hbar\boldsymbol{L}_3)\boldsymbol{e}_{\ell m} = \alpha_m\beta_{m+1}\boldsymbol{e}_{\ell m}$$

oder

$$(\ell(\ell+1) - m^2 - m)\hbar^2\boldsymbol{e}_{\ell m} = |\alpha_m|^2\, \boldsymbol{e}_{\ell m}$$

oder

$$\alpha_m = [\ell(\ell+1) - m(m+1)]^{1/2}\, \hbar. \tag{6.51}$$

Mit diesem α_m erhält man

$$\boldsymbol{L}_+\boldsymbol{e}_{\ell m} = [\ell(\ell+1) - m(m+1)]^{1/2}\,\hbar\boldsymbol{e}_{\ell,m+1} \tag{6.52}$$

oder

$$\boldsymbol{e}_{\ell' m'}\boldsymbol{L}_+\boldsymbol{e}_{\ell m} = [\ell(\ell+1) - m(m+1)]^{1/2}\,\hbar\,\delta_{\ell\ell'}\delta_{m',m+1}. \tag{6.53}$$

Entsprechend erhält man

$$\boldsymbol{e}_{\ell' m'}\boldsymbol{L}_-\boldsymbol{e}_{jm} = [\ell(\ell+1) - m(m+1)]^{1/2}\,\hbar\,\delta_{\ell\ell'}\delta_{m',m-1}. \tag{6.54}$$

(6.53) und (6.54) liefern die Elemente der Matrizen $\boldsymbol{L}_+$ und $\boldsymbol{L}_-$. Die Kronecker-Delta-Funktionen zeigen, dass alle nicht verschwindenden Matrixelemente in Blöcken entlang der Diagonalen $\ell' = \ell$ erscheinen. Die Blockmatrizen, die zu den Werten $\ell = 0;\ 1/2$ und 1 gehören, sind unten angegeben. Die nicht verschwindenden Matrizen für $\boldsymbol{L}_1$ und $\boldsymbol{L}_2$ werden aus folgenden Beziehungen hergeleitet,

$$\boldsymbol{L}_1 = \frac{1}{2}(\boldsymbol{L}_+ + \boldsymbol{L}_-) \quad \text{und} \quad \boldsymbol{L}_2 = \frac{1}{2i}(\boldsymbol{L}_+ - \boldsymbol{L}_-). \tag{6.55}$$

Für $\ell = 0$ ist

$$\boldsymbol{L}_+ = \boldsymbol{L}_- = \boldsymbol{L}_1 = \boldsymbol{L}_2 = \boldsymbol{0}. \tag{6.56}$$

Für $\ell = 1/2$ ist

$$\boldsymbol{L}_+^{(1/2)} = \hbar\begin{pmatrix} 0 & 1 \\ 0 & 0 \end{pmatrix} \quad \text{und} \quad \boldsymbol{L}_-^{(1/2)} = \hbar\begin{pmatrix} 0 & 0 \\ 1 & 0 \end{pmatrix}$$

$$\boldsymbol{L}_1^{(1/2)} = \frac{1}{2}\hbar\begin{pmatrix} 0 & 1 \\ 1 & 0 \end{pmatrix} \quad \text{und} \quad \boldsymbol{L}_2^{(1/2)} = \frac{1}{2}\hbar\begin{pmatrix} 0 & -i \\ i & 0 \end{pmatrix}. \tag{6.57}$$

Schließlich ist für $j = 1$

$$\boldsymbol{L}_+^{(1)} = \hbar\begin{pmatrix} 0 & \sqrt{2} & 0 \\ 0 & 0 & \sqrt{2} \\ 0 & 0 & 0 \end{pmatrix} \quad \text{und} \quad \boldsymbol{L}_-^{(1)} = \hbar\begin{pmatrix} 0 & 0 & 0 \\ \sqrt{2} & 0 & 0 \\ 0 & \sqrt{2} & 0 \end{pmatrix}$$

$$\boldsymbol{L}_1^{(1)} = \frac{1}{\sqrt{2}}\hbar\begin{pmatrix} 0 & 1 & 0 \\ 1 & 0 & 1 \\ 0 & 1 & 0 \end{pmatrix} \quad \text{und} \quad \boldsymbol{L}_2^{(1)} = \frac{1}{\sqrt{2}}\hbar\begin{pmatrix} 0 & -i & 0 \\ i & 0 & -i \\ 0 & i & 0 \end{pmatrix}. \tag{6.58}$$

Es sind in der Tat alle Matrizen für $\boldsymbol{L_1}$, $\boldsymbol{L_2}$ und $\boldsymbol{L_3}$ Hermitesche Matrizen, d. h., es sind für alle i die Matrizen $\boldsymbol{L}_i^\dagger = \bar{\boldsymbol{L}}_i^\top = \boldsymbol{L}_i$ und es ist

$$
\begin{aligned}
&(\boldsymbol{L}_1^{(\ell)})^2 + (\boldsymbol{L}_2^{(\ell)})^2 + (\boldsymbol{L}_3^{(\ell)})^2 \\
&= \frac{1}{2}\hbar^2 \begin{pmatrix} 1 & 0 & 1 \\ 0 & 2 & 0 \\ 1 & 0 & 1 \end{pmatrix} + \frac{1}{2}\hbar^2 \begin{pmatrix} 1 & 0 & -1 \\ 0 & 2 & 0 \\ -1 & 0 & 1 \end{pmatrix} + \hbar^2 \begin{pmatrix} 1 & 0 & 0 \\ 0 & 0 & 0 \\ 0 & 0 & 1 \end{pmatrix} \\
&= \hbar^2 \begin{pmatrix} 2 & 0 & 0 \\ 0 & 2 & 0 \\ 0 & 0 & 2 \end{pmatrix} = \boldsymbol{L}^{2(\ell)} .
\end{aligned}
$$

Für einen bestimmten ℓ-Wert erhält man eine $(2\ell + 1) \times (2\ell + 1)$-Matrix. Darin kommt die Dimension des Raums zum Ausdruck, der von den $2\ell + 1$ verschiedenen m Werten aufgespannt wird. Läßt man alle ℓ-Werte zu, so erhält man eine unendlich dimensionale Matrix, die aus $(2\ell + 1) \times (2\ell + 1)$-Blöcken entlang der Hauptdiagonalen besteht. Sie haben diese allgemeine Form der Matrizen als direkte Summe ($\alpha = 1, 2, 3, +$ oder $-$):

$$
\boldsymbol{L}_\alpha = \bigoplus_{\ell=0}^{\infty} \boldsymbol{L}_\alpha^{(\ell)} = \begin{pmatrix} \boldsymbol{L}_\alpha^{(0)} & \mathbf{0} & \mathbf{0} & \cdots \\ \mathbf{0} & \boldsymbol{L}_\alpha^{(1)} & \mathbf{0} & \cdots \\ \mathbf{0} & \mathbf{0} & \boldsymbol{L}_\alpha^{(2)} & \cdots \\ \vdots & \vdots & \vdots & \ddots \end{pmatrix} .
$$

So erhält man für nur ganzzahlige Werte von ℓ diese Formen der Matrizen:

$$
\boldsymbol{L_1} = \frac{\hbar}{2} \left(\begin{array}{c|ccc|ccccc|c}
0 & 0 & 0 & 0 & 0 & 0 & 0 & 0 & 0 & 0 \;\cdots \\
\hline
0 & 0 & \sqrt{2} & 0 & 0 & 0 & 0 & 0 & 0 & 0 \;\cdots \\
0 & \sqrt{2} & 0 & \sqrt{2} & 0 & 0 & 0 & 0 & 0 & 0 \;\cdots \\
0 & 0 & \sqrt{2} & 0 & 0 & 0 & 0 & 0 & 0 & 0 \;\cdots \\
\hline
0 & 0 & 0 & 0 & 0 & \sqrt{4} & 0 & 0 & 0 & 0 \;\cdots \\
0 & 0 & 0 & 0 & \sqrt{4} & 0 & \sqrt{6} & 0 & 0 & 0 \;\cdots \\
0 & 0 & 0 & 0 & 0 & \sqrt{6} & 0 & \sqrt{6} & 0 & 0 \;\cdots \\
0 & 0 & 0 & 0 & 0 & 0 & \sqrt{6} & 0 & \sqrt{4} & 0 \;\cdots \\
0 & 0 & 0 & 0 & 0 & 0 & 0 & \sqrt{4} & 0 & 0 \;\cdots \\
\hline
0 & 0 & 0 & 0 & 0 & 0 & 0 & 0 & 0 & \ddots \\
\vdots & \vdots & \vdots & \vdots & \vdots & \vdots & \vdots & \vdots & \vdots & \quad\ddots
\end{array} \right) ,
$$

$$L_2 = i\frac{\hbar}{2}\left(\begin{array}{c|ccc|ccccc|cc}
0 & 0 & 0 & 0 & 0 & 0 & 0 & 0 & 0 & 0 & \cdots \\
\hline
0 & 0 & \sqrt{2} & 0 & 0 & 0 & 0 & 0 & 0 & 0 & \cdots \\
0 & -\sqrt{2} & 0 & \sqrt{2} & 0 & 0 & 0 & 0 & 0 & 0 & \cdots \\
0 & 0 & -\sqrt{2} & 0 & 0 & 0 & 0 & 0 & 0 & 0 & \cdots \\
\hline
0 & 0 & 0 & 0 & 0 & \sqrt{4} & 0 & 0 & 0 & 0 & \cdots \\
0 & 0 & 0 & 0 & -\sqrt{4} & 0 & \sqrt{6} & 0 & 0 & 0 & \cdots \\
0 & 0 & 0 & 0 & 0 & -\sqrt{6} & 0 & \sqrt{6} & 0 & 0 & \cdots \\
0 & 0 & 0 & 0 & 0 & 0 & -\sqrt{6} & 0 & \sqrt{4} & 0 & \cdots \\
0 & 0 & 0 & 0 & 0 & 0 & 0 & -\sqrt{4} & 0 & 0 & \cdots \\
\hline
0 & 0 & 0 & 0 & 0 & 0 & 0 & 0 & 0 & \ddots & \\
\vdots & \vdots & \vdots & \vdots & \vdots & \vdots & \vdots & \vdots & \vdots & & \ddots
\end{array}\right)$$

und

$$L_3 = \hbar\left(\begin{array}{c|ccc|ccccc|cc}
0 & 0 & 0 & 0 & 0 & 0 & 0 & 0 & 0 & 0 & \cdots \\
\hline
0 & -1 & 0 & 0 & 0 & 0 & 0 & 0 & 0 & 0 & \cdots \\
0 & 0 & 0 & 0 & 0 & 0 & 0 & 0 & 0 & 0 & \cdots \\
0 & 0 & 0 & 1 & 0 & 0 & 0 & 0 & 0 & 0 & \cdots \\
\hline
0 & 0 & 0 & 0 & -2 & 0 & 0 & 0 & 0 & 0 & \cdots \\
0 & 0 & 0 & 0 & 0 & -1 & 0 & 0 & 0 & 0 & \cdots \\
0 & 0 & 0 & 0 & 0 & 0 & 0 & 0 & 0 & 0 & \cdots \\
0 & 0 & 0 & 0 & 0 & 0 & 0 & 1 & 0 & 0 & \cdots \\
0 & 0 & 0 & 0 & 0 & 0 & 0 & 0 & 2 & 0 & \cdots \\
\hline
0 & 0 & 0 & 0 & 0 & 0 & 0 & 0 & 0 & \ddots & \\
\vdots & \vdots & \vdots & \vdots & \vdots & \vdots & \vdots & \vdots & \vdots & & \ddots
\end{array}\right).$$

Mit diesen Matrizen erhält man

$$L^2 = L_1^2 + L_2^2 + L_3^2 = \hbar^2\left(\begin{array}{c|ccc|ccccc|cc}
0 & 0 & 0 & 0 & 0 & 0 & 0 & 0 & 0 & 0 & \cdots \\
\hline
0 & 2 & 0 & 0 & 0 & 0 & 0 & 0 & 0 & 0 & \cdots \\
0 & 0 & 2 & 0 & 0 & 0 & 0 & 0 & 0 & 0 & \cdots \\
0 & 0 & 0 & 2 & 0 & 0 & 0 & 0 & 0 & 0 & \cdots \\
\hline
0 & 0 & 0 & 0 & 6 & 0 & 0 & 0 & 0 & 0 & \cdots \\
0 & 0 & 0 & 0 & 0 & 6 & 0 & 0 & 0 & 0 & \cdots \\
0 & 0 & 0 & 0 & 0 & 0 & 6 & 0 & 0 & 0 & \cdots \\
0 & 0 & 0 & 0 & 0 & 0 & 0 & 6 & 0 & 0 & \cdots \\
0 & 0 & 0 & 0 & 0 & 0 & 0 & 0 & 6 & 0 & \cdots \\
\hline
0 & 0 & 0 & 0 & 0 & 0 & 0 & 0 & 0 & \ddots & \\
\vdots & \vdots & \vdots & \vdots & \vdots & \vdots & \vdots & \vdots & \vdots & & \ddots
\end{array}\right)$$

und daraus schließlich

$$
\boldsymbol{L} = \hbar \left(\begin{array}{c|ccc|ccccc|c}
0 & 0 & 0 & 0 & 0 & 0 & 0 & 0 & 0 & 0 \cdots \\
\hline
0 & \sqrt{2} & 0 & 0 & 0 & 0 & 0 & 0 & 0 & 0 \cdots \\
0 & 0 & \sqrt{2} & 0 & 0 & 0 & 0 & 0 & 0 & 0 \cdots \\
0 & 0 & 0 & \sqrt{2} & 0 & 0 & 0 & 0 & 0 & 0 \cdots \\
\hline
0 & 0 & 0 & 0 & \sqrt{6} & 0 & 0 & 0 & 0 & 0 \cdots \\
0 & 0 & 0 & 0 & 0 & \sqrt{6} & 0 & 0 & 0 & 0 \cdots \\
0 & 0 & 0 & 0 & 0 & 0 & \sqrt{6} & 0 & 0 & 0 \cdots \\
0 & 0 & 0 & 0 & 0 & 0 & 0 & \sqrt{6} & 0 & 0 \cdots \\
0 & 0 & 0 & 0 & 0 & 0 & 0 & 0 & \sqrt{6} & 0 \cdots \\
\hline
0 & 0 & 0 & 0 & 0 & 0 & 0 & 0 & 0 & \ddots \\
\vdots & \vdots & \vdots & \vdots & \vdots & \vdots & \vdots & \vdots & \vdots & \ddots
\end{array} \right)
$$

6.6 Aufgaben

6.1 **Kommutierungsbeziehung:** Was ist $\mathfrak{X} \cdot \mathfrak{P} - \mathfrak{P} \cdot \mathfrak{X}$ für den Harmonischen Oszillator?

6.2 **Matrizenvektoren:** Beweise die Identität

$$(\boldsymbol{\mathfrak{A}} \times \boldsymbol{\mathfrak{B}}) \cdot \boldsymbol{\mathfrak{C}} = \boldsymbol{\mathfrak{A}} \cdot (\boldsymbol{\mathfrak{B}} \times \boldsymbol{\mathfrak{C}}).$$

6.3 **Die Matrizen $\boldsymbol{L}_+$ und $\boldsymbol{L}_-$:** Sind $\boldsymbol{L}_+$ und $\boldsymbol{L}_-$ hermitesche Matrizen?

6.4 **Eigenvektor für $\boldsymbol{L}_+$ und $\boldsymbol{L}_-$:** Seien $\boldsymbol{e}(j, m)$ normalisierte, gemeinsame Eigenvektoren von $\boldsymbol{L}^2$ und $\boldsymbol{L}_3$. Zeige, dass

$$\boldsymbol{L}_+ \boldsymbol{e}(j, m) = \hbar \sqrt{(j - m)(j + m + 1)}\, \boldsymbol{e}(j, m + 1),$$

und

$$\boldsymbol{L}_- \boldsymbol{e}(j, m) = \hbar \sqrt{(j + m)(j - m + 1)}\, \boldsymbol{e}(j, m - 1).$$

Pauli und das Wasserstoffatom

7

Der Physiker Wolfgang Pauli wandte die neue Matrizen-Quantenmechanik erfolgreich auf das Wasserstoffatom an.

7.1 Grundlegende Matrizen und Matrizenvektoren

Pauli führt in seiner Arbeit zunächst einige Matrizen ein, die wir allerdings schon aus der Behandlung des Drehimpulses kennen, was nicht verwunderlich ist, da das Wasserstoffatom im Wesentlichen aus einem Atomkern und einem um ihn kreisendes Elektron besteht. So jedenfalls das Bild der älteren Atomtheorie.

Die kartesischen Koordinaten werden wieder durch die Matrizen $\boldsymbol{X}_1$, $\boldsymbol{X}_2$ und $\boldsymbol{X}_3$ dargestellt, zusammengefasst zu dem Matrizenvektor

$$\mathfrak{R} \stackrel{\text{def}}{=} \begin{pmatrix} \boldsymbol{X}_1 \\ \boldsymbol{X}_2 \\ \boldsymbol{X}_3 \end{pmatrix},$$

welcher dem Zusammenhang

$$\boldsymbol{R}^2 = (\mathfrak{R} \cdot \mathfrak{R}) = \boldsymbol{X}_1^2 + \boldsymbol{X}_2^2 + \boldsymbol{X}_3^2 \tag{7.1}$$

genügt. Als Nächstes definiert Pauli die Impulsmatrizen $\boldsymbol{P}_1 \stackrel{\text{def}}{=} m\dot{\boldsymbol{X}}_1$, $\boldsymbol{P}_2 \stackrel{\text{def}}{=} m\dot{\boldsymbol{X}}_2$ und $\boldsymbol{P}_3 \stackrel{\text{def}}{=} m\dot{\boldsymbol{X}}_3$, zusammengefaßt in dem Matrizenvektor

$$\mathfrak{P} \stackrel{\text{def}}{=} \begin{pmatrix} \boldsymbol{P}_1 \\ \boldsymbol{P}_2 \\ \boldsymbol{P}_3 \end{pmatrix} = m\frac{\mathrm{d}}{\mathrm{d}t}\mathfrak{R}.$$

G. Ludyk, *Quantenmechanik nur mit Matrizen*,
https://doi.org/10.1007/978-3-662-60882-1_7

Außerdem erhielt er die Beziehungen

$$\boldsymbol{P}_\rho \boldsymbol{P}_\sigma - \boldsymbol{P}_\sigma \boldsymbol{P}_\rho = \boldsymbol{0}, \quad \boldsymbol{X}_\rho \boldsymbol{X}_\sigma - \boldsymbol{X}_\sigma \boldsymbol{X}_\rho = \boldsymbol{0},$$

$$\boldsymbol{P}_\rho \boldsymbol{X}_\sigma - \boldsymbol{X}_\sigma \boldsymbol{P}_\rho = \begin{cases} \boldsymbol{0} & \text{für } \rho \neq \sigma \\ \frac{h}{2\pi i}\boldsymbol{I} & \text{für } \rho = \sigma. \end{cases}$$

Pauli faßt diese Zusammenhänge so zusammen[1] Es wird weiter angenommen, dass für eine beliebige Funktion $\boldsymbol{F}$ von $\boldsymbol{R}, \boldsymbol{X}_1, \boldsymbol{X}_2, \boldsymbol{X}_3$ diese Relation für alle i gilt (siehe (3.19) and (3.27)):

$$\boldsymbol{P}_i \boldsymbol{F} - \boldsymbol{F} \boldsymbol{P}_i = \frac{h}{2\pi i} \frac{\partial \boldsymbol{F}}{\partial \boldsymbol{X}_i}, \tag{7.2}$$

insbesondere für $\boldsymbol{F} = \boldsymbol{R}$:

$$\boldsymbol{P}_i \boldsymbol{R} - \boldsymbol{R} \boldsymbol{P}_i = \frac{h}{2\pi i} \boldsymbol{X}_i \boldsymbol{R}. \tag{7.3}$$

Aus diesen Beziehungen folgt aus dem Energiesatz für ein einziges Teilchen

$$\frac{m}{2}\mathfrak{V}^2 + \boldsymbol{F}(\boldsymbol{X}_1, \boldsymbol{X}_2, \boldsymbol{X}_3, \boldsymbol{R}) = \boldsymbol{E}, \tag{7.4}$$

wobei $\boldsymbol{E}$ eine Diagonalmatrix ist, und der Bedingung, die für jede Größe $\boldsymbol{\Phi}$ die Gleichung

$$\boldsymbol{E\Phi} - \boldsymbol{\Phi E} = \frac{h}{2\pi i}\dot{\boldsymbol{\Phi}}$$

zur Folge hat, gehen die Bewegungsgleichungen für alle i hervor

$$\frac{\mathrm{d}\boldsymbol{P}_i}{\mathrm{d}t} = -\frac{\partial \boldsymbol{F}}{\partial \boldsymbol{X}_i}. \tag{7.5}$$

[1]Pauli fasste diese Beziehungen zusammen

$$\boldsymbol{R}\mathfrak{R} = \mathfrak{R}\boldsymbol{R}$$

$$\mathfrak{P}\boldsymbol{R} - \boldsymbol{R}\mathfrak{P} = \frac{h}{2\pi i}\mathfrak{R}/\boldsymbol{R}.$$

Das geht natürlich sowohl für Zeilen-Matrizenvektoren als auch für Spalten-Matrizenvektoren so nicht! Vielmehr muss man, z. B. für Spalten-Matrizenvektoren $\mathfrak{R}$ bzw $\mathfrak{P}$ schreiben:

$$(\boldsymbol{I}_3 \otimes \boldsymbol{R})\mathfrak{R} = \mathfrak{R}\boldsymbol{R}$$

$$\mathfrak{P}\boldsymbol{R} - (\boldsymbol{I}_3 \otimes \boldsymbol{R})\mathfrak{P} = \frac{h}{2\pi i}\mathfrak{R}\boldsymbol{R}^{-1}.$$

$\otimes$ kennzeichnet das Kronnecker-Produkt.

Pauli postulierte also die Existenz einer Matrix $\boldsymbol{R}$, die den Relationen (7.1) und (7.3) genügt. Als Nächstes führte er den Matrizenvektor $\mathfrak{L}$ ein, der dem Drehimpuls des Teilchens um den Ursprung entspricht. Wir definieren mit $m\mathfrak{V}$ statt $\mathfrak{P}$:

Definition Der Drehimpuls eines Teilchens ist

$$\mathfrak{L} \stackrel{\text{def}}{=} m(\mathfrak{R} \times \mathfrak{V}) = -m(\mathfrak{V} \times \mathfrak{R}). \tag{7.6}$$

7.2 Einführung des zeitlich konstanten Matrizenvektors $\mathfrak{A}$

Für die weiteren Berechnungen wird der Laplace-Runge-Lenz-Vektor benötigt, der bereits von Lenz, siehe Anhang, in die Quantentheorie eingeführt wurde. Ein Atom habe ein Elektron der Masse m und der Ladung e, das von dem festen Kern mit der Ladung Ze mit Coulombschen Kräften angezogen wird. Die Matrix $\boldsymbol{E}$ wird so festgesetzt

$$\boldsymbol{E} = \frac{1}{2m}\mathfrak{P}^2 - Ze^2\boldsymbol{R}^{-1}. \tag{7.7}$$

Es wurde also angenommen, dass $\boldsymbol{E}$ eine Diagonalmatrix ist. Die Bewegungsgleichungen gemäß (7.5) lauten hier

$$\dot{\mathfrak{P}} = m\ddot{\mathfrak{R}} = -Ze^2\mathfrak{R}\boldsymbol{R}^{-1}. \tag{7.8}$$

Definieren jetzt dien Lenzschen Matrizenvektor.

Definition Der Lenzsche Matrizenvektor ist

$$\mathfrak{A} \stackrel{\text{def}}{=} \frac{1}{Ze^2m}\frac{1}{2}(\mathfrak{L} \times \mathfrak{P} - \mathfrak{P} \times \mathfrak{L}) + \mathfrak{R}\boldsymbol{R}^{-1}. \tag{7.9}$$

Hier wurde für das Vektorprodukt $\boldsymbol{\ell} \times \boldsymbol{p}$ des Lenz-Vektors die symmetrisierte Matrizenvektordifferenz $\frac{1}{2}(\mathfrak{L} \times \mathfrak{P} - \mathfrak{P} \times \mathfrak{L})$ eingesetzt, damit die Matrizenvektorkomponenten $\boldsymbol{A}_i$ symmetrisch sind.

Pauli leitet weiterhin her (es wird hier auf die etwas längliche, aber triviale Rechnung verzichtet, Aufgabe 7.2), dass

$$\frac{\mathrm{d}}{\mathrm{d}t}(\mathfrak{R}\boldsymbol{R}^{-1}) = \frac{1}{2m}\left[\mathfrak{L} \times (\mathfrak{R}\boldsymbol{R}^{-1}) - (\mathfrak{R}\boldsymbol{R}^{-1}) \times \mathfrak{L}\right]. \tag{7.10}$$

Mit Hilfe dieser Relation kann man zeigen (Aufgabe 7.3), dass in der Tat die zeitliche Ableitung von $\mathfrak{A}$ gleich null ist, d. h., $\mathfrak{A}$ eine zeitlich konstanter Matrizenvektor ist.

Damit haben wir die drei zeitlich konstanten Matrizenvektoren bzw. Matrizen $\mathfrak{A}$, $\mathfrak{L}$ und $\boldsymbol{E}$, die das System (das Atom) vollständig (ohne die Koordinatenmatrizen $\boldsymbol{X}_i$ und $\boldsymbol{R}$) beschreiben. Diese beschreibenden Gleichungen, mit ausschließlich $\mathfrak{A}$, $\mathfrak{L}$ und $\boldsymbol{E}$, sollen hier nochmals zusammengefasst werden:

Lemmata

$$\mathfrak{L} \times \mathfrak{L} = -\frac{h}{2\pi i}\mathfrak{A}, \tag{7.11}$$

$$[\boldsymbol{A}_i, \boldsymbol{L}_i] = \boldsymbol{0}, \tag{7.12}$$

$$[\boldsymbol{L}_i, \boldsymbol{A}_j] = -[\boldsymbol{A}_i, \boldsymbol{L}_j] = \frac{h}{2\pi i}\boldsymbol{A}_k, \text{ für } \quad i \neq j \neq k., \tag{7.13}$$

$$\mathfrak{A} \cdot \mathfrak{L} = \mathfrak{L} \cdot \mathfrak{A} = \boldsymbol{0}, \tag{7.14}$$

$$\mathfrak{A} \times \mathfrak{A} = \frac{h}{2\pi i}\frac{2}{mZ^2e^4}\mathfrak{L}\boldsymbol{E}, \tag{7.15}$$

$$\mathfrak{A}^2 = \frac{2}{mZ^2e^4}\boldsymbol{E}\left(\mathfrak{L}^2 + \frac{h^2}{4\pi^2}\boldsymbol{I}\right) + \boldsymbol{I}. \tag{7.16}$$

(7.11) ist identisch mit (6.9). (7.12) und (7.13) sind in der Form identisch mit (7.2) und (7.3). (7.16) ist analog zu der klassischen Gleichung im Anhang D. Diese Gleichungen werden (hier das erste Mal überhaupt) vollständig im Anhang 13.14 bewiesen!

Angenommen, die Energie hat einen bestimmten Wert für ein Atom. Dann beschreiben die Größen, die durch die Matrizen $\boldsymbol{L}_i$ und $\boldsymbol{A}_i$ repräsentiert werden, das vereinfachte System vollständig. Da die Matrizen $\boldsymbol{X}_i$ und $\boldsymbol{P}_i$ nicht mit $\boldsymbol{E}$ kommutieren, können sie im Allgemeinen nicht gemessen werden, wenn die Energie einen bestimmten Wert hat.

Sei ϵ dieser feste Energiewert, also $\boldsymbol{E} = \epsilon \cdot \boldsymbol{I}$. Führen jetzt diese neue Vektormatrix ein

$$\mathfrak{K} \stackrel{\text{def}}{=} \sqrt{-\frac{mZ^2e^4}{2\epsilon}}\,\mathfrak{A}.$$

Natürlich ist auch, wegen (7.14),

$$\mathfrak{L} \cdot \mathfrak{K} = \mathbf{0}$$

und wegen (7.16)

$$\mathfrak{K}^2 = -\left(\mathfrak{L}^2 + \frac{h^2}{\pi^2}\boldsymbol{I}\right) - \frac{mZ^2e^4}{2\epsilon}\boldsymbol{I}.$$

Auch die Relation (7.15) ergibt jetzt

$$\mathfrak{K} \times \mathfrak{K} = \frac{ih}{2\pi}\mathfrak{L}.$$

Wir definieren weiterhin den Matrizenvektor

$$\mathfrak{M} = \frac{1}{2\hbar}(\mathfrak{L} + \mathfrak{K})$$

und

$$\mathfrak{N} = \frac{1}{2\hbar}(\mathfrak{L} - \mathfrak{K}).$$

Es ist leicht anhand der Beziehungen (7.11) bis (7.16) einzusehen, dass folgende Relationen gelten:

$$\mathfrak{M}^2 - \mathfrak{N}^2 = \frac{1}{\hbar^2}(\mathfrak{L} \cdot \mathfrak{K}) = \mathbf{0},$$

$$2(\mathfrak{M}^2 + \mathfrak{N}^2) = \frac{1}{\hbar^2}(\mathfrak{L}^2 + \mathfrak{K}^2) = -\left(1 + \frac{mZ^2e^4}{2\hbar^2\epsilon}\right)\boldsymbol{I},$$

$$\mathfrak{M} \times \mathfrak{M} = i\mathfrak{M}$$

und

$$\mathfrak{N} \times \mathfrak{N} = i\mathfrak{N}.$$

Es ist also

$$\mathfrak{M}^2 = \mathfrak{N}^2$$

und

$$4\,\mathfrak{M}^2 = -\left(1 + \frac{mZ^2e^4}{2\hbar^2\epsilon}\right)\boldsymbol{I}. \tag{7.17}$$

Für negative Werte ϵ, wie sie auch Niels Bohr in seinem Atommodell angenommen hat, ist die Wurzel $\sqrt{-\frac{mZ^2e^4}{2\epsilon}}$ reell. Dann repräsentieren die Matrizen $\boldsymbol{K}_i$, $\boldsymbol{M}_i$ und $\boldsymbol{N}_i$ reelle Größen. Die Vertauschungsrelationen für die $\boldsymbol{M}_i$ sind die gleichen wie für die Matrizen $\boldsymbol{L}_i$, die den Drehimpuls repräsentieren, geteilt durch $\hbar$. Also kann

$$\mathfrak{M}^2 = \boldsymbol{M}_1^2 + \boldsymbol{M}_2^2 + \boldsymbol{M}_3^2$$

nur die Eigenwerte

$$\ell(\ell + 1)$$

haben, wobei ℓ eine der folgenden Zahlen ist:

$$0, \frac{1}{2}, 1, \frac{3}{2}, 2, \ldots .$$

Dann folgt aus (7.17)

$$4\ell(\ell + 1) = -1 - \frac{mZ^2e^4}{2\hbar^2\epsilon}$$

d. h.

$$-\frac{mZ^2e^4}{2\hbar^2\epsilon} = 4\ell(\ell + 1) + 1 = (2\ell + 1)^2,$$

also

$$\epsilon = -\frac{m(Ze^2)^2}{2\hbar^2(2\ell + 1)^2}.$$

Führen wir die Quantenzahl

$$n \stackrel{\text{def}}{=} 2\ell + 1$$

ein, dann ist n eine der Zahlen

$$1, 2, 3, 4, \ldots ,$$

und die möglichen Energiewerte sind, mit E_n wie üblich für ϵ,

$$E_n = -\frac{m(Ze^2)^2}{2\hbar^2 n^2}. \tag{7.18}$$

Das sind aber die gleichen Werte wie im Bohrschen Atommodell (1.29) angenommen wurde! Damit ist das Eigenwertproblem des Wasserstoffatoms gelöst. Für $Z = 1$ definiert (7.18) das Energiespektrum. n nennt man die *Hauptquantenzahl*. Hergeleitet wurde diese Gleichung ohne eine anschauliche Beschreibung des Wasserstoffatoms, mit einem kreisenden Elektron um den Kern! Neben dieser Hauptquantenzahl gibt es dann noch die oben beim Drehimpuls beschriebene *Drehimpulsquantenzahl* ℓ und die *Magnetquantenzahl* m (Kapitel über den Drehimpuls).

7.3 Spektrum des Wasserstoffs

In Abschn. 3.1 wurde bereits einiges über das Spektrum des Wasserstoffs mitgeteilt, aber dort wurden die Zusammenhänge mehr oder weniger erraten, siehe Balmer! Hier wird jetzt aufgrund der Ergebnisse von Pauli nochmals eine Zusammenfassung gegeben.

Für eine beliebige Kernladung mit Z Protonen ergibt sich eine Energie von

$$E_n = -\frac{me^4}{8\varepsilon_0^2 h^2}\frac{Z^2}{n^2} = -13{,}6\frac{Z^2}{n^2}\,\text{eV}, \tag{7.19}$$

wobei ϵ_0 die sogenannte Dielektrizitätskonstante des leeren Raums ist. Für die Energiedifferenz vom n_1-ten in den n_2-ten Zustand erhält man

$$\Delta E = E_{n_2} - E_{n_1} = \frac{me^4 Z^2}{8\varepsilon_0^2 h^2}\left(\frac{1}{n_1^2} - \frac{1}{n_2^2}\right). \tag{7.20}$$

Für $n_2 > n_1$ ist diese Energiedifferenz positiv, das heißt, dass die Gesamtenergie des Systems durch Energiezufuhr von außen erhöht wird. Ansonsten wird Energie emittiert. Die sogenannte Rydberg-Formel wurde bereits 1888 von Johannes Rydberg[2] ohne Kenntnis eines Atommodells, allein aufgrund von beobachteten Linienspektren aufgestellt. Davor hatte allerdings bereits Balmer[3] für den Fall $n_1 = 2$ und das Wasserstoffatom ($Z = 1$) die berühmte Balmer-Formel für den Fall $n_1 = 2$ beim Wasserstoffatom ($Z = 1$),

$$\lambda = A\left(\frac{n^2}{n^2 - 4}\right) = A\left(\frac{n^2}{n^2 - 2^2}\right)$$

für die im sichtbaren Bereich des Spektrums liegenden Linien gefunden, mit der empirischen Konstanten $A = 364{,}56\,\text{nm} = 3645{,}6 \cdot 10^{-10}\,\text{m}$. Für die Erklärung der Spektren ist man an der Frequenz interessiert, für die nach Planck und Einstein gilt $E = h\nu$. Die Frequenz der emittierten Strahlung beim Sprung vom n_1-ten in den n_2-ten Zustand ($n_1 > n_2$) beträgt also

$$\nu = \frac{me^4}{8\varepsilon_0^2 h^3}\left(\frac{1}{n_2^2} - \frac{1}{n_1^2}\right) = R\left(\frac{1}{n_2^2} - \frac{1}{n_1^2}\right), \tag{7.21}$$

mit der Rydberg-Konstanten

$$R = 10\,973\,731{,}568\,539\,(55)m^{-1}.$$

Lässt man in (7.20) n_1 gegen Unendlich gehen, erhält man die Energie, die nötig ist, um ein Elektron aus dem Unendlichen bis zum Zustand n_2 zu bewegen, also die Gesamtenergie des Grundzustands n_2.

[2]Johannes Robert Rydberg, 1854–1919, schwedischer Physiker.
[3]Johann Jakob Balmer, 1825–1898, schweizer Mathematiklehrer.

7.4 Aufgaben

7.1 **Zeitableitung von $\mathfrak{P}$:** Unter welchen Bedingungen ist (7.8) gleich mit $\dot{\mathfrak{P}} = -Ze^2 \mathfrak{R} R^{-1}$?

7.2 **Zeitinvariante Matrix:** Beweise den Zusammenhang (7.10),

$$\frac{\mathrm{d}}{\mathrm{d}t}(\mathfrak{R} R^{-1}) = \frac{1}{2m}\left[\mathfrak{L} \times (\mathfrak{R} R^{-3}) - (\mathfrak{R} R^{-3}) \times \mathfrak{L}\right].$$

7.3 **Konstanz von $\mathfrak{A}$:** Zeige, dass der Lenz-Matrizenvektor $\mathfrak{A}$ konstant ist.

Spin

8

Der Spin wird aufgrund von Symmetriebetrachtungen eingeführt. Seine Wirkung wird durch Spinoren und Pauli-Matrizen beschrieben. Auch die Spin-Orbit-Verbindung wird untersucht.

8.1 Magnetfelder und Licht

Im 19. Jahrhundert wurde lange nach einem Einfluss von Magnetfeldern auf das Licht gesucht. Aus der Vorstellung der klassischen Physik, dass das Licht als eine elektromagnetische Welle durch Schwingungen der Atome entsteht, leitete Lorentz[1] 1892 theoretisch ab, dass die Spektrallinien dreifach aufgespalten werden, wenn sich die strahlenden Atome in einem Magnetfeld befinden. 1896 konnte der niederländische Physiker Zeeman[2] all dies erstmals beobachten. Nachfolgende genaue Messungen der Aufspaltung zeigten, dass sie der Lorentzschen Formel entspricht, wenn man sie auf den Fall anwendet, dass bei der Lichtaussendung nicht das ganze Atom schwingt, sondern nur das viel leichtere Elektron. Elektronen wurden damals als Bestandteil der Atome vermutet. Durch diesen als *normal* bezeichneten *Zeeman-Effekt* gewann die damalige Elektronenhypothese in der Physik erheblich an Überzeugungskraft.

Dem normalen Zeeman-Effekt stand aber eine größere Anzahl von Beobachtungen gegenüber, in denen aus der Aufspaltung mehr als drei Linien hervorgingen. Dieser sogenannte *anomale* Zeeman-Effekt stellte für die klassische Physik und auch noch für das Bohrsche Atommodell ein unerklärbares Phänomen dar und stieß gerade deshalb weitergehende theoretische Untersuchungen an.

[1] Hendrik Antoon Lorentz (1853–1928), niederländischer Mathematiker und Physiker, Nobelpreis 1902.

[2] Pieter Zeeman (1865–1943), niederländischer Physiker, Nobelpreis 1902.

G. Ludyk, *Quantenmechanik nur mit Matrizen*,
https://doi.org/10.1007/978-3-662-60882-1_8

8.2 Herleitung des Zeeman-Effekts (ohne Spin)

Nach der klassischen Physik hat ein Elektron mit der Masse m und der elektrischen Ladung e, das mit dem Drehimpuls $\boldsymbol{\ell}$ eine Kreisbahn beschreibt, ein *magnetisches Moment*

$$\boldsymbol{p}_m = -\frac{e}{2m}\boldsymbol{\ell}.$$

Der Faktor $\frac{e}{2m}$ wird *gyromagnetisches Verhältnis* genannt. Durch die zusätzliche Wirkung eines Magnetfeldes $\mathfrak{b}$ ändert sich die potentielle Energie in der Hamilton-Funktion (wenn das Magnetfeld parallel zur x_3-Achse ist) um

$$E_m = -\boldsymbol{p}_m \cdot \mathfrak{b} = \frac{e}{2m}(\mathfrak{b} \cdot \ell_3).$$

Diese Beziehung in die Quantenmechanik übertragen, d. h., mit dem Eigenwert $\hbar m$ von $\boldsymbol{L}_3$, ergibt

$$E_m = \frac{e}{2m} \cdot \mathfrak{b} \cdot \hbar m = \mu_{Bohr} \cdot \mathfrak{b} \cdot m,$$

mit dem Bohrschen Magneton

$$\mu_{Bohr} \stackrel{\text{def}}{=} \frac{e\hbar}{2m} = 9{,}2732 \cdot 10^{-24}\,\frac{J}{T}.$$

Insgesamt erhält man jetzt die Energie

$$E_{n,m} \stackrel{\text{def}}{=} E_n + \mu_{Bohr}\,\mathfrak{b}\,m.$$

Für die sogenannte Zeeman-Aufspaltung ergibt sich dann die Energiedifferenz, wenn $\Delta m = \pm 1$ (Abb. 8.1) ist

$$\Delta E = E_{n,m+1} - E_{n,m} = \pm \mu_{Bohr}\,\mathfrak{b}.$$

Für das Ein-Elektron-Atom, d. h. *ein* Elektron in der äußersten Elektronenhülle, ist die Standardbezeichnung für die Energiestufen $\ell = 0,\ 1,\ 2$ und 3 nämlich $s,\ p,\ d$ und f. Beim Wasserstoffatom und den anderen Ein-Elektron-Atomen wird diesem Buchstaben eine Zahl vorangestellt, die das Energieniveau kennzeichnet. So ist das niedrigste Energieniveau beim Wasserstoff $1s$, das nächste $2s$ und $2p$, das Folgende $3s$, $3p$ und $3d$, u. s. w. Für jedes n haben wir ℓ Werte von 0 bis $n-1$, und für jedes ℓ haben wir $2\ell + 1$ Werte von m, so dass die gesamte Zahl von Zuständen mit dem Energiewert E_n

$$\sum_{\ell=0}^{n-1}(2\ell + 1) = 2\frac{n(n-1)}{2} + n = n^2$$

ist.

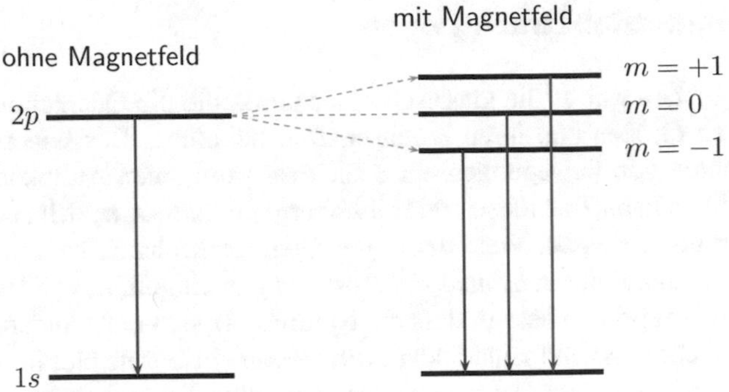

Abb. 8.1 Aufspaltung von Spektrallinien durch den Zeeman-Effekt. Es können Photonen mit drei unterschiedlichen Energien emittiert werden

Die Alkalimetalle Lithium, Natrium, Kalium sind solche Ein-Elektron-Atome, die aus $Z-1$ inneren Elektronen bestehen zusammen mit einem äußeren Elektron, dessen Übergänge zwischen den Energieniveaus verantwortlich für die Spektrallinien sind. Wenn keine äußeren Felder vorhanden sind, hängen die Energieniveaus von der Drehimpulsquantenzahl ℓ und der Hauptquantenzahl n ab, aber wegen der Kugelsymmetrie nicht von der x_3-Komponente $\hbar m$ des Drehimpulses. Für jedes n, ℓ und m existiert also ein Energieniveau. Aber Untersuchungen der Spektren ergaben, dass, außer dem s-Niveau, alle Niveaus doppelt auftraten. So tritt z. B. die sogenannte D-Linie von Natrium, die durch den Übergang $3p \to 3s$ erzeugt wird, doppelt auf mit den Wellenlängen 589,6 nm und 589,0 nm. Pauli prognostizierte aus diesem Grund eine vierte Quantenzahl für die Elektronen in solchen Atomen mit zwei Werten, außer beim s-Niveau. 1925 machten dann Uhlenbeck[3] und Goudsmit[4] den Vorschlag, dass die Verdoppelung der Energieniveaus durch einen inneren Drehimpuls des Elektrons erzeugt wird, dessen Komponente in der Richtung des Drehimpulses $\boldsymbol{L}$ der Elektronenbahn um den Atomkern nur zwei Werte annehmen kann und dessen Wechselwirkung mit dem schwachen Magnetfeld, das durch das um den Atomkern kreisenden Elektron erzeugt wird, alle, außer dem s-Niveau, in zwei Niveaus aufspaltet. Alle Komponenten des Drehimpulses $\boldsymbol{S}$ würden $2\ell+1$ Werte annehmen, so dass die Größe s, zu ℓ gehörend, für den inneren Drehimpuls den ungewöhnlichen Wert $1/2$ annimmt. Dieses innere Drehmoment wurde der *Spin* des Elektrons genannt.

Wodurch wird der Spin mit der Größe $\hbar/2$ erzeugt? Für ein Drehmoment dieser Größe erhält man mit dem klassischen Elektronenradius von $r_E = \alpha\hbar/m_e c$ als notwendige Umfangsgeschwindigkeit am Äquator die siebzigfache Lichtgeschwindigkeit! Klassisch ist also der Spin als Drehmoment nicht zu erklären.[5] Wir wollen uns der Lösung des Problems über Symmetriebetrachtungen nähern.

[3] George Uhlenbeck, 1900–1988.

[4] Samuel Goudsmit, 1902–1978.

[5] Das Elektron ist nach heutigeer Kenntnis punktförmig! Der Elektronenspin ist heute eine das Elementarteilchen Elektron charakterisierende Naturkonstante wie seine Masse und seine Ladung.

8.3 Symmetriebetrachtungen

Historisch gesehen war es die klassische Mechanik, die die Quantenmechanik mit beobachtbaren Größen und ihren Eigenschaften belieferte. Das widerspricht z. B. beim Betrachten von Bewegungen eines Elektrons um einen Atomkern, was man nicht beobachten kann, den Ideen von Heisenberg, nur *messbare,* d. h., beobachtbare Größen zugrunde zu legen. Viele der in der Quantenmechanik benötigten Größen können aber auch nur durch *Symmetriebetrachtungen* eingeführt werden!

Das Symmetrieprinzip besagt, dass ein Naturgesetz sich nicht ändert, wenn man z. B. den Betrachtungsstandpunkt ändert, d. h., wenn ein Gesetz hier (am Ort $\boldsymbol{x}$) gilt, dann gilt es auch dort (am Ort $\boldsymbol{x} + \boldsymbol{a}$). Der Operator $\boldsymbol{I}$ repräsentiere eine triviale Symmetrie, der nichts an einem Zustand ändert. Es gibt aber eine spezielle Klasse von Symmetrien, die durch lineare, unitäre Operatoren $\boldsymbol{U}$ repräsentiert werden, die beliebig nahe bei $\boldsymbol{I}$ sind. Solche Operatoren können geschrieben werden (Taylor-Reihe)

$$\boldsymbol{U}(\epsilon) \stackrel{\text{def}}{=} \boldsymbol{I} + \epsilon \cdot \left.\frac{\mathrm{d}\boldsymbol{U}}{\mathrm{d}\epsilon}\right|_{\epsilon=0} + \mathcal{O}(\epsilon^2). \tag{8.1}$$

ϵ ist beliebig klein. Damit $\boldsymbol{U}$ unitär ist, muss definitionsgemäß $\boldsymbol{U}\boldsymbol{U}^\dagger = \boldsymbol{I}$ sein, also müssen wir fordern

$$\boldsymbol{U}\boldsymbol{U}^\dagger = \left(\boldsymbol{I} + \epsilon \cdot \left.\frac{\mathrm{d}\boldsymbol{U}}{\mathrm{d}\epsilon}\right|_{\epsilon=0} + \mathcal{O}(\epsilon^2)\right)\left(\boldsymbol{I} + \epsilon \cdot \left.\frac{\mathrm{d}\boldsymbol{U}^\dagger}{\mathrm{d}\epsilon}\right|_{\epsilon=0} + \mathcal{O}(\epsilon^2)\right) \stackrel{!}{=} \boldsymbol{I}.$$

Das ergibt ausmultipliziert

$$\boldsymbol{I} + \underbrace{\epsilon \left.\left[\frac{\mathrm{d}\boldsymbol{U}}{\mathrm{d}\epsilon} + \frac{\mathrm{d}\boldsymbol{U}^\dagger}{\mathrm{d}\epsilon}\right]\right|_{\epsilon=0}}_{\stackrel{!}{=}\boldsymbol{0}} + \mathcal{O}(\epsilon^2) \stackrel{!}{=} \boldsymbol{I}.$$

Setzen wir jetzt

$$\frac{\mathrm{d}\boldsymbol{U}}{\mathrm{d}\epsilon} = i \cdot \boldsymbol{G} \tag{8.2}$$

mit dem symmetrischen *Erzeuger* (oder *Generator*)

$$\boldsymbol{G} = \boldsymbol{G}^\dagger \tag{8.3}$$

an, dann ist in der Tat

$$\left[\frac{\mathrm{d}\boldsymbol{U}}{\mathrm{d}\epsilon} + \frac{\mathrm{d}\boldsymbol{U}^\dagger}{\mathrm{d}\epsilon}\right] = i \cdot \boldsymbol{G} - i \cdot \boldsymbol{G} = \boldsymbol{0}.$$

Mit der Definition $\epsilon \overset{\text{def}}{=} \theta/N$, wird aus (8.1) jetzt

$$U(\theta/N) \overset{\text{def}}{=} \boldsymbol{I} + i \cdot \theta/N \cdot \boldsymbol{G} + \mathcal{O}(\epsilon^2).$$

Sei jetzt θ fest und N groß. Dann können wir die Umwandlung von θ durch θ/N, erhalten:

$$\boldsymbol{U}(\theta) = (\boldsymbol{I} + i \cdot \theta/N \cdot \boldsymbol{G})^N.$$

Für $N \to \infty$, wird daraus

$$\underline{\underline{\boldsymbol{U}(\theta)}} \overset{\text{def}}{=} \lim_{N\to\infty} (\boldsymbol{I} + i \cdot \theta/N \cdot \boldsymbol{G})^N = \underline{\underline{e^{i\,\theta\boldsymbol{G}}}}. \tag{8.4}$$

In der mehr heuristischen Herleitung wurden Terme mit $\mathcal{O}(\epsilon^2)$ oder höher vernachlässigt. Jedoch kann man zeigen, dass das ein gangbarer Weg für *jede Größe* von θ ist! Im Besonderen ist der erste Term der Seriendarstellung

$$e^{\boldsymbol{X}} = \sum_{m=0}^{\infty} \frac{\boldsymbol{X}^m}{m!},$$

mit $\boldsymbol{X} = i\varepsilon\boldsymbol{G}$, und liefert in der Tat das gewünschte Ergebnis (8.1) für kleines ϵ.

Eine Ähnlichkeitstransformation lässt bekanntlich Eigenwerte und Eigenvektoren ungeändert. Wir wollen jetzt zeigen, dass eine solche Transformation so existiert, dass eine Koordinatenverschiebung

$$\boldsymbol{x} \Rightarrow \boldsymbol{x} + \boldsymbol{a}, \text{ für alle } \boldsymbol{x},$$

erfolgt. $\boldsymbol{a}$ ist ein beliebiger dreidimensionaler Vektor. Für die Heisenberg-Matrizen $\boldsymbol{X}_j$ des Matrizenvektors

$$\mathfrak{X} = \begin{pmatrix} \boldsymbol{X}_1 \\ \boldsymbol{X}_2 \\ \boldsymbol{X}_3 \end{pmatrix}$$

muss dann für $j = 1, 2$ und 3

$$\boldsymbol{X}_j \Rightarrow \boldsymbol{X}_j + a_j \boldsymbol{I}$$

gelten. Es soll also eine unitäre Matrix $\boldsymbol{U}(\boldsymbol{a})$ so existieren, dass

$$\boldsymbol{U}(\boldsymbol{a})^{-1}\boldsymbol{X}_j\boldsymbol{U}(\boldsymbol{a}) = \boldsymbol{X}_j + a_j \boldsymbol{I} \tag{8.5}$$

gilt. Für infinitesimal kleines a_j muss $\boldsymbol{U}$ eine Form wie in (8.1) haben. Setzen deshalb

$$\boldsymbol{U}(\boldsymbol{a}) = \boldsymbol{I} + \frac{i}{\hbar}(a_1\boldsymbol{P}_1 + a_2\boldsymbol{P}_2 + a_3\boldsymbol{P}_3) + \mathcal{O}(\boldsymbol{a}^2) \tag{8.6}$$

an. $\hbar$ hat die Dimension $Länge^2 \cdot Masse/Zeit$. Da sich später herausstellen wird, dass $\boldsymbol{P}$ den Impuls repräsentiert, der die Dimension $Länge \cdot Masse/Zeit$ hat, und die a_i die Dimension $Länge$ haben, ist es praktisch, $\hbar$ hinzuzufügen, damit $\boldsymbol{U}$ als Transformationsmatrix dimensionslos bleibt. Die Bedingung (8.5) erfordert dann, dass für einen infinitesimalen Dreiervektor $\boldsymbol{a}$ gilt

$$i[\boldsymbol{P}_j, \boldsymbol{X}_j]/\hbar \stackrel{!}{=} a_j \boldsymbol{I}.$$

Wir setzen voraus, dass $\boldsymbol{P}_j$ mit sich selbst und dann natürlich auch mit jeder Funktion von $\boldsymbol{P}_j$, vertauschbar ist, dann gilt

$$\boldsymbol{U}(\boldsymbol{a})\boldsymbol{P}_j\boldsymbol{U}^\dagger(\boldsymbol{a}) = \boldsymbol{P}_j\boldsymbol{U}(\boldsymbol{a})\boldsymbol{U}^\dagger(\boldsymbol{a}) = \boldsymbol{P}_j. \tag{8.7}$$

$\boldsymbol{P}_j$ bleibt also unverändert!

Wird nun auch der Ortsvektor $\boldsymbol{x}$ nach $\boldsymbol{x}' = \boldsymbol{x} + \boldsymbol{a}$ durch diese Transformation verschoben, d. h., gilt das auch für die Matrizenvektoren $\mathfrak{X}' = \mathfrak{X} + \boldsymbol{a} \otimes \boldsymbol{I}$? Es ist

$$\boldsymbol{X}'_j(\boldsymbol{a}) = \boldsymbol{U}(\boldsymbol{a})\boldsymbol{X}_j\boldsymbol{U}^\dagger(\boldsymbol{a}).$$

Bilden wir nun die Ableitung nach a_k:

$$\frac{\partial}{\partial a_k}\boldsymbol{X}'_j(\boldsymbol{a}) = \left[\frac{\partial}{\partial a_k}\boldsymbol{U}(\boldsymbol{a})\right]\boldsymbol{X}_j\boldsymbol{U}^\dagger(\boldsymbol{a}) + \boldsymbol{U}(\boldsymbol{a})\boldsymbol{X}_j\frac{\partial}{\partial a_k}\boldsymbol{U}^\dagger(\boldsymbol{a}). \tag{8.8}$$

Differenziert man (8.4) nach a_k und da alle drei $\boldsymbol{P}_j$-Matrizen untereinander vertauschen, erhält man

$$\frac{\partial}{\partial a_k}\boldsymbol{U}(\boldsymbol{a}) = \frac{i}{\hbar}\boldsymbol{U}(\boldsymbol{a})\boldsymbol{P}_k, \quad \frac{\partial}{\partial a_k}\boldsymbol{U}^\dagger(\boldsymbol{a}) = -\frac{i}{\hbar}\boldsymbol{P}_k\boldsymbol{U}^\dagger(\boldsymbol{a}).$$

Dies in (8.8) eingesetzt, ergibt

$$\frac{\partial}{\partial a_k}\boldsymbol{X}'_j(\boldsymbol{a}) = -\frac{i}{\hbar}\boldsymbol{U}(\boldsymbol{a})\underbrace{\left[\boldsymbol{X}_j, \boldsymbol{P}_k\right]}_{i\hbar\delta_{jk}\boldsymbol{I}}\boldsymbol{U}^\dagger(\boldsymbol{a}) = \delta_{jk}\boldsymbol{I}, \tag{8.9}$$

wobei die bekannte Tatsache

$$\boldsymbol{X}_j\boldsymbol{P}_k - \boldsymbol{P}_k\boldsymbol{X}_j = \left[\boldsymbol{X}_j, \boldsymbol{P}_k\right] = i\hbar\delta_{jk}\boldsymbol{I}$$

vorausgesetzt wurde. (8.9) können wir integrieren, um

$$\boldsymbol{X}'_j(\boldsymbol{a}) = \boldsymbol{X}'_j(0) + a_j\boldsymbol{I}$$

zu erhalten. Wegen $\boldsymbol{U}(0) = \boldsymbol{I}$ ist $\boldsymbol{X'}_j(0) = \boldsymbol{X}_j$, d. h. es gilt in der Tat

$$\mathfrak{X}'(\boldsymbol{a}) = \mathfrak{X} + \boldsymbol{a} \otimes \boldsymbol{I}.$$

Das Interessanteste an dieser letzten Betrachtung ist allerdings, dass hier aus einer Symmetriebetrachtung heraus als Generator die bisher als Impulsmatrix bezeichnete Matrix

$$\mathfrak{P} = \begin{pmatrix} \boldsymbol{P}_1 \\ \boldsymbol{P}_2 \\ \boldsymbol{P}_3 \end{pmatrix}$$

entstanden ist, ohne Hinzuziehung der klassischen Mechanik!!

8.4 Symmetriebetrachtung führt zum Spin

Betrachten jetzt eine infinitesimale *Drehung* um die x_3-Achse um den Winkel $\delta\varphi$. Die Komponenten eines Vektors $\boldsymbol{v}$ ändern sich dann so:

$$v_1' = v_1 + \delta\varphi v_2, \quad v_2' = v_2 - \delta\varphi v_1 \quad \text{und} \quad v_3' = v_3.$$

In Vektorform ist das

$$\boldsymbol{v}' = \boldsymbol{v} - \boldsymbol{\omega} \times \boldsymbol{v}, \tag{8.10}$$

wobei $\boldsymbol{\omega}$ so definiert ist:

$$\boldsymbol{\omega} \stackrel{\text{def}}{=} \begin{pmatrix} 0 \\ 0 \\ \delta\varphi \end{pmatrix}.$$

Soll diese infinitesimale Drehung mittels eines Generators $\boldsymbol{G}$ über die Transformation $\boldsymbol{U}(\delta\varphi) = (\boldsymbol{I} + i\boldsymbol{G})$ durchgeführt werden, muss man natürlich allgemein

$$\boldsymbol{G} = \frac{1}{\hbar}(\boldsymbol{\omega} \cdot \mathfrak{J}) = \frac{1}{\hbar}(\omega_1 \boldsymbol{J}_1 + \omega_2 \boldsymbol{J}_2 + \omega_3 \boldsymbol{J}_3) \tag{8.11}$$

ansetzen. Wir nennen $\mathfrak{J}$ den *Gesamtdrehimpuls.* Wird die Transformation jetzt auf $\boldsymbol{V}_j$ angewendet, erhält man

$$\boldsymbol{V}_j{}' = (\boldsymbol{I} - i\boldsymbol{G})\boldsymbol{V}_j(\boldsymbol{I} + i\boldsymbol{G}) = \boldsymbol{V}_j + i(\boldsymbol{V}_j\boldsymbol{G} - \boldsymbol{G}\boldsymbol{V}_j) + \mathcal{O}(\epsilon^2), \tag{8.12}$$

oder mit (8.11)

$$\boldsymbol{V}_j{}' - \boldsymbol{V}_j = i(\boldsymbol{V}_j\boldsymbol{G} - \boldsymbol{G}\boldsymbol{V}_j) = i[\boldsymbol{V}_j, \boldsymbol{G}] = \frac{i}{\hbar}[\boldsymbol{V}_j, \boldsymbol{\omega} \cdot \mathfrak{J}]. \tag{8.13}$$

Multiplizieren (8.13) mit a_1, a_2, und a_3, dann ergibt Aufsummierung dieser drei Gleichungen

$$\boldsymbol{a} \cdot (\mathfrak{V}' - \mathfrak{V}) = \frac{1}{i\hbar}[\boldsymbol{a} \cdot \mathfrak{V}, \boldsymbol{\omega} \cdot \mathfrak{J}], \tag{8.14}$$

wobei

$$\boldsymbol{a} \cdot \mathfrak{V} = a_1 \boldsymbol{V_1} + a_2 \boldsymbol{V_2} + a_3 \boldsymbol{V_3}$$

und

$$\boldsymbol{\omega} \cdot \mathfrak{J} = \omega_1 \boldsymbol{J}_1 + \omega_2 \boldsymbol{J}_2 + \omega_3 \boldsymbol{J}_3.$$

Aus (8.10) folgt

$$\frac{1}{i\hbar}[\mathfrak{V}, \boldsymbol{\omega} \cdot \mathfrak{J}] = \boldsymbol{\omega} \times \mathfrak{V}. \tag{8.15}$$

In Übereinstimmung mit (Aufgabe 6.2)

$$\boldsymbol{a} \cdot (\boldsymbol{b} \times \boldsymbol{c}) = (\boldsymbol{a} \times \boldsymbol{b}) \cdot \boldsymbol{c},$$

erhalten wir den Zusammenhang

$$\frac{1}{i\hbar}[\boldsymbol{a} \cdot \mathfrak{V}, \boldsymbol{\omega} \cdot \mathfrak{J}] = \boldsymbol{a} \cdot (\boldsymbol{\omega} \times \mathfrak{V}) = (\boldsymbol{a} \times \boldsymbol{\omega}) \cdot \mathfrak{V}. \tag{8.16}$$

Sind $\boldsymbol{a}$ und $\boldsymbol{\omega}$ parallel zueinander, folgt

$$[\boldsymbol{V}_j, \boldsymbol{J}_j] = \boldsymbol{0}, \quad j = 1, 2 \ \text{ oder } 3. \tag{8.17}$$

Sind $\boldsymbol{a}$ und $\boldsymbol{\omega}$ senkrecht zueinander, folgt jedoch

$$\frac{1}{i\hbar}[\boldsymbol{V}_j, \boldsymbol{J}_k] = +\boldsymbol{V}_\ell, \quad \text{wenn } j, k, \ell \text{ zyklische Permutationen von 1,2,3, sind,}$$

oder

$$\frac{1}{i\hbar}[\boldsymbol{V}_j, \boldsymbol{J}_k] = -\boldsymbol{V}_\ell, \quad \text{wenn } j, k, \ell \text{ antizyklische Permutationen sind.} \tag{8.18}$$

Wir können das zusammenfassen mit dem Levi-Civita-Symbol $\varepsilon_{jk\ell}$ in

$$[\boldsymbol{V}_j, \boldsymbol{J}_k] = i\hbar \sum_\ell \epsilon_{jk\ell} \boldsymbol{V}_\ell. \tag{8.19}$$

Das Gleiche gilt für $\boldsymbol{V}_j = \boldsymbol{J}_j = \boldsymbol{L}_j$, so dass

$$[\boldsymbol{L}_j, \boldsymbol{L}_k] = i\hbar \sum_\ell \epsilon_{jk\ell} \boldsymbol{L}_\ell. \tag{8.20}$$

Multipliziert man jetzt diese Gleichung von links mit dem numerischen Dreiervektor $\boldsymbol{a}$, dann erhält man unter Beachtung von

$$\boldsymbol{a} \cdot (\boldsymbol{b} \times \boldsymbol{c}) = (\boldsymbol{a} \times \boldsymbol{b}) \cdot \boldsymbol{c}$$

diesen Zusammenhang

$$\begin{aligned} \boldsymbol{a} \cdot \frac{1}{i\hbar}[\mathfrak{V}, \boldsymbol{\omega} \cdot \mathfrak{J}] &= \frac{1}{i\hbar}[\boldsymbol{a} \cdot \boldsymbol{V}, \boldsymbol{\omega} \cdot \mathfrak{J}] \\ &= \boldsymbol{a} \cdot (\boldsymbol{\omega} \times \mathfrak{V}) = (\boldsymbol{a} \times \boldsymbol{\omega}) \cdot \mathfrak{V}. \end{aligned} \tag{8.21}$$

Hierin ist

$$\boldsymbol{a} \cdot \mathfrak{V} = a_1 \boldsymbol{V}_1 + a_2 \boldsymbol{V}_2 + a_3 \boldsymbol{V}_3$$

und

$$\boldsymbol{\omega} \cdot \mathfrak{J} = \omega_1 \boldsymbol{J}_1 + \omega_2 \boldsymbol{J}_2 + \omega_3 \boldsymbol{J}_3.$$

Sind $\boldsymbol{a}$ und $\boldsymbol{\omega}$ parallele Vektoren, dann folgt daraus

$$[\boldsymbol{V}_j, \boldsymbol{J}_j] = \boldsymbol{0}, \quad j = 1, 2 \text{ oder } 3. \tag{8.22}$$

Stehen $\boldsymbol{a}$ und $\boldsymbol{\omega}$ dagegen senkrecht aufeinander, dann folgt daraus

$$\frac{1}{i\hbar}[\boldsymbol{V}_j, \boldsymbol{J}_k] = \begin{cases} +\boldsymbol{V}_\ell, & \text{wenn } j, k, \ell \text{ zyklische Permutationen von 1,2 und 3 sind,} \\ -\boldsymbol{V}_\ell, & \text{wenn } j, k, \ell \text{ antizyklische Permutationen sind.} \end{cases} \tag{8.23}$$

Man kann das Ganze auch zusammenfassen

$$[\boldsymbol{J}_j, \boldsymbol{V}_k] = i\hbar \sum_\ell \epsilon_{jk\ell} \boldsymbol{V}_\ell. \tag{8.24}$$

Das Gleiche gilt natürlich auch für $\boldsymbol{V}_j = \boldsymbol{J}_j = \boldsymbol{L}_j$, also

$$[\boldsymbol{L}_j, \boldsymbol{L}_k] = i\hbar \sum_{\ell} \epsilon_{jk\ell} \boldsymbol{L}_{\ell}. \tag{8.25}$$

Jetzt sind wir bereit, uns dem Spin zuzuwenden, denn wenn wir jetzt einen Matrizenvektor $\mathfrak{S}$ so definieren

$$\mathfrak{S} \stackrel{\text{def}}{=} \mathfrak{J} - \mathfrak{L},$$

dass

$$\mathfrak{J} = \mathfrak{L} + \mathfrak{S} \tag{8.26}$$

ist, dann erhält man durch Subtrahieren von (8.24) von (8.25)

$$[\boldsymbol{S}_i, \boldsymbol{L}_j] = \boldsymbol{0}. \tag{8.27}$$

Zusammen mit den anderen obigen Gleichungen erhält man dann

$$[\boldsymbol{S}_j, \boldsymbol{S}_k] = i\hbar \sum_{\ell} \epsilon_{jk\ell} \boldsymbol{S}_{\ell}. \tag{8.28}$$

$\mathfrak{S}$ verhält sich also wie eine neue Art von Drehimpuls, der *Spin* genannt wird.

Der Spindrehimpuls $\mathfrak{S}$ *eines abgeschlossenen Systems ist also der Anteil des Gesamtdrehimpulses* $\mathfrak{J}$*, der nicht auf einen Bahndrehimpuls* $\mathfrak{L}$ *zurückzuführen ist.*

Goudsmith und Uhlenbeck schlugen 1925 vor, dem Elektron diesen zusätzlichen Eigendrehimpuls, Spin genannt, zuzuschreiben. Er musste eine halbzahlige Drehimpulsquantenzahl $s = \frac{1}{2}$ haben, damit die magnetische Spinquantenzahl auf zwei mögliche Werte $m_s = \pm\frac{1}{2}$ beschränkt blieb und sich somit eine zweifache oder, zusammen mit einem Bahndrehimpuls $\ell \geq 1$, eine höhere geradzahlige Aufspaltung ergab.

8.5 Spin-$\frac{1}{2}$-Systeme

Die Matrizen, die $\boldsymbol{S}_1$, $\boldsymbol{S}_2$ und $\boldsymbol{S}_3$ darstellen, erhalten wir aus (6.39) und (6.57) zu

$$\boldsymbol{S}_1 \stackrel{\text{def}}{=} \boldsymbol{L}_1^{(1/2)} = \frac{\hbar}{2}\begin{pmatrix} 0 & 1 \\ 1 & 0 \end{pmatrix}, \quad \boldsymbol{S}_2 \stackrel{\text{def}}{=} \boldsymbol{L}_2^{(1/2)} = \frac{\hbar}{2}\begin{pmatrix} 0 & -i \\ i & 0 \end{pmatrix}$$

$$\text{und } \boldsymbol{S}_3 \stackrel{\text{def}}{=} \boldsymbol{L}_3^{(1/2)} = \frac{\hbar}{2}\begin{pmatrix} 1 & 0 \\ 0 & -1 \end{pmatrix}. \tag{8.29}$$

Das wird oft auch mit Hilfe der Pauli-Matrizen[6] $\boldsymbol{\sigma}_i$ geschrieben

$$\boldsymbol{S}_i = \frac{\hbar}{2}\boldsymbol{\sigma}_i. \tag{8.30}$$

Die Pauli-Matrizen haben diese Form

$$\boldsymbol{\sigma}_1 \stackrel{\text{def}}{=} \begin{pmatrix} 0 & 1 \\ 1 & 0 \end{pmatrix}, \quad \boldsymbol{\sigma}_2 \stackrel{\text{def}}{=} \begin{pmatrix} 0 & -i \\ i & 0 \end{pmatrix} \quad \text{und} \quad \boldsymbol{\sigma}_2 \stackrel{\text{def}}{=} \begin{pmatrix} 1 & 0 \\ 0 & -1 \end{pmatrix}. \tag{8.31}$$

Die Eigenwerte dieser Matrizen sind gleich ± 1 und es ist

$$\boldsymbol{\sigma}_1^2 = \boldsymbol{\sigma}_2^2 = \boldsymbol{\sigma}_3^2 = \boldsymbol{I}_2. \tag{8.32}$$

Pauli war der Erste, der die Notwendigkeit erkannte, zweikomponentige Zustandsvektoren zu verwenden, um beobachtete Eigenschaften von Atomspektren beschreiben zu können.

Die leicht zu ermittelnden Eigenwerte und zweidimensionalen, normierten Eigenvektoren, auch *Spinoren* genannt, der Spin-(1/2)-Matrizen $\boldsymbol{S}_i$ sind hier aufgelistet:

$$\begin{aligned}
\boldsymbol{S}_1 &= \tfrac{\hbar}{2}\begin{pmatrix} 0 & 1 \\ 1 & 0 \end{pmatrix} \text{ hat die Eigenwerte } \pm\tfrac{\hbar}{2} \text{ und die Eigenvektoren } \tfrac{1}{\sqrt{2}}\begin{pmatrix} 1 \\ \pm 1 \end{pmatrix},\\
\boldsymbol{S}_2 &= \tfrac{\hbar}{2}\begin{pmatrix} 0 & -i \\ i & 0 \end{pmatrix} \text{ hat die Eigenwerte } \pm\tfrac{\hbar}{2} \text{ und die Eigenvektoren } \tfrac{1}{\sqrt{2}}\begin{pmatrix} 1 \\ \pm i \end{pmatrix},\\
\boldsymbol{S}_3 &= \tfrac{\hbar}{2}\begin{pmatrix} 1 & 0 \\ 0 & -1 \end{pmatrix} \text{ hat die Eigenwerte } \pm\tfrac{\hbar}{2} \text{ und die Eigenvektoren } \begin{pmatrix} 1 \\ 0 \end{pmatrix} \text{und} \begin{pmatrix} 0 \\ 1 \end{pmatrix}.
\end{aligned}$$

8.6 Addition von Drehimpulsen

8.6.1 Clebsch/Gordan-Koeffizienten

Wir betrachten jetzt ein System, in dem zwei Quellen für Drehimpulse vorhanden sind, die wir

$$\mathfrak{J}' = \begin{pmatrix} \boldsymbol{J}_1' \\ \boldsymbol{J}_2' \\ \boldsymbol{J}_3' \end{pmatrix} \text{ und } \mathfrak{J}'' = \begin{pmatrix} \boldsymbol{J}_1'' \\ \boldsymbol{J}_2'' \\ \boldsymbol{J}_3'' \end{pmatrix}$$

nennen und die die Eigenvektoren $\boldsymbol{e}'$ und $\boldsymbol{e}''$ haben. Das System kann ein einziges Teilchen mit einem Spin und einem Drehimpuls sein, oder aus zwei Teilchen mit

[6] Wir bleiben hier bei der traditionellen Schreibweise für diese Matrizen.

Spin oder Drehimpuls bestehen. Welche Kommutationsregeln gelten dann für den Gesamtdrehimpuls?

Wie für alle Drehimpulse, gelten auch hier die beiden Eigenwertgleichungen

$$\boldsymbol{J}'^2 \boldsymbol{e}' = j'(j'+1)\hbar^2 \boldsymbol{e}', \tag{8.33}$$

$$J_3'^2 \boldsymbol{e}' = m'\hbar^2 \boldsymbol{e}', \tag{8.34}$$

und

$$\boldsymbol{J}''^2 \boldsymbol{e}' = j''(j''+1)\hbar^2 \boldsymbol{e}'', \tag{8.35}$$

$$J_3''^2 \boldsymbol{e}'' = m''\hbar^2 \boldsymbol{e}'', \tag{8.36}$$

wobei

$$m' = j', j'-1, \ldots, -j'; \quad \text{und} \quad m'' = j'', j''-1, \ldots, -j''.$$

Für voneinander unabhängige Drehimpulsquellen muss natürlich

$$[J_k', J_\ell''] = \mathbf{0} \quad \text{für alle } k, \ell \in \{1, 2, 3\}, \text{ und} \quad [\boldsymbol{J}'^2, \boldsymbol{J}''^2] = \mathbf{0} \tag{8.37}$$

sein, aber

$$[J_j', J_k'] = i\hbar\epsilon_{jk\ell} J_\ell' \tag{8.38}$$

und

$$[J_j'', J_k''] = i\hbar\epsilon_{jk\ell} J_\ell''. \tag{8.39}$$

Ist die Summe

$$\mathfrak{J} = \begin{pmatrix} J_1 \\ J_2 \\ J_3 \end{pmatrix} \stackrel{\text{def}}{=} \mathfrak{J}' + \mathfrak{J}''$$

auch ein Drehimpuls, der die üblichen Kommutationsregeln erfüllt? Was macht die Komponente J_k? Es ist in der Tat

$$\begin{aligned}
[J_1, J_2] &= [J_1' + J_1'', J_2' + J_2''] \\
&= [J_1', J_2'] + [J_1'', J_2''] + [J_1', J_2''] + [J_1'', J_2'] \\
&= i\hbar J_3' + i\hbar J_3'' + \mathbf{0} + \mathbf{0} \\
&= i\hbar J_3.
\end{aligned} \tag{8.40}$$

Das Gleiche gilt für eine zyklische Vertauschung der Indizes, also ist tatsächlich auch $\mathfrak{J} = \mathfrak{J}' + \mathfrak{J}''$ *ein Drehimpuls*. Seine Quantenzahlen j und m_j können folgende Werte haben: Allgemein wissen wir, dass für ein gegebenes j,

$$-j \leq m \leq j \quad \text{und} \quad m_{max} = j.$$

Da $m = m' + m''$ ist, ist der maximale Wert von m für alle j gleich $j' + j''$, d. h., er ist der maximale Wert von $m' + m''$. Das muss ebenfalls der Maximalwert von j sein, denn sonst würde es einen größeren Wert für $m' + m''$ geben,

$$j_{max} = j' + j''.$$

Mit dem Maximalwert von $j_{min} = |j' - j''|$, welcher am Ende dieses Abschnitts gegeben wird, erhalten wir

$$|j' - j''| \leq j \leq |j' + j''|,$$

$$m_j = -j, -j + 1, \ldots, j.$$

Aufsummierung ergibt, dass $\mathfrak{J}$ ein Drehimpuls der Länge $\sqrt{j(j+1)}\hbar$ ist, wobei j eine ganze Zahl oder eine halbganze Zahl sein kann, und die x_3-Komponente hat den Wert $m_j\hbar$ (mit $m_j = j, j - 1, \ldots, -j$).

Jeder Drehimpuls hat seinen eigenen Eigenraum, der von den Eigenvektoren $\boldsymbol{e}'_i$ und $\boldsymbol{e}''_i$ aufgespannt wird. In der Basis des Eigenvektors $\boldsymbol{e}'_i$, hat $\boldsymbol{J}'_j$ eine einfache Diagonalform. Das Gleiche gilt für $\boldsymbol{J}''_j$. Die Eigenvektoren des ganzen Systems können aus den Eigenvektoren der Untersysteme zusammengesetzt sein, (siehe Kap. 10) in Übereinstimmung mit

$$\boldsymbol{e}_i = \boldsymbol{e}'_j \otimes \boldsymbol{e}''_k.$$

Jedoch sind diese Vektoren im Allgemeinen keine Eigenvektoren von

$$\boldsymbol{J}^2 = \boldsymbol{J}_1^2 + \boldsymbol{J}_2^2 + \boldsymbol{J}_3^2.$$

Die Konsequenz ist, dass diese Matrix in dieser Basis keine Diagonalmatrix ist. Es ist also besser, man geht über zu dem vollständigen Satz kommutierender Matrizen $\boldsymbol{J}'^2$, $\boldsymbol{J}'_3$, $\boldsymbol{J}''^2$, $\boldsymbol{J}''_3$ mit den Eigenzuständen $\boldsymbol{e}'_j \otimes \boldsymbol{e}''_k$ zu dem vollständigen Satz von kommutierenden Matrizen $\boldsymbol{J}^2$, $\boldsymbol{J}_3$, $\boldsymbol{J}'^2$, $\boldsymbol{J}''^2$, mit den Eigenvektoren $\boldsymbol{e}(j, m_j, j', j'')$. In der neuen Basis, können alle vier Matrizen $\boldsymbol{J}^2$, $\boldsymbol{J}_3$, $\boldsymbol{J}'^2$, und $\boldsymbol{J}''^2$ gleichzeitig diagonalisiert werden. Die neuen Eigenvektoren erfüllen die folgenden Eigenwertgleichungen:

$$\boldsymbol{J}^2 \boldsymbol{e}(j, m_j, j', j'') = \hbar^2 j(j+1)\, \boldsymbol{e}(j, m_j, j', j''),$$

$$\boldsymbol{J}_3 \boldsymbol{e}(j, m_j, j', j'') = \hbar m_j\, \boldsymbol{e}(j, m_j, j', j'').$$

Wie bekommt man die neuen Basisvektoren $\boldsymbol{e}(j, m_j, j', j'')$, wenn die Basisvektorens $\boldsymbol{e}'_j \otimes \boldsymbol{e}'_{k'}$ gegeben sind? Die Elemente der einen Basis muss die Linearkombination der anderen Basis sein. In der Basis mit den Basisvektoren $\boldsymbol{e}'_j \otimes \boldsymbol{e}'_{k'}$, sehen die neuen Basisvektoren $\boldsymbol{e}(j, m_j, j', j'')$ so aus

$$\boldsymbol{e}(j, m_j, j', j'') = \sum_{a,b} C(a, b; j, m_j, j', j'') \boldsymbol{e}'_a \otimes \boldsymbol{e}''_b. \tag{8.41}$$

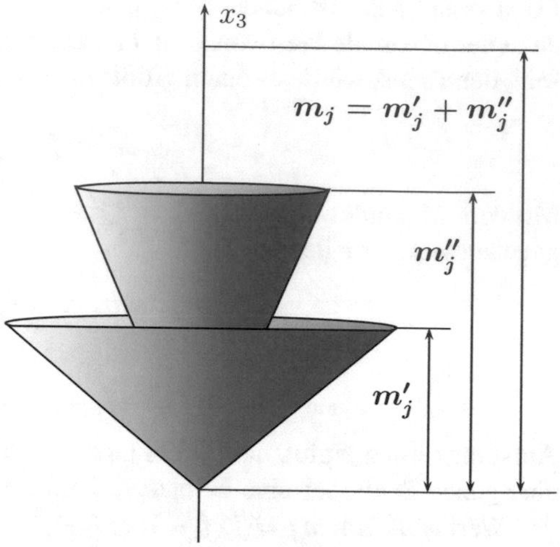

Abb. 8.2 Darstellung der Beziehung $m_j = m'_j + m''_j$.

Die Koeffizienten $C(a, b; j, m_j, j', j'')$ können durch Multiplikation von (8.41) von links mit dem transponierten Basisvektor $\boldsymbol{e'}_a \otimes \boldsymbol{e''}_b$ berechnet werden (die Basisvektoren $\boldsymbol{e}'_a \otimes \boldsymbol{e}''_b$ sind orthogonal). Diese Koeffizienten werden *Clebsch-Gordan-Koeffizienten*[7, 8] genannt und sind definiert durch

$$C(a, b; j, m_j, j', j'') = (\boldsymbol{e}'_a \otimes \boldsymbol{e}''_b)^\dagger \boldsymbol{e}(j, m_j, j', j''). \tag{8.42}$$

Welche Werte j können nun für ein gegebenes System existieren für gegebene j' und j''? Da $\boldsymbol{J}^2$ kommutiert mit seinen eigenen Komponenten, kommutiert es im Besonderen mit $\boldsymbol{J}_3 = \boldsymbol{J}'_3 + \boldsymbol{J}''_3$. Das zeigt uns, dass man die Werte von m_j und j gleichzeitig festlegen kann. Die erlaubten Werte von m_j folgen direkt aus der Beziehung

$$\boldsymbol{J}_3 = \boldsymbol{J}'_3 + \boldsymbol{J}''_3,$$

i.e., (siehe Abb. 8.2)

$$m_j = m'_j + m''_j. \tag{8.43}$$

Um die erlaubten Werte von j zu bestimmen, bemerken wir zuerst, das die vollständige Zahl von möglichen Werten für das ungekoppelte System

$$(2j' + 1)(2j'' + 1) = 4j'j'' + 2j' + 2j'' + 1$$

ist. Es gibt nur einen Zustand in dem beide Komponenten ihren Maximalwert erreichen, nämlich $m'_j = j'$ und $m''_j = j''$ (was $m_j = j' + j''$ enthält). Der Maximalwert von m_j ist jedoch j per Definition, deshalb ist der Maximalwert von j eben

[7] Rudolf Friedrich Alfred Clebsch, 1833–1872, deutscher Mathematiker.
[8] Paul Albert Gordan, 1837–1912, deutscher Mathematiker.

$j = j' + j''$. Der Clebsch-Gordan-Koeffizient unterscheidet sich von Null nur dann, wenn $|j' - j''| \leq j \leq j' + j''$ und $m_j = m' + m''$ ist.

8.6.2 Clebsch-Gordan-Koeffizienten im Internet

Man kann die folgenden Formeln für die Berechnung der Clebsch-Gordan-Koeffizienten im Internet finden:

$$
\begin{aligned}
&C(m', m''; j, m_j, j', j'') \\
&= \delta_{m_j, m'+m''} \left(\frac{(2j+1)(j'+j''-j)!(j'-j''+j)!(j+j''-j')!}{(j'+j''+j+1)!} \right)^{\frac{1}{2}} \\
&\times \sum_n \left(\frac{(-1)^n [(j'+m'')!(j'-m')!(j'+m'')!(j''-m'')!(j+m_j)!(j-m_j)!]^{\frac{1}{2}}}{n!(j'+j''-j-n)!(j'-m'-n)!(j''+m''-n)!(j-j''+m'+n)!(j-j'-m''+n)!} \right).
\end{aligned}
$$

Die Summen laufen über alle n derart, dass die Faktoren immer wohldefiniert und positiv sind. Diese Formel ist erhältlich in

`http://www.spektrum.de/lexikon/physik/clebsch-gordan-koeffizienten/2438`.

Eine herunterladbare PDF-Tabelle der Clebsch-Gordan- Koeffizienten ist hier zu finden

`http://pdg.lbl.gov/2011/reviews/rpp2011-rev-clebsch-gordan-coefs.pdf`.

Man kann auch einen Rechner herunterladen von `http://www.volya.net/index.php`.

8.7 Spin-Bahn-Kopplung

Als Spin-Bahn-Kopplung bezeichnet man in der Atom-, Kern- und Elementarteilchenphysik die Tatsache, dass bei einem Teilchen in einem Kraftfeld die Stellung seines Spins relativ zu seinem Bahndrehimpuls die Energie beeinflusst. Beispiele sind die Elektronen in der Atomhülle, wo die Spin-Bahn-Kopplung eine Aufspaltung der Spektrallinien bewirkt und damit zur Feinstruktur der Atomspektren beiträgt.

Die Spin-Bahn-Kopplung der Elektronen lässt sich anschaulich in einem semiklassischen Modell begründen. Aus der Maxwell-Theorie und der speziellen Relativitätstheorie folgt, dass auf ein Elektron, wenn es im elektrischen Feld eines Atomkerns kreist, ein magnetisches Feld wirkt. Im Ruhesystem des Elektrons wird nämlich eine kreisende Bewegung des Kerns wahrgenommen. Diese Bewegung stellt aufgrund der Ladung des Kerns einen Kreisstrom dar, welcher ein Magnetfeld parallel zum Bahndrehimpulsvektor erzeugt. Da das Elektron in seinem Ruhesystem mit seinem Eigendrehimpuls (Spin) auch ein magnetisches Moment besitzt, ergibt sich für eine Spinrichtung parallel zum Feld eine niedrigere Energie und für die entgegengesetzte eine höhere. Hierdurch wird ein einzelnes Energieniveau in zwei Niveaus aufgespalten, und es gibt in den optischen Spektren zwei gegenüber der ursprünglichen Lage leicht verschobene Linien. Der Gesamtdrehimpuls des Elektrons setzt sich aus Spin- und Bahnanteil vektoriell so zusammen:

$$\boldsymbol{J} = \boldsymbol{L} + \boldsymbol{S}$$

Es gelten die üblichen quantenmechanischen Eigenschaften:

$$\boldsymbol{J}^2 \boldsymbol{e}_{jm_j} = j(j+1)\hbar^2 \boldsymbol{e}_{jm_j},$$

$$\boldsymbol{J}_3 \boldsymbol{e}_{jm_j} = m_j \hbar \boldsymbol{e}_{jm_j},$$

$$-j \leq m_j \leq j.$$

$\boldsymbol{e}_{jm_j}$ ist ein gemeinsamer Eigenvektor von $\boldsymbol{J}^2$ und $\boldsymbol{J}_3$.

Beim Wasserstoffatom kann die Gesamtspinquantenzahl je nach Kopplung zwei Werte annehmen:

$$\text{parallel Kopplung} : j = \ell + \frac{1}{2}$$

$$\text{antiparallel Kopplung} : j = \ell - \frac{1}{2}$$

Das ist in Abb. 8.3 für $\ell = 1$ vektoriell dargestellt.

Der folgende Abschnitt stellt eine relativ einfache und quantitative Beschreibung der Spin-Bahn-Wechselwirkung für ein Elektron, gebunden an ein Atom, mit einer semiklassischen Elektrodynamik und nichtrelativistischen Quantenmechanik dar. Dies gibt Ergebnisse, die recht gut mit den Beobachtungen übereinstimmen.

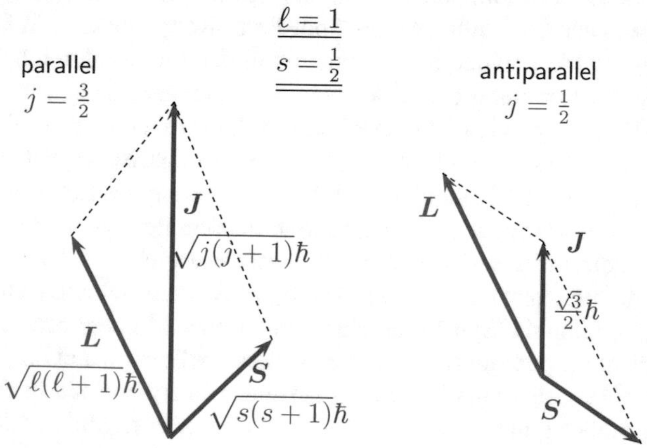

Abb. 8.3 Spin-Bahn-Kopplung

Energie des magnetischen Dipolmoments
Die Energie eines magnetischen Dipolmoments in einem Magnetfeld ist durch

$$\Delta E = -\boldsymbol{\mu} \cdot \mathfrak{b}$$

gegeben. $\boldsymbol{\mu}$ ist das magnetische Dipolmoment des Teilchens und $\mathfrak{b}$ die magnetische Induktion des Magnetfeldes.

Magnetisches Feld
Wir betrachten zunächst das Magnetfeld. Ein Elektron mit der Masse m_e und der Ladung $-e$, welches sich mit der Geschwindigkeit $\boldsymbol{v}$ in einem elektrischen Feld $\mathfrak{e}$ bewegt, erzeugt das magnetische Feld

$$\mathfrak{b} = \frac{\mathfrak{e} \times \boldsymbol{v}}{c^2}.$$

Wenn das elektrische Feld durch ein Potential $U(r)$ erzeugt wird, ist

$$\mathfrak{e} = -\frac{\boldsymbol{r}}{r}\frac{\partial U(r)}{\partial r}.$$

Der Einheitsvektor $\boldsymbol{r}/r$ bedeutet, da das elektrische Feld die Richtung des Radiusvektors hat. Damit folgt

$$\mathfrak{b} = -\frac{1}{rc^2}\frac{\partial U(r)}{\partial r}\boldsymbol{r} \times \boldsymbol{v}.$$

Wenn also $\boldsymbol{r}$ und $\boldsymbol{v}$ in der x_1, x_2-Ebene liegen, liegt $\mathfrak{b}$ in x_3-Richtung. Jetzt erinnern wir uns des Drehimpulses eines Teilchens

$$\boldsymbol{\ell} = \boldsymbol{r} \times \boldsymbol{p}$$

und dass $\boldsymbol{p} = m_e \boldsymbol{v}$ ist. Dann ist

$$\mathfrak{b} = \frac{-1}{m_e c^2 r}\frac{\partial U(r)}{\partial r}\boldsymbol{\ell}. \tag{8.44}$$

Das magnetische Feld $\mathfrak{b}$ ist parallel zum Bahndrehimpuls $\boldsymbol{\ell}$ des Teilchens.

Magnetisches Dipolmoment des Elektrons
Das magnetische Dipolmoment des Elektrons ist

$$\boldsymbol{\mu} = -\frac{g_s \mu_B}{\hbar}\boldsymbol{s} = -\frac{g_s e}{2m_e}\boldsymbol{s}. \tag{8.45}$$

$\boldsymbol{s}$ ist der Spindrehimpulsvektor, und

$$\mu_B \overset{\text{def}}{=} \frac{e\hbar}{2m_e} = 9{,}274 \cdot 10^{-24}\frac{J}{T}$$

das Bohrsche Magneton. $g_S = 2{,}002319304 \approx 2$ ist der Elektronen-Spin-g-Faktor, hervorgerufen bei Berücksichtigung der Quantenelektrodynamik (Dirac). Hier ist $\boldsymbol{\mu}$ gleich dem Spinvektor $\boldsymbol{s}$, multipliziert mit einer negativen Konstanten, so dass das magnetische Dipolmoment antiparallel zum Spindrehimpuls ist. Das Potential der Spinbahn besteht aus zwei Teilen. Der *Larmor*[9]-Teil ist verbunden mit der Wechselwirkung des magnetischen Moments des Elektrons mit dem Magnetfeld des Kerns in dem mitbewegten Koordinatensystem des Elektrons. Der zweite Beitrag hängt mit der *Thomas*[10]-Präzession zusammen. Auf ein Teilchen mit dem magnetischen Dipolmoment $\boldsymbol{\mu}$ wirkt in einem homogenen Magnetfeld mit der magnetischen Induktionsdichte $\mathfrak{b}$ das Drehmoment $\boldsymbol{m} = \boldsymbol{\mu} \times \mathfrak{b}$. Die bei der Drehung eines magnetischen Dipols um den Winkel $\mathrm{d}\varphi$ verrichtete Arbeit ist

$$\mathrm{d}W = -|\boldsymbol{m}| \cdot \mathrm{d}\varphi = -|\boldsymbol{\mu}| \cdot |\mathfrak{b}| \sin\varphi \cdot \mathrm{d}\varphi,$$

wobei φ der Winkel zwischen $\boldsymbol{\mu}$ und $\mathfrak{b}$ ist (Minuszeichen, weil φ durch Wirkung des Drehmoments $\boldsymbol{m}$ kleiner wird). Da die Arbeit gleich der Abnahme der potentiellen Energie E_{pot} des Systems ist, erhalten wir

$$\mathrm{d}E_{pot} = -\mathrm{d}W = |\boldsymbol{\mu}| \cdot |\mathfrak{b}| \sin\varphi \cdot \mathrm{d}\varphi,$$

integriert:

$$E_{pot} = -|\boldsymbol{\mu}| \cdot |\mathfrak{b}| \cos\varphi = -\boldsymbol{\mu} \cdot \mathfrak{b}.$$

Das wird auch Larmor-Wechselwirkungsenergie genannt. Iin dieser Gleichung die Ausdrücke für das magnetische Moment und des Magnetfeldes eingesetzt, ergibt

$$\Delta E_L = -\boldsymbol{\mu} \cdot \mathfrak{b} = \frac{2\mu_B}{\hbar m_e c^2} \frac{1}{r} \frac{\partial U(r)}{\partial r} \boldsymbol{\ell} \cdot \boldsymbol{s}.$$

Jetzt haben wir die Thomas-Präzessionskorrektur zu berücksichtigen, die durch die gekrümmten Bahn des Elektrons entsteht. Im Jahr 1926 ermittelte *Llewellyn Thomas* relativistisch die Aufspaltung in der Feinstruktur des Atomspektrums. Die Thomas-Präzessionsrate $\boldsymbol{\Omega}_T$, hängt zusammen mit der Kreisfrequenz der Orbitalbewegung, $\boldsymbol{\omega}$, eines Teilchens mit Spin wie folgt

$$\boldsymbol{\Omega}_T = \boldsymbol{\omega}(1 - \gamma).$$

$\gamma = 1/\sqrt{1 - (v/c)^2}$ ist der Lorentz-Faktor des bewegten Teilchens. Der Hamilton-Operator, der die Spinpräzession $\boldsymbol{\Omega}_T$ hervorruft, ist gegeben durch[11]

$$\Delta E_T = \boldsymbol{\Omega}_T \cdot \boldsymbol{S}.$$

[9] Joseph Larmor, 1857–1942, irischer Physiker.
[10] Llewellyn Thomas,1903–1992, britischer Physiker.
[11] Wir gehen jetzt wieder von den Vektoren zu den Operatoren über.

In erster Ordnung in $(v/c)^2$ erhält man

$$\Delta E_T = -\frac{\mu_B}{\hbar m_e e c^2} \frac{1}{r} \frac{\partial U(r)}{\partial r} \boldsymbol{L} \cdot \boldsymbol{S}.$$

Gesamtwechselwirkungsenergie

Das gesamte Spin-Bahn-Potential in einem externen elektrostatischen Potentials hat dann die Form

$$\Delta E \equiv \Delta E_L + \Delta E_T = \frac{\mu_B}{\hbar m_e e c^2} \frac{1}{r} \frac{\partial U(r)}{\partial r} (\boldsymbol{L} \cdot \boldsymbol{S}).$$

Der Nettoeffekt der Thomas-Präzession ist die Reduktion der Larmor-Wechselwirkungsenergie um den Faktor 1/2, die als „ein halbes Thomas“ bekannt wurde.

Auswertung der Energieverschiebung

Dank aller obigen Näherungen, können wir jetzt die detaillierte Energieverschiebung in diesem Modell ermitteln. Insbesondere wollen wir eine Grundlage finden, die sowohl $\boldsymbol{H}_0$ (der nicht gestörten Hamilton-Funktion) und $\boldsymbol{H}$ diagonalisiert. Um das herauszufinden, definieren wir zuerst die gesamte Drehimpulsmatrix(-operator)

$$\boldsymbol{J} = \boldsymbol{L} + \boldsymbol{S}.$$

Für das Skalarprodukt von diesem mit sich selbst erhalten wir

$$\boldsymbol{J}^2 = \boldsymbol{L}^2 + \boldsymbol{S}^2 + 2\boldsymbol{L} \cdot \boldsymbol{S}$$

und daher ist

$$\boldsymbol{L} \cdot \boldsymbol{S} = \frac{1}{2}(\boldsymbol{J}^2 - \boldsymbol{L}^2 - \boldsymbol{S}^2)$$

Es kann leicht gezeigt werden, dass die fünf Matrizen $\boldsymbol{H_0}$, $\boldsymbol{J^2}$, $\boldsymbol{L^2}$, $\boldsymbol{S^2}$ und $\boldsymbol{J_z}$ alle miteinander und mit $\boldsymbol{H}$ vertauschbar sind. Daher ist das Basissystem, das wir suchen, gleichzeitig Eigenbasis dieser fünf Matrizen (d. h. die Basis, in der alle fünf Matrizen diagonal sind). Elemente dieser Basis haben die fünf Quantenzahlen:

- n Hauptquantenzahl
- j Gesamtdrehimpulsquantenzahl
- ℓ Bahndrehimpuls-Quantenzahl
- s Spinquantenzahl
- j_3 x_3-Komponente des Gesamt-Drehimpulses

Der Erwartungswert von $\boldsymbol{L} \cdot \boldsymbol{S}$ ist

$$\langle \boldsymbol{L} \cdot \boldsymbol{S} \rangle = \frac{1}{2}(\langle \boldsymbol{J}^2 \rangle - \langle \boldsymbol{L}^2 \rangle - \langle \boldsymbol{S}^2 \rangle) = \frac{\hbar^2}{2}(j(j+1) - \ell(\ell+1) - s(s+1))$$

Um den endgültigen Energiesprung zu berechnen, können wir jetzt

$$\Delta E = \frac{\beta}{2}(j(j+1) - \ell(\ell+1) - s(s+1))$$

sagen, wobei

$$\beta = \frac{-\mu_B}{m_e ec^2}\left\langle \frac{1}{r}\frac{\partial U(r)}{\partial r}\right\rangle$$

ist. Von einem Atomkern mit der Ladung Ze wird das Coulomb-Potential

$$U(r) = \frac{Ze}{4\pi\epsilon_0 r}$$

erzeugt. Dann ist

$$\frac{\partial U}{\partial r} = \frac{Ze}{4\pi\epsilon_0}\left(\frac{\partial 1/r}{\partial r}\right) = \frac{-Ze}{4\pi\epsilon_0 r^2}. \tag{8.46}$$

Für Wasserstoff wird in [AR12, S. 251], der Erwartungswert für $\frac{1}{r^3}$ angegeben

$$\left\langle \frac{1}{r^3}\right\rangle = \frac{2}{a^3 n^3 \ell(\ell+1)(2\ell+1)}.$$

Hier ist $a = \hbar/Z\alpha m_e c$ der Bohr-Radius geteilt durch die Kernladung Ze. Für Wasserstoff können wir das explizite Ergebnis schreiben

$$\beta(n,l) = \frac{\mu_0}{4\pi} g_s \mu_B^2 \frac{1}{n^3 a_0^3 \ell(\ell+1/2)(\ell+1)}$$

Für jedes wasserstoffähnliches Atom mit Z Protonen ist

$$\beta(n,l) = Z^4 \frac{\mu_0}{4\pi} g_s \mu_B^2 \frac{1}{n^3 a_0^3 \ell(\ell+1)(2\ell+1)}. \tag{8.47}$$

Die Energieverschiebung für die einzelnen Energieniveaus ist dann

$$\Delta E = Z^4 \frac{\mu_0 g_s \mu_B^2}{8\pi a_0^3} \frac{j(j+1) - \ell(\ell+1) - s(s+1)}{n^3 \ell(\ell+1)(2\ell+1)}. \tag{8.48}$$

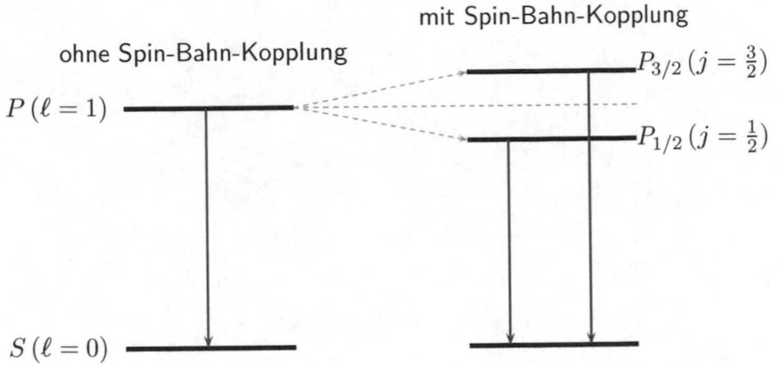

Abb. 8.4 Aufspaltung von Spektrallinien durch die Spin-Bahn-Kopplung. Es können Photonen mit zwei unterschiedlichen Energien emittiert werden

Die Größenordnung der Energieverschiebung ist 10^{-4} eV. Insgesamt wächst die Aufspaltung durch Spin-Bahn-Kopplung mit steigender Ordnungszahl, und zwar wie Z^4. Da die Spin-Bahn-Kopplung nur für $\ell \geq 1$ möglich ist, macht das Vorhandensein von ℓ im Nenner keine Probleme.

Für ein Elektron in der p-Schale z. B., macht der Unterschied zwischen den Energien zwischen $j = \frac{3}{2}$ und $j = \frac{1}{2}$ nur $Z^4 \frac{\mu_0 g_s \mu_B^2}{8\pi a_0^3 n^3}$ aus, wird also zunehmend vernachlässigbarer mit zunehmenden n. Für ein Elektron in der p-Schale, also für $\ell = 1$, kann j nur die beiden Werte $1 + \frac{1}{2} = \frac{3}{2}$ und $1 - \frac{1}{2} = \frac{1}{2}$ annehmen. Für $j = \frac{3}{2}$ existieren $2j + 1 = 4$ degenerierte Zustände mit einer Energie proportional zu $j(j+1) - \ell(\ell+1) - s(s+1) = 1$. Für $j = \frac{1}{2}$ gibt es $2j + 1 = 2$ degenerierte Zustände bei einer Energie von $j(j+1) - \ell(\ell+1) - s(s+1) = -2$. Das Zentrum der Aufteilung der Energiestufen bleibt wegen $4 \cdot 1 + 2 \cdot (-2) = 0$ unverändert (Abb. 8.4)

Das Zentrum der Energiestufen, die durch die Spin-Bahn-Kopplung aufgespalten werden, bleibt immer gleich der ohne Aufspaltung, denn die Störung kommt ja von innerhalb des Atoms und nicht aus der Umgebung.

8.8 Aufgaben

8.1 **Exponentialfunktion einer Pauli-Matrix:** Entwickle die Exponentialfunktion der Pauli-Matrix $\boldsymbol{\sigma}_1$.

8.2 **Eigenwerte und Eigenvektoren der Pauli-Matrizen:** Berechne die Eigenwerte und Eigenvektoren der Pauli-Matrizen $\boldsymbol{\sigma}_1, \boldsymbol{\sigma}_2$ und $\boldsymbol{\sigma}_3$.

8.3 **Transformation der Pauli-Matrizen auf Diagonalform:** Wie kann man die Pauli-Matrizen auf Diagonalform transformieren?

8.4 **Clebsch-Gordan-Koeffizienten:** Was sind die Clebsch-Gordan-Koeffizienten von zwei Spin-$\frac{1}{2}$-Teilchen?

8.5 **Clebsch-Gordan-Koeffizienten:** Der Drehimpuls $\boldsymbol{L}$ und der Spin $\boldsymbol{S}$ eines Elektrons sind gekoppelt zu dem Gesamtdrehimpuls $\boldsymbol{J} = \boldsymbol{L} + \boldsymbol{S}$. Welches sind die gekoppelten Zustände und die Clebsch-Gordan-Koeffizienten?

9 Atome in elektromagnetischen Feldern

Es soll jetzt nochmals untersucht werden, wie äußere magnetische und elektrische Felder die Energieniveaus und damit die Spektren von Atomen beeinflussen. Das sind der Zeeman-Effekt, der die Reaktion auf magnetische Felder beschreibt, und der Stark[1]-Effekt, der die Auswirkung eines elektrischen Felds beschreibt.

9.1 Normaler Zeeman-Effekt

Legt man an ein Atom ein äußeres Magnetfeld, dann wird es auf das magnetische Dipolmoment wirken. Das magnetische Dipolmoment des Atoms enthält Beiträge von Umlauf- und Spindrehmoment des Elektrons. Der normale Zeeman-Effekt (ohne Spin) wurde bereits in Abschn. 8.2 behandelt. Deshalb sollen Abb. 9.1 und 9.2 zur Erinnerung an die Ergebnisse genügen.

9.2 Anomaler Zeeman-Effekt

9.2.1 Kleine Feldstärke

Beim anomalen Zeeman-Effekt, der viel häufiger ist als der normale, werden die Spektrallinien komplizierter in mehr als drei Linien aufgespalten, oft in gerader Anzahl (Quartett, Sextett usw.). Zur Deutung muss der Spin herangezogen werden. Dieser nach der klassischen Physik nicht erklärbare Eigendrehimpuls $\boldsymbol{s}$ des Elektrons ist mit $\frac{1}{2}\hbar$ zwar nur halb so groß wie die Einheit $\hbar$ des Bahndrehimpulses, trägt aber mit der gleichen Stärke der magnetischen Wirkung bei (ein Bohrsches Magneton). Beim anomalen Zeeman-Effekt treten also Bahn- und Spinmagnetismus auf.

[1] Johannes Nikolaus Stark (1874–1957), deutscher Physiker, Nobelpreis 1919.

G. Ludyk, *Quantenmechanik nur mit Matrizen*,
https://doi.org/10.1007/978-3-662-60882-1_9

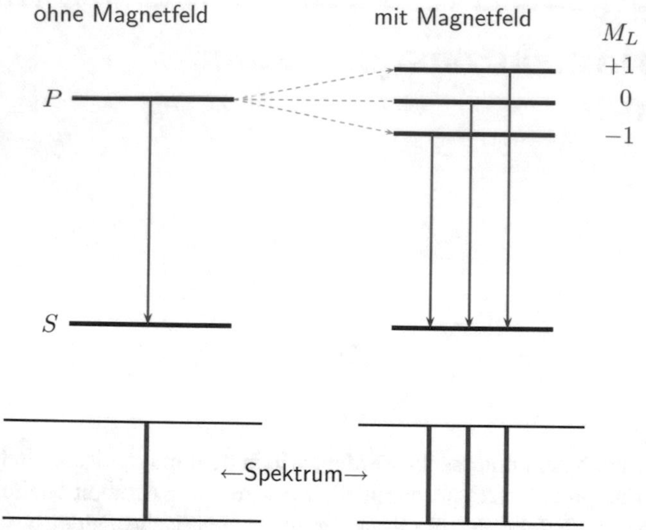

Abb. 9.1 Aufspaltung von Spektrallinien durch den Zeeman-Effekt. Es können Photonen mit drei unterschiedlichen Energien emittiert werden

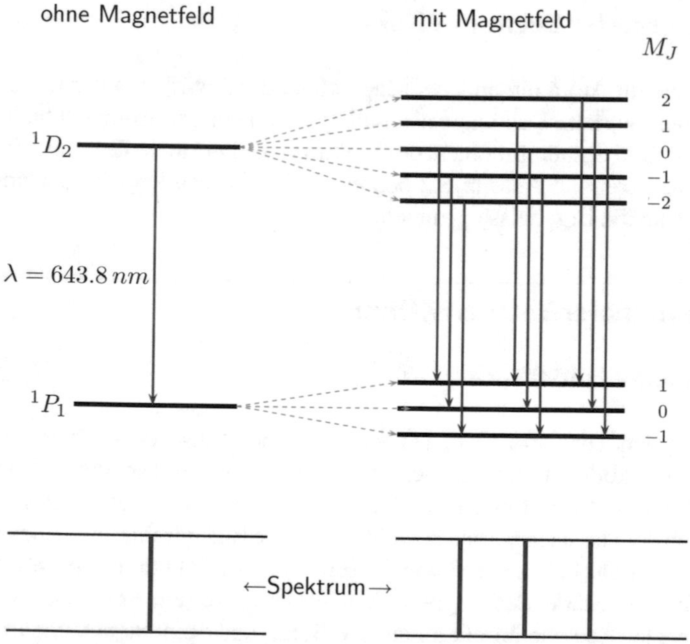

Abb. 9.2 Aufspaltung von Spektrallinien durch den normalen Zeeman-Effekt beim Cadmium. Es treten drei Linientripletts auf. (Mit fast gleichen Wellenlängen im Triplett)

Die Berechnung der magnetischen Momente läuft wie folgt: Die Hamilton-Funktion für das Zusammenwirken des magnetischen Feldes $\mathfrak{b}$ mit den Bahn- und Spindrehimpulsen $\boldsymbol{L}$ und $\boldsymbol{S}$ ist

$$\boldsymbol{H} = -\boldsymbol{\mu}_L \cdot \mathfrak{b} - \boldsymbol{\mu}_S \cdot \mathfrak{b} = -\gamma(\boldsymbol{L} + 2\boldsymbol{S}) \cdot \mathfrak{b}, \tag{9.1}$$

wobei für den Spin $\gamma = 2$ gewählt wurde. Wie sieht die Hamilton-Funktion proportional zu $\boldsymbol{J}$ aus? Wir schreiben

$$\boldsymbol{H} = -g_J(L, S)\gamma \boldsymbol{J} \cdot \mathfrak{b}, \tag{9.2}$$

wobei $g_J(L, S)$ eine Konstante ist, die von $\boldsymbol{L}$, $\boldsymbol{S}$ und $\boldsymbol{J}$ abhängt. Wir nehmen an, dass die Hamilton-Funktionen in (9.1) und (9.2) wenigsten auf den Diagonalen die gleichen Werte haben.

In Abb. 9.3 sind drei Präzessionsbewegungen zu sehen: $\boldsymbol{L}$ um $\boldsymbol{J}$, $\boldsymbol{S}$ um $\boldsymbol{J}$ und $\boldsymbol{J}$ um $\mathfrak{b}$. Das wirklich wirkende magnetische Moment kann durch Projektion von $\boldsymbol{L}$ auf $\boldsymbol{J}$ und dann $\boldsymbol{J}$ auf $\mathfrak{b}$ ermittelt werden, das Gleiche mit $\boldsymbol{S}$. Sei $\boldsymbol{k}$ ein Einheitsvektor, der in Richtung von $\boldsymbol{J}$ zeigt, also $\boldsymbol{k} \stackrel{\text{def}}{=} \boldsymbol{J}/|\boldsymbol{J}|$, dann verbleiben

$$\boldsymbol{L} \cdot \mathfrak{b} \longrightarrow (\boldsymbol{L} \cdot \boldsymbol{k})(\boldsymbol{k} \cdot \mathfrak{b}) = \frac{(\boldsymbol{L} \cdot \boldsymbol{J})(\boldsymbol{J} \cdot \mathfrak{b})}{|\boldsymbol{J}|^2} \tag{9.3}$$

$$\boldsymbol{S} \cdot \mathfrak{b} \longrightarrow (\boldsymbol{S} \cdot \boldsymbol{k})(\boldsymbol{k} \cdot \mathfrak{b}) = \frac{(\boldsymbol{S} \cdot \boldsymbol{J})(\boldsymbol{J} \cdot \mathfrak{b})}{|\boldsymbol{J}|^2}.$$

Da $\boldsymbol{J} = \boldsymbol{L} + \boldsymbol{S}$ ist, folgt

$$2\boldsymbol{L} \cdot \boldsymbol{J} = \boldsymbol{J}^2 + \boldsymbol{L}^2 - \boldsymbol{S}^2 \quad \text{und} \quad 2\boldsymbol{S} \cdot \boldsymbol{J} = \boldsymbol{J}^2 + \boldsymbol{S}^2 - \boldsymbol{L}^2.$$

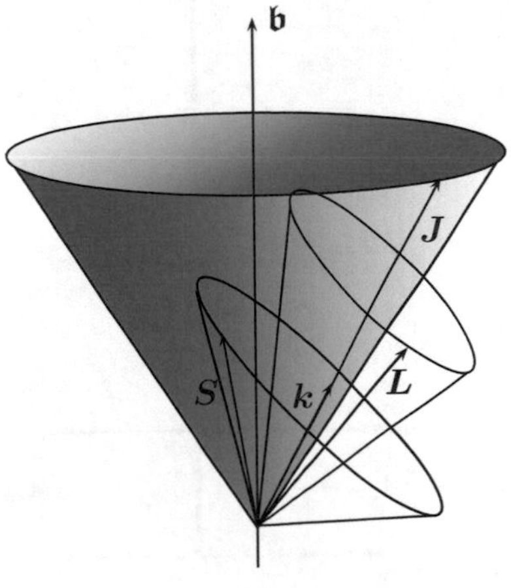

Abb. 9.3 Vektor-Diagramm zur Berechnung des Landé-g-Faktors

Wenn man dies in (9.1) einsetzt und die quantenmechanischen Größen einsetzt (z. B. $\boldsymbol{J}^2$ wird durch $J(J+1)\hbar^2$ ersetzt), erhält man

$$\begin{aligned} \boldsymbol{H} &= -\gamma(\boldsymbol{L}+2\boldsymbol{S})\cdot\mathfrak{b} \\ &= -\gamma\left(1+\frac{J(J+1)+S(S+1)-L(L+1)}{2J(J+1)}\right)\boldsymbol{J}\cdot\mathfrak{b}. \end{aligned} \tag{9.4}$$

Dies mit (9.2) verglichen liefert den Landé-g-Faktor

$$g_J(L,S) \stackrel{\text{def}}{=} 1+\frac{J(J+1)+S(S+1)-L(L+1)}{2J(J+1)}. \tag{9.5}$$

Wenn $S=0$ ist, ist $g_J(L,S)=1$, denn dann muss J gleich L sein. In diesem Fall ist das magnetische Moment unabhängig von L und es liegt der normale Zeeman-Effekt vor, d. h., die Einzellinien werden um den gleichen Betrag verschoben, aufgeteilt. Wenn $S\neq 0$ ist, hängen die Werte von $g_J(L,S)$ von den Werten von L und S ab, d. h., verschiedene Linien werden um verschiedene Beträge verschoben (Abb. 9.4).

Abb. 9.4 zeigt den anomalen Zeeman-Effekt, wenn ein Magnetfeld auf den Übergang ${}^2D_{3/2} \longrightarrow {}^2P_{1/2}$ wirkt. Man berechnet den Landé-g-Faktor für jedes Niveau und verschiebt dann um die Energie, die proportional zu ihrem g-Wert ist. Dabei muss aufgrund der Auswahlregel $\Delta M_J = 0, \pm 1$ entschieden werden, welche Übergänge erlaubt sind. Für das Niveau ${}^2D_{3/2}$ ist $L=2$, $S=\frac{1}{2}$ und $J=\frac{3}{2}$. Dann

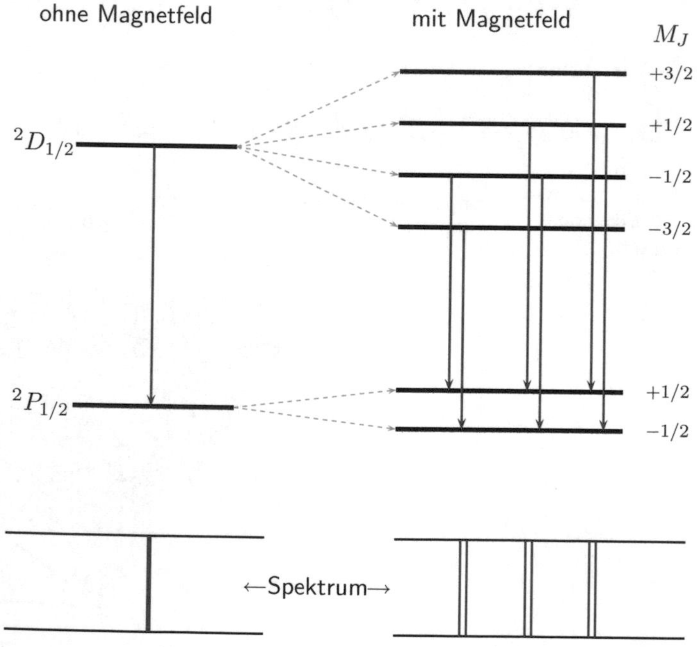

Abb. 9.4 Aufspaltung von Spektrallinien durch den anomalen Zeeman-Effekt. Durch verschiedene g-Werte wird das Spektrum komplizierter als beim normalen Zeeman-Effekt in Abb. 9.2

ist $g_{3/2}(2, \frac{1}{2}) = \frac{4}{5}$. Für das niedrigere Niveau ${}^2P_{1/2}$ ist $g_{1/2}(1, \frac{1}{2}) = \frac{2}{3}$. Die Verschiebung hat deshalb die Größe $\frac{4}{5}\mu_B\mathfrak{b}$ bei ${}^2D_{3/2}$ und $\frac{2}{3}\mu_B\mathfrak{b}$ bei ${}^2P_{1/2}$. Die sechs erlaubten Übergänge sind in Abb. 9.4 dargestellt und zwar drei Dubletten.

9.2.2 Hohe Feldstärke

Bei starken Magnetfeldern ($B > 1Tesla$) kann nun die Kopplung der magnetischen Momente an das angelegte Feld stärker sein als die Spin-Bahn-Kopplung. Der Gesamtspin $\boldsymbol{S}$ und der Gesamtbahndrehimpuls $\boldsymbol{L}$ koppeln nicht mehr zu $\boldsymbol{J}$, sondern rotieren unabhängig voneinander um die Achse des angelegten Magnetfeldes. Bei stärker werdendem Magnetfeld zeigen sich im anomalen Zeeman-Effekt Abweichungen von der Äquidistanz der Aufspaltung, und manche der einzelnen Linien nähern sich so aneinander an, dass sich schließlich das Bild des normalen Zeeman-Effekts mit nur dreifacher Aufspaltung ergibt. Dies wird als Paschen-Back-Effekt[2] bezeichnet.

9.3 Aufgaben

9.1 **Zeeman-Effekt:** In wie viele Linien spaltet sich eine Energielinie für $\ell = 2$ auf, wenn ein Magnetfeld tätig wird?

[2]Friedrich Paschen (1865–1947), deutscher Physiker. Ernst Emil Alexander Back (1881–1959), deutscher Physiker.

Systeme aus mehreren Teilchen 10

In diesem Kapitel werden Systeme aus unterscheidbaren und ununterscheidbaren Teilchen im Detail diskutiert. Dabei wird das neue Konzept der Verschränkung von Zuständen eingeführt. Ebenso wird das Pauli-Prinzip für die Besetzung von Atomschalen hergeleitet und seine Anwendung auf die Atomstruktur gewonnen.

10.1 Zusammengesetzte Systeme

10.1.1 Systeme mit zwei unterscheidbaren Teilchen

Wir betrachten ein zusammengesetztes System, das aus zwei Teilchen besteht, die sich gegenseitig nicht beeinflussen. $\boldsymbol{A}$ sei eine Matrix, die eine Observable des Teilchens 1 und $\boldsymbol{B}$ eine Matrix, die eine Observable des Teilchens 2 beschreibt. Jedes Verhalten eines Teilchens kann also ohne Bezug auf das andere Teilchen beschrieben werden.

Es ist möglich, einen Zustand des Teilchens 1 so zu präparieren, dass die Observable, die zu $\boldsymbol{A}$ gehört, einen eindeutigen Wert mit der Wahrscheinlichkeit 1 hat. Der zugehörige Zustandsvektor ist ein Eigenvektor von $\boldsymbol{A}$. Ein ähnlicher Zustandsvektor existiert für $\boldsymbol{B}$. Die Wahrscheinlichkeit für das Resultat einer gleichzeitigen Messung irgendwelcher Observablen, die sich jeweils auf das eine bzw. das andere Teilchen beziehen, muss das Produkt der Einzelwahrscheinlichkeiten sein. Das legt doch nahe, dass in einer gemeinsamen Darstellung beider Teilchen in einer Gesamtsystemdarstellung, sämtliche möglichen Produkte der Komponenten beider Zustandsvektoren auftreten müssen. Seien die beiden Zustandsvektoren mit $\boldsymbol{a}$ und $\boldsymbol{b}$ bezeichnet. Dann erhält man einen Vektor, in dem alle möglichen Kombinationen $a_i b_j$ vorkommen, z. B. durch das Bilden des Kronecker-Produkts der beiden Vektoren:

G. Ludyk, *Quantenmechanik nur mit Matrizen*,
https://doi.org/10.1007/978-3-662-60882-1_10

$$\boldsymbol{a} \otimes \boldsymbol{b} = \begin{pmatrix} a_1\boldsymbol{b} \\ a_2\boldsymbol{b} \\ a_3\boldsymbol{b} \\ \vdots \end{pmatrix} = \begin{pmatrix} a_1 b_1 \\ a_1 b_2 \\ a_1 b_3 \\ \vdots \end{pmatrix}.$$

Wenn $\boldsymbol{A}$ eine $N \times N$-Matrix ist und $\boldsymbol{B}$ eine $M \times M$-Matrix, dann ist der Zustandsvektor $\boldsymbol{a}$ ein Element des N-dimensionalen Hilbertraumes $\mathcal{H}_1$ und $\boldsymbol{b}$ ist Element des M-dimensionalen Hilbert-Raums $\mathcal{H}_2$. Das Kronecker-Produkt $\boldsymbol{a} \otimes \boldsymbol{b}$ ist dann Element des $N \cdot M$-dimensionalen Hilbertraumes $\mathcal{H}_{1,2}$, der durch die Kronecker-Produkte $\boldsymbol{u_A} \otimes \boldsymbol{u_B}$ der N Eigenvektoren $\boldsymbol{u_A}(i)$ von $\boldsymbol{A}$ bzw. der M Eigenvektoren $\boldsymbol{u_B}(j)$ von $\boldsymbol{B}$ aufgespannt wird. Abkürzend wird dann für den neu entstandenen Hilbertraum geschrieben

$$\mathcal{H}_{1,2} = \mathcal{H}_1 \otimes \mathcal{H}_2.$$

Wenn also die Menge $\{\boldsymbol{u}_A\}$ von Vektoren eine Orthonormalbasis für $\mathcal{H}_1$ und die Menge $\{\boldsymbol{u}_B\}$ von Vektoren eine Orthonormalbasis für $\mathcal{H}_2$ ist, dann wird die Menge der Paare $\{(\boldsymbol{u}_A, \boldsymbol{u}_B)\}$ genommen, um eine orthonormale Basis für den Produktraum $\mathcal{H}_{1,2} = \mathcal{H}_1 \otimes \mathcal{H}_2$ zu bilden. Für das Skalarprodukt auf $\mathcal{H}_1 \otimes \mathcal{H}_2$ erhält man dann

$$\begin{aligned} (\boldsymbol{u}_A(i) \otimes \boldsymbol{u}_B(m))^{\mathsf{T}} (\boldsymbol{u}_A(j) \otimes \boldsymbol{u}_B(n)) &= \left(\boldsymbol{u}_A(i)^{\mathsf{T}} \boldsymbol{u}_A(j)\right) \otimes \left(\boldsymbol{u}_B(m)^{\mathsf{T}} \boldsymbol{u}_B(n)\right) \\ &= \left(\boldsymbol{u}_A(i)^{\mathsf{T}} \boldsymbol{u}_A(j)\right) \cdot \left(\boldsymbol{u}_B(m)^{\mathsf{T}} \boldsymbol{u}_B(n)\right). \end{aligned} \tag{10.1}$$

Da auf der rechten Gleichungsseite das Kronecker-Produkt von zwei Skalaren steht, ist das hier das normale Produkt von zwei Zahlen. Der Erwartungswert $\langle a \rangle$ (d. h. die Wahrscheinlichkeit) für die Observable $\boldsymbol{A}$ eines Systems, das sich im Zustand $\boldsymbol{\xi}$ befindet, ist, wie oben in (4.5) gezeigt wurde,

$$\langle a \rangle = \boldsymbol{\xi}^{\mathsf{T}} \boldsymbol{A} \, \boldsymbol{\xi}.$$

Damit erhält man für ein Zwei-Teilchen-System für irgendwelche Observablen $\boldsymbol{A}$ und $\boldsymbol{B}$,

$$\boldsymbol{A}_{1,2} = \boldsymbol{A} \otimes \boldsymbol{B},$$

deren Teilsysteme sich jeweils in den Zuständen $\boldsymbol{\xi}_1$ bzw. $\boldsymbol{\xi}_2$ befinden und das Gesamtsystem im Zustand $\boldsymbol{\xi}_1 \otimes \boldsymbol{\xi}_2$, den Erwartungswert

$$\begin{aligned} \langle a_{1,2} \rangle = (\boldsymbol{\xi}_1 \otimes \boldsymbol{\xi}_2)^{\mathsf{T}} (\boldsymbol{A} \otimes \boldsymbol{B})(\boldsymbol{\xi}_1 \otimes \boldsymbol{\xi}_2) &= (\boldsymbol{\xi}_1^{\mathsf{T}} \boldsymbol{A} \, \boldsymbol{\xi}_1) \otimes (\boldsymbol{\xi}_2^{\mathsf{T}} \boldsymbol{B} \, \boldsymbol{\xi}_2) \\ &= (\boldsymbol{\xi}_1^{\mathsf{T}} \boldsymbol{A} \, \boldsymbol{\xi}_1)(\boldsymbol{\xi}_2^{\mathsf{T}} \boldsymbol{B} \, \boldsymbol{\xi}_2) = \langle a \rangle \, \langle b \rangle , \end{aligned} \tag{10.2}$$

also gleich dem Produkt der Erwartungswerte der beiden Observablen der Teilsysteme.

Noch ein Wort zu den in $\mathcal{H}_{1,2}$ neu entstehenden Matrizen. Bildet man z. B.

$$(\boldsymbol{A} \otimes \boldsymbol{B})(\boldsymbol{\xi}_1 \otimes \boldsymbol{\xi}_2) = (\boldsymbol{A}\,\boldsymbol{\xi}_1) \otimes (\boldsymbol{B}\,\boldsymbol{\xi}_2) \tag{10.3}$$

und wäre $\boldsymbol{B} = \boldsymbol{I}_M$, dann würde doch aus (10.3)

$$(\boldsymbol{A} \otimes \boldsymbol{I}_M)(\boldsymbol{\xi}_1 \otimes \boldsymbol{\xi}_2) = (\boldsymbol{A}\,\boldsymbol{\xi}_1) \otimes \boldsymbol{\xi}_2$$

werden. In dem Gesamtsystem muss man dann die Matrizen $\boldsymbol{A}$ bzw. $\boldsymbol{B}$, die nur in $\mathcal{H}_1$ bzw. $\mathcal{H}_2$ wirken sollen, ersetzen durch die in $\mathcal{H}_{1,2}$ wirkenden Matrizen

$$\boldsymbol{A}_{1,2} \stackrel{\text{def}}{=} \boldsymbol{A} \otimes \boldsymbol{I}_M \quad \text{bzw.} \quad \boldsymbol{B}_{1,2} \stackrel{\text{def}}{=} \boldsymbol{I}_N \otimes \boldsymbol{B}, \tag{10.4}$$

denn dann ist in der Tat z. B.

$$\boldsymbol{A}_{1,2}(\boldsymbol{\xi}_1 \otimes \boldsymbol{\xi}_2) = (\boldsymbol{A}\,\boldsymbol{\xi}_1) \otimes \boldsymbol{\xi}_2,$$

oder

$$\boldsymbol{B}_{1,2}\boldsymbol{A}_{1,2}(\boldsymbol{\xi}_1 \otimes \boldsymbol{\xi}_2) = (\boldsymbol{A}\,\boldsymbol{\xi}_1) \otimes (\boldsymbol{B}\,\boldsymbol{\xi}_2).$$

Eine interessante Tatsache sei hier noch angegeben:

Satz Wenn $\boldsymbol{A}$ die Eigenwerte a_i und $\boldsymbol{B}$ die Eigenwerte b_j hat, dann hat die sogenannte Kronnecker-Summe

$$\boldsymbol{A} \oplus \boldsymbol{B} \stackrel{\text{def}}{=} (\boldsymbol{A} \otimes \boldsymbol{I}_M) + (\boldsymbol{I}_N \otimes \boldsymbol{B}) \in \mathbb{R}^{N\cdot M \times N\cdot M} \tag{10.5}$$

die Eigenwerte

$$a_i + b_j.$$

Wenn $\boldsymbol{a}_i$ ein Eigenvektor von $\boldsymbol{A}$ ist und $\boldsymbol{b}_j$ ein Eigenvektor von $\boldsymbol{B}$, dann ist

$$\boldsymbol{a}_i \otimes \boldsymbol{b}_j$$

ein Eigenvektor von $\boldsymbol{A} \oplus \boldsymbol{B}$.

Beweis $[(\boldsymbol{A} \otimes \boldsymbol{I}_M) + (\boldsymbol{I}_N \otimes \boldsymbol{B}](\boldsymbol{a}_i \otimes \boldsymbol{b}_j) = (\boldsymbol{A}\boldsymbol{a}_i \otimes \boldsymbol{b}_j) + (\boldsymbol{a}_i \otimes \boldsymbol{B}\boldsymbol{b}_j)$
$= (a_i\boldsymbol{a}_i \otimes \boldsymbol{b}_j) + (\boldsymbol{a}_i \otimes b_j\boldsymbol{b}_j)$
$= \underbrace{(a_i \otimes 1)}_{a_i}(\boldsymbol{a}_i \otimes \boldsymbol{b}_j) + \underbrace{(1 \otimes b_j)}_{b_j}(\boldsymbol{a}_i \otimes \boldsymbol{b}_j) = (a_i + b_j)(\boldsymbol{a}_i \otimes \boldsymbol{b}_j).$ **q.e.d.**

10.1.2 Systeme mit N unterscheidbaren Teilsystemen

Treten mehr als zwei Teilsysteme auf, z. B. N, dann ist der Hilbertraum $\mathcal{H}^{(N)}$ der Produktraum aus N Einteilchen-Hilberträumen

$$\mathcal{H}^{(N)} = \mathcal{H}_1 \otimes \mathcal{H}_2 \otimes \mathcal{H}_3 \otimes \cdots \otimes \mathcal{H}_N.$$

Ein Gesamtsystemzustand ist dann gegeben durch

$$\boldsymbol{\xi}^{(N)} = \boldsymbol{\xi}_1 \otimes \boldsymbol{\xi}_2 \otimes \boldsymbol{\xi}_3 \otimes \cdots \otimes \boldsymbol{\xi}_N.$$

Für die in $\mathcal{H}_i$ wirkenden Matrizen $\boldsymbol{A}_i$ ist dann für die in $\mathcal{H}^{(N)}$ wirkenden entsprechenden Matrizen $\boldsymbol{A}_i^{(N)}$

$$\boldsymbol{A}_i^{(N)} = \boldsymbol{I}_{(1)} \otimes \cdots \otimes \boldsymbol{I}_{(i-1)} \otimes \boldsymbol{A}_i \otimes \boldsymbol{I}_{(i+1)} \otimes \cdots \otimes \boldsymbol{I}_{(N)}$$

zu setzen. Denn dann ist in der Tat

$$\boldsymbol{A}_i{}^{(N)}\boldsymbol{\xi}^{(N)} = \boldsymbol{\xi}_1 \otimes \cdots \otimes \boldsymbol{\xi}_{i-1} \otimes \boldsymbol{A}_i\boldsymbol{\xi}_i \otimes \boldsymbol{\xi}_{i+1} \otimes \cdots \otimes \boldsymbol{\xi}_N,$$

d. h., es wird nur $\boldsymbol{\xi}_i$ im Unterraum $\mathcal{H}_i$ verändert. Für den Erwartungswert gilt dann natürlich auch

$$\left\langle a_{1,N} \right\rangle = \langle a_1 \rangle \langle a_2 \rangle \cdots \langle a_N \rangle,$$

d. h., der Erwartungswert für eine gewisse Kombination der einzelnen Observablen des Gesamtsystems ist gleich dem Produkt der Erwartungswerte für die einzelnen System-Observablen.

Außerdem hat die erweiterte Kronecker-Summe

$$\bigoplus_{i=1}^{N} \boldsymbol{A}_i = \sum_{i=1}^{N} \boldsymbol{A}_i^{(N)}$$

die Eigenwerte

$$\sum_i a_i^{(N)},$$

wenn die $\boldsymbol{A}_i$ die Eigenwerte a_i haben. Diese Tatsache kann man leicht wie den obigen Satz für nur zwei Matrizen $\boldsymbol{A}$ und $\boldsymbol{B}$ beweisen.

10.1.3 Verschränkte Systeme

Wir betrachten wieder zwei Systeme mit den Hilberträumen $\mathcal{H}_A$ und $\mathcal{H}_B$, zusammengesetzt zu $\mathcal{H}_A \otimes \mathcal{H}_B$. Das System A sei im Zustand $\boldsymbol{\xi}_A$ und das System B im Zustand $\boldsymbol{\xi}_B$. Der Zustand des zusammengesetzten Systems ist dann $\boldsymbol{\xi}_A \otimes \boldsymbol{\xi}_B$. Sind die Orthonormalbasen $\{\boldsymbol{u}_A(i)\}$ und $\{\boldsymbol{u}_B(j)\}$ gegeben, kann der zusammengesetzte Zustand auch so geschrieben werden

$$\boldsymbol{\xi}_A \otimes \boldsymbol{\xi}_B = \left(\sum_i a_i \boldsymbol{u}_A(i)\right) \otimes \left(\sum_j b_j \boldsymbol{u}_B(j)\right).$$

Zustände, die in dieser Form dargestellt werden können, nennt man *separierbar.* Nicht alle Zustände sind separierbar. Der allgemeinste Zustand in $\mathcal{H}_A \otimes \mathcal{H}_B$ hat die Darstellung

$$\boldsymbol{\xi}_{AB} = \sum_{i,j} c_{ij} (\boldsymbol{u}_A(i) \otimes \boldsymbol{u}_B(j)).$$

Dieser Zustand ist nur dann separierbar, wenn $c_{ij} = a_i \cdot b_j$ und $\boldsymbol{\xi}_A = \sum_i a_i \boldsymbol{u}_A(i)$ und $\boldsymbol{\xi}_B = \sum_j b_j \boldsymbol{u}_B(j)$. Der Zustand ist nicht separierbar, wenn einer der c_{ij} in $a_i \cdot b_j$ nicht faktorisiert werden kann. Wenn ein Zustand nicht separierbar ist, nennt man ihn *verschränkt.*

Sind z. B. die beiden Basisvektoren $\{\boldsymbol{u}_A(1), \boldsymbol{u}_A(2)\}$ für $\mathcal{H}_A$ und die beiden Basisvektoren $\{\boldsymbol{u}_B(1), \boldsymbol{u}_B(2)\}$ für $\mathcal{H}_B$ gegeben, dann ist der folgende Zustand ein verschränkter Zustand:

$$\boldsymbol{\xi}_{AB} = [\boldsymbol{u}_A(1) \otimes \boldsymbol{u}_B(2) - \boldsymbol{u}_A(2) \otimes \boldsymbol{u}_B(1)]/\sqrt{2}. \tag{10.6}$$

Denn wenn beide Hilberträume zweidimensional sind, ist $\mathcal{H}_A \otimes \mathcal{H}_B$ nämlich $2 \cdot 2 =$ vierdimensional, also hätte ein separierbarer Zustand die Form

$$\begin{aligned}
\boldsymbol{\xi}_{AB} &= c_{11}(\boldsymbol{u}_A(1) \otimes \boldsymbol{u}_B(1)) + c_{12}(\boldsymbol{u}_A(1) \otimes \boldsymbol{u}_B(2)) + \\
&\quad + c_{21}(\boldsymbol{u}_A(2) \otimes \boldsymbol{u}_B(1)) + c_{22}(\boldsymbol{u}_A(2) \otimes \boldsymbol{u}_B(2)) \stackrel{!}{=} \\
&= a_1 b_1(\boldsymbol{u}_A(1) \otimes \boldsymbol{u}_B(1)) + a_1 b_2(\boldsymbol{u}_A(1) \otimes \boldsymbol{u}_B(2)) \\
&\quad + a_2 b_1(\boldsymbol{u}_A(2) \otimes \boldsymbol{u}_B(1)) + a_2 b_2(\boldsymbol{u}_A(2) \otimes \boldsymbol{u}_B(2)).
\end{aligned}$$

Daraus folgt, dass bei einem separierbaren Zustand

$$c_{11} \cdot c_{22} = c_{12} \cdot c_{21} \tag{10.7}$$

sein muss. Im Falle von (10.6) ist

$$c_{12} \cdot c_{21} = -1/2,$$

aber

$$c_{11} \cdot c_{22} = 0 \neq -1/2.$$

Der Zustand $\boldsymbol{\xi}_{AB}$ in (10.6) ist also nicht separierbar, d. h., er ist verschränkt. Verschränkte Zustände sind typisch für die Quantenmechanik. So etwas gibt es in der klassischen Mechanik nicht! In der Quantenmechanik sind sie dagegen grundlegend für moderne Anwendungen wie Quantenkommunikation und Quantencomputer.

10.2 Ununterscheidbare Teilsysteme

Beispiele für ununterscheidbare, also identische Teilchen, sind die Elektronen in einer Atomhülle und die Protonen und Neutronen in einem Atomkern. Bei der Begründung der Struktur der Elektronenhüllen der Atome und dem daraus folgenden Aufbau des Periodensystems der Elemente in der Bohr-Sommerfeldschen Quantentheorie wurde angenommen, dass die Energieniveaus eines Atoms nicht von beliebig vielen Elektronen besetzt werden können. Heute weiß man, dass das eine Folge des Pauli-Prinzips ist, dass zwei Elektronen nie gleichzeitig ein und denselben Zustand besetzen können. Das ist eine unmittelbare Folge der prinzipiellen Ununterscheidbarkeit identischer Teilchen!

Identische Teilchen haben identische Teilcheneigenschaften, wie Masse, Spin, Ladung usw. Davon zu unterscheiden ist der Teilchenzustand, der natürlich verschieden sein kann und sich auch zeitlich ändern darf. Eine individuelle Zuordnung

$$\text{Teilchen } i \Leftrightarrow \text{Zustand } \boldsymbol{\xi}_i$$

ist nicht möglich, sondern nur eine pauschale Zuordnung

$$\{\text{Menge aller Teilchen, } i = 1, \ldots, N\} \Leftrightarrow N\text{-Teilchen-Zustand } \boldsymbol{\xi}^{(N)}$$

Hierbei sei der Gesamtzustand wieder so zusammengesetzt

$$\boldsymbol{\xi}^{(N)} = \boldsymbol{\xi}_1 \otimes \boldsymbol{\xi}_2 \otimes \cdots \otimes \boldsymbol{\xi}_N. \tag{10.8}$$

Jetzt dürfen sich Messgrößen nur noch auf die Gesamtheit der Teilchen beziehen, also nur noch diese Form haben

$$\boldsymbol{\xi}^{(N)^{\mathsf{T}}} \boldsymbol{A}_N \boldsymbol{\xi}^{(N)}. \tag{10.9}$$

Außerdem darf dieses Resultat nicht von der Reihenfolge der Teilzustände $\boldsymbol{\xi}_i$ in (10.8) abhängen. Es muss

$$(\boldsymbol{\xi}_1 \otimes \cdots \otimes \boldsymbol{\xi}_i \otimes \cdots \otimes \boldsymbol{\xi}_j \otimes \cdots \otimes \boldsymbol{\xi}_N)^{\mathsf{T}} \boldsymbol{A}_N (\boldsymbol{\xi}_1 \otimes \cdots \otimes \boldsymbol{\xi}_i \otimes \cdots \otimes \boldsymbol{\xi}_j \otimes \cdots \otimes \boldsymbol{\xi}_N) \stackrel{!}{=}$$
$$(\boldsymbol{\xi}_1 \otimes \cdots \otimes \boldsymbol{\xi}_j \otimes \cdots \otimes \boldsymbol{\xi}_i \otimes \cdots \otimes \boldsymbol{\xi}_N)^{\mathsf{T}} \boldsymbol{A}_N (\boldsymbol{\xi}_1 \otimes \cdots \otimes \boldsymbol{\xi}_j \otimes \cdots \otimes \boldsymbol{\xi}_i \otimes \cdots \otimes \boldsymbol{\xi}_N) \tag{10.10}$$

sein. Das Ergebnis ist unabhängig von einer Permutation der Zustandsvektoren.

Permutationen

In (13.8) ist diese *Vertauschungsbeziehung* angegeben

$$\boldsymbol{U}_{s\times p}(\boldsymbol{B}\otimes\boldsymbol{A})\boldsymbol{U}_{q\times t}=\boldsymbol{A}\otimes\boldsymbol{B},\quad \text{wenn } \boldsymbol{A}\in\mathbb{R}^{p\times q} \text{ und } \boldsymbol{B}\in\mathbb{R}^{s\times t}.$$

Hier geht es jetzt um das Vertauschen von Vektoren. Dann ist

$$\boldsymbol{U}_{s\times p}(\boldsymbol{b}\otimes\boldsymbol{a})\boldsymbol{U}_{1\times 1}=\underline{\underline{\boldsymbol{a}\otimes\boldsymbol{b}=\boldsymbol{U}_{s\times p}(\boldsymbol{b}\otimes\boldsymbol{a})}},\quad \text{wenn } \boldsymbol{a}\in\mathbb{R}^{p\times 1} \text{ und } \boldsymbol{b}\in\mathbb{R}^{s\times 1}, \tag{10.11}$$

und $\boldsymbol{U}_{1\times 1}=1$.

Es soll jetzt als Beispiel hergeleitet werden, wie die Permutationsmatrix auszusehen hat, wenn bei drei Zustandsvektoren $\boldsymbol{\xi}_1\otimes\boldsymbol{\xi}_2\otimes\boldsymbol{\xi}_3$ der erste und der dritte Zustandsvektor vertauscht werden sollen. Dies soll schrittweise geschehen, und zwar in drei Schritten. Da alle Teilsysteme ununterscheidbar sein sollen, muss zunächst angenommen werden, dass die Zustandsvektoren alle die gleiche Dimension haben, hier beispielsweise die Dimension 2, also $\boldsymbol{\xi}_i\in\mathbb{R}^2$. Im ersten Schritt sollen zunächst $\boldsymbol{\xi}_1$ und $\boldsymbol{\xi}_2$ vertauscht werden. Dies erreicht man durch Multiplikation von $\boldsymbol{\xi}_1\otimes\boldsymbol{\xi}_2\otimes\boldsymbol{\xi}_3$ mit der *Transpositionsmatrix*[1]

$$\boldsymbol{T}_{12}=(\boldsymbol{U}_{2\times 2}\otimes\boldsymbol{I}_2),$$

wobei $\boldsymbol{U}_{2\times 2}\in\mathbb{R}^{4\times 4}$ die Form

$$\boldsymbol{U}_{2\times 2}=\left(\begin{array}{cc|cc}1&0&0&0\\0&0&1&0\\\hline 0&1&0&0\\0&0&0&1\end{array}\right),$$

hat, also wie alle Permutationsmatrizen in jeder Zeile und in jeder Spalte nur eine Eins und sonst überall Nullen. Es ist

$$(\boldsymbol{U}_{2\times 2}\otimes\boldsymbol{I}_2)(\boldsymbol{\xi}_1\otimes\boldsymbol{\xi}_2\otimes\boldsymbol{\xi}_3)=\boldsymbol{\xi}_2\otimes\boldsymbol{\xi}_1\otimes\boldsymbol{\xi}_3.$$

Hierbei hat die Matrix

$$\boldsymbol{T}_{12}=\boldsymbol{U}_{2\times 2}\otimes\boldsymbol{I}_2\in\mathbb{R}^{8\times 8}$$

diese Form

$$\boldsymbol{T}_{12}=\boldsymbol{U}_{2\times 2}\otimes\boldsymbol{I}_2=\left(\begin{array}{cc|cc}\boldsymbol{I}_2&\boldsymbol{0}&\boldsymbol{0}&\boldsymbol{0}\\\boldsymbol{0}&\boldsymbol{0}&\boldsymbol{I}_2&\boldsymbol{0}\\\hline\boldsymbol{0}&\boldsymbol{I}_2&\boldsymbol{0}&\boldsymbol{0}\\\boldsymbol{0}&\boldsymbol{0}&\boldsymbol{0}&\boldsymbol{I}_2\end{array}\right)$$

[1] Werden nur zwei Zustäande vertauscht, nennt man die Permutationsmatrix *Transpositionsmatrix*.

und es ist in der Tat

$$(\boldsymbol{U}_{2\times 2} \otimes \boldsymbol{I}_2)(\boldsymbol{\xi}_1 \otimes \boldsymbol{\xi}_2 \otimes \boldsymbol{\xi}_3) = \left(\begin{array}{cc|cc} \boldsymbol{I}_2 & \boldsymbol{0} & \boldsymbol{0} & \boldsymbol{0} \\ \boldsymbol{0} & \boldsymbol{0} & \boldsymbol{I}_2 & \boldsymbol{0} \\ \hline \boldsymbol{0} & \boldsymbol{I}_2 & \boldsymbol{0} & \boldsymbol{0} \\ \boldsymbol{0} & \boldsymbol{0} & \boldsymbol{0} & \boldsymbol{I}_2 \end{array}\right) \left(\begin{array}{c} \xi_{11}\xi_{21}\boldsymbol{\xi}_3 \\ \xi_{11}\xi_{22}\boldsymbol{\xi}_3 \\ \hline \xi_{12}\xi_{21}\boldsymbol{\xi}_3 \\ \xi_{12}\xi_{22}\boldsymbol{\xi}_3 \end{array}\right)$$

$$= \left(\begin{array}{c} \xi_{11}\xi_{21}\boldsymbol{\xi}_3 \\ \xi_{12}\xi_{21}\boldsymbol{\xi}_3 \\ \hline \xi_{11}\xi_{22}\boldsymbol{\xi}_3 \\ \xi_{12}\xi_{22}\boldsymbol{\xi}_3 \end{array}\right) = \left(\begin{array}{c} \xi_{21}(\boldsymbol{\xi}_1 \otimes \boldsymbol{\xi}_3) \\ \hline \xi_{22}(\boldsymbol{\xi}_1 \otimes \boldsymbol{\xi}_3) \end{array}\right) = \boldsymbol{\xi}_2 \otimes \boldsymbol{\xi}_1 \otimes \boldsymbol{\xi}_3.$$

Dieses Zwischenergebnis, im nächsten Schritt mit $\boldsymbol{T}_{23} = (\boldsymbol{I}_2 \otimes \boldsymbol{U}_{2\times 2})$ multipliziert, ergibt

$$\boldsymbol{T}_{23}(\boldsymbol{\xi}_2 \otimes \boldsymbol{\xi}_1 \otimes \boldsymbol{\xi}_3) = \boldsymbol{\xi}_2 \otimes \boldsymbol{\xi}_3 \otimes \boldsymbol{\xi}_1.$$

Schließlich, in einem dritten Schritt dieses Ergebnis mit $\boldsymbol{T}_{12} = (\boldsymbol{U}_{2\times 2} \otimes \boldsymbol{I}_2)$ multipliziert, liefert das gesuchte Ergebnis

$$\boldsymbol{T}_{12}(\boldsymbol{\xi}_2 \otimes \boldsymbol{\xi}_3 \otimes \boldsymbol{\xi}_1) = \boldsymbol{\xi}_3 \otimes \boldsymbol{\xi}_2 \otimes \boldsymbol{\xi}_1.$$

Insgesamt hat dann die Permutationsmatrix $\boldsymbol{P}_{1,3}$ diese Form

$$\boldsymbol{P}_{1,3} = \boldsymbol{T}_{12}\boldsymbol{T}_{23}\boldsymbol{T}_{12} = (\boldsymbol{U}_{2\times 2} \otimes \boldsymbol{I}_2)(\boldsymbol{I}_2 \otimes \boldsymbol{U}_{2\times 2})(\boldsymbol{U}_{2\times 2} \otimes \boldsymbol{I}_2)$$

$$= \left(\begin{array}{cc|cc|cc|cc} 1&0&0&0&0&0&0&0 \\ 0&0&0&0&1&0&0&0 \\ \hline 0&0&1&0&0&0&0&0 \\ 0&0&0&0&0&0&1&0 \\ \hline 0&1&0&0&0&0&0&0 \\ 0&0&0&0&0&1&0&0 \\ \hline 0&0&0&1&0&0&0&0 \\ 0&0&0&0&0&0&0&1 \end{array}\right).$$

An dieser Permutationsmatrix kann man auch leicht überprüfen, dass $\boldsymbol{P}_{1,3}\boldsymbol{P}_{1,3} = \boldsymbol{I}$ ist, also $\boldsymbol{P}_{1,3}^{-1} = \boldsymbol{P}_{1,3}$. Das muss natürlich immer der Fall sein, denn bei zweimaliger gleicher Permutierung muss sich wieder der gleiche Zustand einstellen.

Transposition und Permutation

Wie schon oben gesagt, wird durch eine Transpositionsmatrix[2] $\boldsymbol{T}_{ij}$ einfach der i-te mit dem j-ten Zustandsvektor vertauscht. Bei einem N-Teilchen-System gibt es $N(N-1)/2$ verschiedene Transpositionen, und es gilt

[2]Eine Transposition ist ein Vertauschen von zwei Elementen in einer geordneten Liste, wobei die anderen sich nicht bewegen. Eine Transposition ist also eine Permutation zweier Elemente. Ein Beispiel ist das Vertauschen von 2 und 5 der Liste 123456 in 153426. Das Permutationssymbol $\epsilon_{ijk\ldots}$ ist so definiert $(-1)^n$, wobei n die Zahl der Transpositionen von Paaren von Elementen die durchgeführt werden müssen, um die Permutation zu erzeugen.

$$\boldsymbol{T}_{ii} = \boldsymbol{I}, \quad \boldsymbol{T}_{ij} = \boldsymbol{T}_{ji}.$$

Jede der $N!$ verschiedenen Permutationen kann als Produkt von Transpositionen gewonnen werden. Das kann auf verschiedene Weisen geschehen, allerdings ist das Vorzeichen einer Permutation immer die Zahl $+1$, wenn eine gerade Zahl von Transpositionen benötigt wird, dagegen -1, bei einer ungeraden Zahl von Transpositionen.

(10.9) mit Permutationsmatrizen geschrieben, liefert

$$\begin{aligned}\boldsymbol{\xi}^{(N)^{\mathsf{T}}} \boldsymbol{A}_N \boldsymbol{\xi}^{(N)} &= (\boldsymbol{P}_{ij}\boldsymbol{\xi}^{(N)})^{\mathsf{T}} \boldsymbol{A}_N (\boldsymbol{P}_{ij}\boldsymbol{\xi}^{(N)}) \\ &= \boldsymbol{\xi}^{(N)^{\mathsf{T}}} \boldsymbol{P}_{ij}{}^{\mathsf{T}} \boldsymbol{A}_N \boldsymbol{P}_{ij} \boldsymbol{\xi}^{(N)},\end{aligned} \tag{10.12}$$

woraus die Matrizenidentität

$$\boldsymbol{A}_N = \boldsymbol{P}_{ij}{}^{\mathsf{T}} \boldsymbol{A}_N \boldsymbol{P}_{ij} \tag{10.13}$$

folgt. Für das Skalarprodukt des permutierten Zustandsvektors muss außerdem

$$(\boldsymbol{P}_{ij}\boldsymbol{\xi}^{(N)})^{\mathsf{T}} (\boldsymbol{P}_{ij}\boldsymbol{\xi}^{(N)}) = \boldsymbol{\xi}^{(N)^{\mathsf{T}}} \boldsymbol{\xi}^{(N)}, \tag{10.14}$$

d. h., es muss

$$\boldsymbol{I}_N = \boldsymbol{P}_{ij}{}^{\mathsf{T}} \boldsymbol{P}_{ij}, \tag{10.15}$$

sein, also

$$\boldsymbol{P}_{ij}{}^{\mathsf{T}} = \boldsymbol{P}_{ij}^{-1}. \tag{10.16}$$

Die Permutationsmatrix $\boldsymbol{P}_{ij}$ ist unitär. Damit folgt aus (10.13)

$$\boldsymbol{P}_{ij}\boldsymbol{A}_N = \boldsymbol{A}_N \boldsymbol{P}_{ij},$$

also kommutiert $\boldsymbol{P}_{ij}$ mit $\boldsymbol{A}_N$, d. h., es ist

$$\underline{\underline{[\boldsymbol{A}_N \boldsymbol{P}_{ij}] = \boldsymbol{0}.}} \tag{10.17}$$

Welche Eigenwerte hat $\boldsymbol{P}_{ij}$? Da $\boldsymbol{P}_{ij}$ mit $\boldsymbol{A}_N$ vertauscht, haben die beiden Matrizen (Operatoren) die gleichen Eigenvektoren. Mit den Eigenvektoren $\boldsymbol{e}_{ij}$ und den Eigenwerten λ_{ij} gilt

$$\boldsymbol{P}_{ij}\boldsymbol{e}_{ij} = \lambda_{ij}\boldsymbol{e}_{ij}. \tag{10.18}$$

Da $\boldsymbol{P}_{ij}^2 = \boldsymbol{I}$ ist, muss auch $\lambda_{ij}^2 = 1$ sein, also können die Eigenwerte nur gleich $+1$ oder -1 sein.

10.2.1 Vertauschung von zwei Teilchen

Betrachten als Beispiel zwei Spin-1/2-Teilchen, z. B. zwei Elektronen. Der Spinzustand eines Elektrons wird durch einen zweidimensionalen Vektor im $\mathbb{C}^2$ beschrieben. Der Spin selbst ist dreidimensional und hat Komponenten in x_1-, x_2- und x_3-Richtung. Das bedeutet, dass die Information über einen dreidimensionalen reellen Vektor in einem zweidimensionalen komplexen Zustandsvektor enthalten ist. Welche Eigenvektoren treten dann auf? Jedes der beiden Teilchen ist nach (8.29) mit Hilfe der Pauli-Matrizen $\boldsymbol{\sigma}_i$ darstellbar:

$$\boldsymbol{S}_i = \frac{\hbar}{2}\boldsymbol{\sigma}_i,$$

also

$$\boldsymbol{S}_1 = \frac{\hbar}{2}\begin{pmatrix} 0 & 1 \\ 1 & 0 \end{pmatrix}, \quad \boldsymbol{S}_2 = \frac{\hbar}{2}\begin{pmatrix} 0 & -i \\ i & 0 \end{pmatrix} \quad \text{und} \quad \boldsymbol{S}_3 = \frac{\hbar}{2}\begin{pmatrix} 1 & 0 \\ 0 & -1 \end{pmatrix}.$$

Alle drei Matrizen haben die Eigenwerte $+\frac{\hbar}{2}$ und $-\frac{\hbar}{2}$, sowie im Einzelnen die Eigenvektoren, die bei Spinteilchen *Spinoren* genannt werden,:

$$\boldsymbol{S}_1: \quad \boldsymbol{e}_1 = \frac{1}{\sqrt{2}}\begin{pmatrix} 1 \\ \pm 1 \end{pmatrix}, \quad \boldsymbol{S}_2: \quad \boldsymbol{e}_2 = \frac{1}{\sqrt{2}}\begin{pmatrix} 1 \\ \pm i \end{pmatrix}$$

$$\boldsymbol{S}_3: \quad \boldsymbol{e}_+ = \begin{pmatrix} 1 \\ 0 \end{pmatrix} \quad \text{und} \quad \boldsymbol{e}_- = \begin{pmatrix} 0 \\ 1 \end{pmatrix}.$$

Insgesamt werden die Spins der beiden Elektronen durch die Matrizenvektoren $\mathfrak{S}'$ und $\mathfrak{S}''$ beschrieben, mit

$$\mathfrak{S}' = \begin{pmatrix} \boldsymbol{S}'_1 \\ \boldsymbol{S}'_2 \\ \boldsymbol{S}'_3 \end{pmatrix} \quad \text{und} \quad \mathfrak{S}'' = \begin{pmatrix} \boldsymbol{S}''_1 \\ \boldsymbol{S}''_2 \\ \boldsymbol{S}''_3 \end{pmatrix}.$$

Es gelten natürlich für die beiden Spindrehmomente:

$$[\boldsymbol{S}'_1, \boldsymbol{S}'_2] = i\hbar\boldsymbol{S}'_3 \quad \text{und} \quad [\boldsymbol{S}''_1, \boldsymbol{S}''_2] = i\hbar\boldsymbol{S}''_3.$$

Die beiden Sätze von Matrizen $\boldsymbol{S}'_i$ und $\boldsymbol{S}''_j$ kommutieren allerdings untereinander, da die beiden Teilchen als voneinander unabhängig angenommen werden, also ist

$$[\boldsymbol{S}'_i, \boldsymbol{S}''_j] = \boldsymbol{0}.$$

Definieren gemäß (10.4) und (10.5)

$$\boldsymbol{S}_3 = \boldsymbol{S}'_3 \oplus \boldsymbol{S}''_3 = (\boldsymbol{S}'_3 \otimes \boldsymbol{I}_2) + (\boldsymbol{I}_2 \otimes \boldsymbol{S}''_3). \tag{10.19}$$

Mit

$$S_3' \otimes I_2 = \frac{\hbar}{2}\begin{pmatrix} 1 & 0 & 0 & 0 \\ 0 & 1 & 0 & 0 \\ 0 & 0 & -1 & 0 \\ 0 & 0 & 0 & -1 \end{pmatrix}$$

und

$$I_2 \otimes S_3'' = \frac{\hbar}{2}\begin{pmatrix} 1 & 0 & 0 & 0 \\ 0 & -1 & 0 & 0 \\ 0 & 0 & 1 & 0 \\ 0 & 0 & 0 & -1 \end{pmatrix}$$

erhält man dann

$$S_3 = S_3' \oplus S_3'' = \hbar\begin{pmatrix} 1 & 0 & 0 & 0 \\ 0 & 0 & 0 & 0 \\ 0 & 0 & 0 & 0 \\ 0 & 0 & 0 & -1 \end{pmatrix}.$$

Die Eigenvektoren von S_3 sind dann

$$e_i' \otimes e_j'',$$

wenn S_3' die Eigenvektoren e_i' und S_3'' die Eigenvektoren e_j'' haben. Die Eigenwerte sind dann entsprechend die Summen der Eigenwerte

$$\lambda_i' + \lambda_j''.$$

Für die Spinoren $e_\pm'$ des ersten Elektrons gelten nach (6.30) und (6.31) die beiden Gleichungen

$$S'^2 e_\pm' = \frac{1}{2}\left(\frac{1}{2}+1\right)\hbar^2 e_\pm' = \frac{3}{4}\hbar^2 e_\pm' \tag{10.20}$$

und

$$S_3' e_\pm' = \pm\frac{\hbar}{2} e_\pm'. \tag{10.21}$$

Das Entsprechende gilt für die Spinoren $e_\pm''$ des zweiten Elektrons. Die Matrix S_3 des Zweiteilchen-Systems selbst hat dann die vier Eigenvektoren

$$e_+' \otimes e_+'' = \begin{pmatrix} 1 \\ 0 \\ 0 \\ 0 \end{pmatrix}, \quad e_+' \otimes e_-'' = \begin{pmatrix} 0 \\ 1 \\ 0 \\ 0 \end{pmatrix},$$

$$e_-' \otimes e_+'' = \begin{pmatrix} 0 \\ 0 \\ 1 \\ 0 \end{pmatrix} \quad \text{und} \quad e_-' \otimes e_-'' = \begin{pmatrix} 0 \\ 0 \\ 0 \\ 1 \end{pmatrix}, \tag{10.22}$$

zu denen die vier Eigenwerte $+\hbar$, 0, 0 und $-\hbar$ gehören, die auch direkt auf der Hauptdiagonalen der Diagonalmatrix $\boldsymbol{S}_3$ abgelesen werden können.

Welche Unterräume von $\mathcal{H}_{1,2}$ werden nun von den Eigenvektoren oder ihren Kombinationen aufgespannt? Die beiden Elektronen seien je in den Zuständen $\boldsymbol{\xi}_1$ und $\boldsymbol{\xi}_2$, wobei $\boldsymbol{\xi}_i$ jeweils die Gesamtheit der Teilchenkoordinaten beschreibt:

$$\boldsymbol{\xi}_i = \boldsymbol{x}_i \otimes \boldsymbol{s}_i,$$

$\boldsymbol{x}_i$ ist die Ortskoordinate und $\boldsymbol{s}_i$ der Spin. Die Permutationsmatrix $\boldsymbol{P}_{1,2} = \boldsymbol{T}_{12}$ ist hier wieder so definiert, dass sie die Zustände $\boldsymbol{\xi}_1$ und $\boldsymbol{\xi}_2$ der beiden Teilchen vertauscht

$$\boldsymbol{P}_{1,2}(\boldsymbol{\xi}_1 \otimes \boldsymbol{\xi}_2) = \boldsymbol{\xi}_2 \otimes \boldsymbol{\xi}_1. \tag{10.23}$$

Natürlich hat auch hier die Permutationsmatrix $\boldsymbol{P}_{1,2}$ nur die beiden Eigenwerte $+1$ und -1. Die Eigenzustände zum Eigenwert $+1$ nennt man *symmetrisch* und die Eigenzustände zum Eigenwert -1 *antisymmetrisch*. Die symmetrischen bzw. antisymmetrischen Zustände bilden jeweils einen Unterraum von $\mathcal{H}_{1,2} = \mathcal{H}_1 \otimes \mathcal{H}_2$. Die Linearkombination symmetrischer bzw. antisymmetrischer Zustände ist wieder symmetrisch bzw. antisymmetrisch. Sei $\mathcal{H}_{1,2}^{(+)}$ der symmetrische Unterraum und $\mathcal{H}_{1,2}^{(-)}$ der antisymmetrische Unterraum. Ein Zustand der Zusammensetzung

$$(\boldsymbol{e}_1 \otimes \boldsymbol{e}_2)^{(+)} \stackrel{\text{def}}{=} \alpha^+(\boldsymbol{e}_1 \otimes \boldsymbol{e}_2 + \boldsymbol{e}_2 \otimes \boldsymbol{e}_1) \tag{10.24}$$

mit der Normierungskonstanten α^+ ist, wie man leicht sieht, immer symmetrisch; dagegen ist ein wie folgt zusammengesetzter Zustand

$$(\boldsymbol{e}_1 \otimes \boldsymbol{e}_2)^{(-)} \stackrel{\text{def}}{=} \alpha^-(\boldsymbol{e}_1 \otimes \boldsymbol{e}_2 - \boldsymbol{e}_2 \otimes \boldsymbol{e}_1) \tag{10.25}$$

immer antisymmetrisch, wie man ebenfalls leicht sieht, denn es ist dann

$$\boldsymbol{P}_{12}(\boldsymbol{e}_1 \otimes \boldsymbol{e}_2)^{(-)} = -(\boldsymbol{e}_1 \otimes \boldsymbol{e}_2)^{(-)}.$$

Die Erzeugung von Mitgliedern des symmetrischen Unterraums $\mathcal{H}_{1,2}^{(+)}$ aus Mitgliedern von $\mathcal{H}_{1,2} = \mathcal{H}_1 \otimes \mathcal{H}_2$ erfolgt durch Anwendung des Operators

$$\boldsymbol{P}_S \stackrel{\text{def}}{=} \boldsymbol{I} + \boldsymbol{P}_{12}$$

auf $\boldsymbol{\xi}_1 \otimes \boldsymbol{\xi}_2$. Entsprechend werden die Elemente des asymmetrischen Unterraums $\mathcal{H}_{1,2}^{(-)}$ durch Anwendung des Operators

$$\boldsymbol{P}_A \stackrel{\text{def}}{=} \boldsymbol{I} - \boldsymbol{P}_{12}$$

erzeugt. Denn wendet man $\boldsymbol{P_S}$ bzw. $\boldsymbol{P_A}$ auf einen beliebigen Vektor $\alpha(\boldsymbol{e}_1 \otimes \boldsymbol{e}_2) + \beta(\boldsymbol{e}_2 \otimes \boldsymbol{e}_1)$ an, ist der resultierende Vektor

$$\boldsymbol{P}_S(\alpha(\boldsymbol{e}_1 \otimes \boldsymbol{e}_2) + \beta(\boldsymbol{e}_2 \otimes \boldsymbol{e}_1)) = \frac{\alpha+\beta}{2}(\boldsymbol{e}_1 \otimes \boldsymbol{e}_2 + \boldsymbol{e}_2 \otimes \boldsymbol{e}_1)$$

bzw.

$$\boldsymbol{P}_A(\alpha(\boldsymbol{e}_1 \otimes \boldsymbol{e}_2) + \beta(\boldsymbol{e}_2 \otimes \boldsymbol{e}_1)) = \frac{\alpha+\beta}{2}(\boldsymbol{e}_1 \otimes \boldsymbol{e}_2 - \boldsymbol{e}_2 \otimes \boldsymbol{e}_1).$$

Es gilt außerdem

$$\frac{1}{2}\left(\frac{1}{\alpha^+}(\boldsymbol{e}_1 \otimes \boldsymbol{e}_2)^{(+)} + \frac{1}{\alpha^-}(\boldsymbol{e}_1 \otimes \boldsymbol{e}_2)^{(-)}\right)$$

$$= \frac{1}{2}\left[(\boldsymbol{e}_1 \otimes \boldsymbol{e}_2 + \boldsymbol{e}_2 \otimes \boldsymbol{e}_1) + (\boldsymbol{e}_1 \otimes \boldsymbol{e}_2 - \boldsymbol{e}_2 \otimes \boldsymbol{e}_1)\right] = \boldsymbol{e}_1 \otimes \boldsymbol{e}_2, \tag{10.26}$$

d. h., jeder Zustand des Zwei-Körper-Systems kann als Linearkombination eines symmetrischen und eines antisymmetrischen Zustands geschrieben werden. Die beiden Hilberträume $\mathcal{H}_{1,2}^{(+)}$ und $\mathcal{H}_{1,2}^{(-)}$ spannen also den gesamten Hilbertraum $\mathcal{H}_{1,2}$ auf.

Außerdem sind symmetrische und antisymmetrische Zustände orthogonal zueinander, denn es gilt für das Skalarprodukt von $\boldsymbol{\xi}^{(+)} \in \mathcal{H}_{1,2}^{(+)}$ mit $\boldsymbol{\xi}^{(-)} \in \mathcal{H}_{1,2}^{(-)}$

$$\boldsymbol{\xi}^{(+)\mathsf{T}}\boldsymbol{\xi}^{(-)} = \boldsymbol{\xi}^{(+)\mathsf{T}}\underbrace{\boldsymbol{P}_{12}{}^{\mathsf{T}}\boldsymbol{P}_{12}}_{\boldsymbol{I}}\boldsymbol{\xi}^{(-)} = \boldsymbol{\xi}^{(+)\mathsf{T}}(+1)(-1)\boldsymbol{\xi}^{(-)} = -\boldsymbol{\xi}^{(+)\mathsf{T}}\boldsymbol{\xi}^{(-)}. \tag{10.27}$$

Das gilt nur, wenn $\boldsymbol{\xi}^{(+)\mathsf{T}}\boldsymbol{\xi}^{(-)} = 0$ ist, also $\boldsymbol{\xi}^{(+)}$ und $\boldsymbol{\xi}^{(-)}$ orthogonal zueinander sind.

Fermionen und Bosonen

Bei Zwei-Körper-Systemen ist in der Quantenmechanik identischer Teilchen der Zustand, der durch den Austausch beider Teilchen entsteht, physikalisch nicht von dem Ausgangszustand zu unterscheiden, denn messbar ist immer nur der Erwartungswert, z. B. von der Observablen $\boldsymbol{X}$ der Erwartungswert $\langle \boldsymbol{X} \rangle = \boldsymbol{\xi}^{\mathsf{T}}\boldsymbol{X}\boldsymbol{\xi}$, d. h., entsteht bei der Permutation aus $\boldsymbol{\xi}$ der Wert $-\boldsymbol{\xi}$, dann ist

$$(-\boldsymbol{\xi}^{\mathsf{T}})\boldsymbol{X}(-\boldsymbol{\xi}) = \boldsymbol{\xi}^{\mathsf{T}}\boldsymbol{X}\boldsymbol{\xi} = \langle \boldsymbol{X} \rangle\,.$$

Die Erfahrung sagt nun, dass für Teilchen einer bestimmten Sorte dieser Faktor (+1 oder −1) beim Tauschen immer entweder +1 oder −1 ist. Alle Teilchen mit *halbzahligem Spin* ($\frac{1}{2}, \frac{3}{2}, \frac{5}{2}, \ldots$), die *Fermionen,*[3] haben bei Vertauschung immer den Faktor −1. Alle Teilchen mit *ganzzahligem Spin* (0, 1, 2, ...), die *Bosonen,*[4]

[3]Nach Enrico Fermi (1901–1954), italienischer Physiker, Nobelpreis 1938.

[4]Nach Satyendranath Bose (1894–1974), indischer Physiker.

haben bei Vertauschung immer den Faktor $+1$. In unserer Nomenklatur gilt also für Fermionen für die Zustände immer

$$\xi_{Fermionen} \in \mathcal{H}_{1,2}^{(-)}$$

und für Bosonen immer

$$\xi_{Bosonen} \in \mathcal{H}_{1,2}^{(+)},$$

Zur Beschreibung zweier ununterscheidbarer Teilchen ist also nicht der Hilbertraum $\mathcal{H}_{1,2}$ geeignet, sondern nur einer der Teilräume $\mathcal{H}_{1,2}^{(-)}$ oder $\mathcal{H}_{1,2}^{(+)}$, je nachdem, ob es sich bei den Teilchen um Fermionen oder Bosonen handelt. Die geeigneten Basen sind dann durch (10.25) bzw. (10.24) geben:

$$(\boldsymbol{e}_1 \otimes \boldsymbol{e}_2)^{(\mp)} = \frac{1}{\sqrt{2}} (\boldsymbol{e}_1 \otimes \boldsymbol{e}_2 \mp \boldsymbol{e}_2 \otimes \boldsymbol{e}_1).$$

Zu den *Fermionen* gehören die Atombausteine

Leptonen: Elektron e, Elektron-Neutrino ν_e, Myon-Neutrino ν_μ, Tauon-Neutrino ν_τ, Myon μ, Tauon τ
Baryonen: Proton, Neutron, Λ-Baryon, Σ-Baryon, Ω-Baryon
Quarks: Up, Charm, Top $\left(s = +\frac{2}{3}\right)$; Down, Strange, Bottom $\left(s = -\frac{1}{3}\right)$
Heliumisotop ^3He $\left(s = \frac{1}{2}\right)$.

Die folgenden Teilchen sind *Bosonen:*

Mesonen: Pion, Kaon, ρ-Meson, ω-Meson
Photonen$(s = 1)$
Eichbosonen$(s = 1)$
Gluonen$(s = 1)$
Heliumisotop $^4He(s = 0)$

10.2.2 Vertauschen von drei identischen Teilchen

Bevor wir zu dem allgemeinen Fall mit N Teilchen kommen, soll zunächst als Zwischenstufe der Fall von drei identischen Teilchen untersucht werden. Es gibt die drei Transpositionen $\boldsymbol{P}_{12}$, $\boldsymbol{P}_{23}$ und $\boldsymbol{P}_{13}$. Die symmetrischen und antisymmetrischen Linearkombinationen aus den $N! = 3! = 6$ Zuständen $\boldsymbol{e}_1^{(1)} \otimes \boldsymbol{e}_2^{(2)} \otimes \boldsymbol{e}_3^{(3)}$, $\boldsymbol{e}_1^{(1)} \otimes \boldsymbol{e}_3^{(2)} \otimes \boldsymbol{e}_2^{(3)}$, $\boldsymbol{e}_2^{(1)} \otimes \boldsymbol{e}_1^{(2)} \otimes \boldsymbol{e}_3^{(3)}$, $\boldsymbol{e}_2^{(1)} \otimes \boldsymbol{e}_3^{(2)} \otimes \boldsymbol{e}_1^{(3)}$, $\boldsymbol{e}_3^{(1)} \otimes \boldsymbol{e}_1^{(2)} \otimes \boldsymbol{e}_2^{(3)}$ und $\boldsymbol{e}_3^{(1)} \otimes \boldsymbol{e}_2^{(2)} \otimes \boldsymbol{e}_1^{(3)}$ lauten, wobei $\boldsymbol{e}_i^{(j)}$ der i-te Eigenvektor des j-ten Teilchens ist:

$$(\boldsymbol{e}_1 \otimes \boldsymbol{e}_2 \otimes \boldsymbol{e}_3)^{(+)} \stackrel{\text{def}}{=} \frac{1}{\sqrt{6}}(\boldsymbol{e}_1^{(1)} \otimes \boldsymbol{e}_2^{(2)} \otimes \boldsymbol{e}_3^{(3)} + \boldsymbol{e}_1^{(1)} \otimes \boldsymbol{e}_3^{(2)} \otimes \boldsymbol{e}_2^{(3)} + \boldsymbol{e}_2^{(1)} \otimes \boldsymbol{e}_1^{(2)} \otimes \boldsymbol{e}_3^{(3)}$$

$$+ \boldsymbol{e}_2^{(1)} \otimes \boldsymbol{e}_3^{(2)} \otimes \boldsymbol{e}_1^{(3)} + \boldsymbol{e}_3^{(1)} \otimes \boldsymbol{e}_1^{(2)} \otimes \boldsymbol{e}_2^{(3)} + \boldsymbol{e}_3^{(1)} \otimes \boldsymbol{e}_2^{(2)} \otimes \boldsymbol{e}_1^{(3)}) \quad (10.28)$$

und

$$(\boldsymbol{e}_1 \otimes \boldsymbol{e}_2 \otimes \boldsymbol{e}_3)^{(-)} \stackrel{\text{def}}{=} \frac{1}{\sqrt{6}}(\boldsymbol{e}_1^{(1)} \otimes \boldsymbol{e}_2^{(2)} \otimes \boldsymbol{e}_3^{(3)} - \boldsymbol{e}_1^{(1)} \otimes \boldsymbol{e}_3^{(2)} \otimes \boldsymbol{e}_2^{(3)} - \boldsymbol{e}_2^{(1)} \otimes \boldsymbol{e}_1^{(2)} \otimes \boldsymbol{e}_3^{(3)}$$

$$+ \boldsymbol{e}_2^{(1)} \otimes \boldsymbol{e}_3^{(2)} \otimes \boldsymbol{e}_1^{(3)} + \boldsymbol{e}_3^{(1)} \otimes \boldsymbol{e}_1^{(2)} \otimes \boldsymbol{e}_2^{(3)} - \boldsymbol{e}_3^{(1)} \otimes \boldsymbol{e}_2^{(2)} \otimes \boldsymbol{e}_1^{(3)}) \quad (10.29)$$

Sowohl der symmetrische Vektor $(\boldsymbol{e}_1 \otimes \boldsymbol{e}_2 \otimes \boldsymbol{e}_3)^{(+)}$ als auch der antisymmetrische Vektor $(\boldsymbol{e}_1 \otimes \boldsymbol{e}_2 \otimes \boldsymbol{e}_3)^{(-)}$ erzeugen also jeweils einen *eindimensionalen* Unterraum, man sagt auch einen Strahl des Hilbertraumes $\mathcal{H}$. Hierbei erinnert die antisymmetrische Form von $(\boldsymbol{e}_1 \otimes \boldsymbol{e}_2 \otimes \boldsymbol{e}_3)^{(-)}$ an die Form einer 3×3-Determinante, denn es gilt ja bei einer gewöhnlichen Determinante

$$\det \begin{vmatrix} e_{11} & e_{12} & e_{13} \\ e_{21} & e_{22} & e_{23} \\ e_{31} & e_{32} & e_{33} \end{vmatrix}$$

$$= e_{11}e_{22}e_{33} - e_{11}e_{23}e_{32} - e_{12}e_{21}e_{33} + e_{12}e_{23}e_{31} + e_{13}e_{21}e_{32} - e_{13}e_{22}e_{31}.$$

Ersetzt man in der Determinanten die Einträge durch Vektoren und die normale Multiplikation durch das Kronecker-Produkt–hier dadurch gekennzeichnet, dass als Index an die Determinante das Symbol $\otimes$ angehängt wurde–dann ist

$$\det \begin{vmatrix} \boldsymbol{e}_1^{(1)} & \boldsymbol{e}_2^{(1)} & \boldsymbol{e}_3^{(1)} \\ \boldsymbol{e}_1^{(2)} & \boldsymbol{e}_2^{(2)} & \boldsymbol{e}_3^{(2)} \\ \boldsymbol{e}_1^{(3)} & \boldsymbol{e}_2^{(3)} & \boldsymbol{e}_3^{(3)} \end{vmatrix}_{\otimes} \stackrel{\text{def}}{=}$$

$$= \boldsymbol{e}_1^{(1)} \otimes \boldsymbol{e}_2^{(2)} \otimes \boldsymbol{e}_3^{(3)} - \boldsymbol{e}_1^{(1)} \otimes \boldsymbol{e}_3^{(2)} \otimes \boldsymbol{e}_2^{(3)} - \boldsymbol{e}_2^{(1)} \otimes \boldsymbol{e}_1^{(2)} \otimes \boldsymbol{e}_3^{(3)}$$

$$+ \boldsymbol{e}_2^{(1)} \otimes \boldsymbol{e}_3^{(2)} \otimes \boldsymbol{e}_1^{(3)} + \boldsymbol{e}_3^{(1)} \otimes \boldsymbol{e}_1^{(2)} \otimes \boldsymbol{e}_2^{(3)} - \boldsymbol{e}_3^{(1)} \otimes \boldsymbol{e}_2^{(2)} \otimes \boldsymbol{e}_1^{(3)}),$$

wobei $\boldsymbol{e}_i^{(j)}$ wieder der i-te Eigenvektor des j-ten Teilchens ist. Es ist also zusammenfassend

$$(\boldsymbol{e}_1 \otimes \boldsymbol{e}_2 \otimes \boldsymbol{e}_3)^{(-)} = \frac{1}{\sqrt{6}} \cdot \det \begin{vmatrix} \boldsymbol{e}_1^{(1)} & \boldsymbol{e}_2^{(1)} & \boldsymbol{e}_3^{(1)} \\ \boldsymbol{e}_1^{(2)} & \boldsymbol{e}_2^{(2)} & \boldsymbol{e}_3^{(2)} \\ \boldsymbol{e}_1^{(3)} & \boldsymbol{e}_2^{(3)} & \boldsymbol{e}_3^{(3)} \end{vmatrix}_{\otimes} . \quad (10.30)$$

In der Determinante ist jedem Teilchen einer Zeile zugeordnet. Einer Transposition von zwei Teilchen entspricht also das Vertauschen von zwei Zeilen der Determinante, was bekanntlich zum Vorzeichenwechsel der Determinante führt: Es liegt also ein Fermion vor. Aus der Determinantentheorie folgt weiterhin, dass bei Übereinstimmung zweier Zeilen, die Determinante gleich null ist. Daraus folgt der sehr wichtiger Satz der Quantentheorie,

Pauli-Prinzip *Zwei identische Fermionen können niemals den gleichen Ein-Teilchen-Zustand einnehmen.*

Hier noch eine andere Form des Pauli-Prinzips:

Satz *Ein durch die vier Quantenzahlen n, ℓ, m_J und m_S vollständig beschriebener Zustand eines Atoms kann höchstens von einem Elektron besetzt werden.*

Dieses wichtige Prinzip bestimmt wesentlich den Aufbau des periodischen Systems der Elemente. Aber es sei nochmals hervorgehoben, dass *das Pauli-Prinzip nur für Fermionen gilt, nicht für Bosonen, vor allem also nicht für Atomkerne!*

10.2.3 Vertauschen von N identischen Teilchen

Für ein System mit N identischen Teilchen (man denke an ein Atom mit insgesamt N Elektronen in den verschiedenen Schalen) sei der Zustandsvektor aus den einzelnen Zuständen $\boldsymbol{\xi}_k^{(i)}$ (das ist der k-te Eigenvektor des i-ten Teilchens) so zusammengesetzt

$$\boldsymbol{\xi}(1, \ldots, N) \stackrel{\text{def}}{=} \boldsymbol{\xi}_{i_1}^{(1)} \otimes \boldsymbol{\xi}_{i_2}^{(2)} \otimes \cdots \otimes \boldsymbol{\xi}_{i_N}^{(N)}. \qquad (10.31)$$

$i_1, i_2, \ldots, i_N$ ist eine Permutation der Zahlen $1, 2, \ldots, N$. Es sei nochmals daran erinnert, dass jeweils der Zustandsvektor $\boldsymbol{\xi}^{(i)}$ des einzelnen Teilchens, sowohl vom Ort $\boldsymbol{x}^{(i)}$, als auch vom Spin $s^{(i)}$ dieses Teilchens abhängt. Mit dem Transpositionsoperator $\boldsymbol{P}_{ij}$, der die beiden Teilchen i und j vertauscht, erhält man

$$\boldsymbol{P}_{ij}\boldsymbol{\xi}(1, \ldots, i, \ldots, j, \ldots, N) = \boldsymbol{\xi}(1, \ldots, j, \ldots, i, \ldots, N),$$

und offensichtlich ist

$$\boldsymbol{P}_{ij}^2\boldsymbol{\xi}(1, \ldots, i, \ldots, j, \ldots, N) = \boldsymbol{\xi}(1, \ldots, i, \ldots, j, \ldots, N),$$

d. h., man erhält wieder den Ausgangszustand und es muss $\boldsymbol{P}_{ij}^2 = \boldsymbol{I}$ sein, mit den Eigenwerten $+1$. Der Transpositionsoperator $\boldsymbol{P}_{ij}$ selbst kann also wieder nur die Eigenwerte $+1$ und -1 haben.

Wenn ein Zustandsvektor $\boldsymbol{\xi}$ und ein permutierter Zustandsvektor $\boldsymbol{\xi}'$ gegeben sind, müssen die Erwartungswerte von allen Observablen gleich sein

$$\langle A\rangle = \boldsymbol{\xi}^{\mathsf{T}} \boldsymbol{A}\, \boldsymbol{\xi} = \boldsymbol{\xi}'^{\mathsf{T}} \boldsymbol{A}\, \boldsymbol{\xi}'.$$

Wir schreiben jetzt formal

$$\boldsymbol{\xi}' = \boldsymbol{P}\boldsymbol{\xi},$$

wobei der Permutationsoperator so notiert wird

$$\boldsymbol{P} = \begin{pmatrix} 1 & 2 & \cdots & N \\ i_1 & i_2 & \cdots & i_N \end{pmatrix},$$

An die erste Stelle tritt jetzt der Index i_1, an die zweite Stelle der Index i_2 usw. Alle Permutationen lassen sich aus Tranpositionen $\boldsymbol{T}_{ij}$ zusammensetzen. Eine Permutation lässt sich entweder nur aus einer geraden, oder nur aus einer ungeraden Zahl von Transpositionen zusammensetzen. Diese Permutationen nennt man entsprechend gerade oder ungerade. Beispielsweise bei drei Teilchen:

$$\text{gerade}: \quad \boldsymbol{P} = \begin{pmatrix} 1\,2\,3 \\ 1\,2\,3 \end{pmatrix}, \quad \boldsymbol{P} = \begin{pmatrix} 1\,2\,3 \\ 2\,3\,1 \end{pmatrix}, \quad \boldsymbol{P} = \begin{pmatrix} 1\,2\,3 \\ 3\,1\,2 \end{pmatrix},$$

$$\text{ungerade}: \quad \boldsymbol{P} = \begin{pmatrix} 1\,2\,3 \\ 2\,1\,3 \end{pmatrix}, \quad \boldsymbol{P} = \begin{pmatrix} 1\,2\,3 \\ 1\,3\,2 \end{pmatrix}, \quad \boldsymbol{P} = \begin{pmatrix} 1\,2\,3 \\ 3\,2\,1 \end{pmatrix}.$$

Mit diesen Permutationen kann die obige Forderung für Observable so formuliert werden:

$$(\boldsymbol{P}\boldsymbol{\xi})^{\mathsf{T}} \boldsymbol{A}\boldsymbol{P}\boldsymbol{\xi} = (\boldsymbol{\xi})^{\mathsf{T}} \boldsymbol{P}^{\mathsf{T}} \boldsymbol{A}\boldsymbol{P}\boldsymbol{\xi} \stackrel{!}{=} (\boldsymbol{\xi})^{\mathsf{T}} \boldsymbol{A}\boldsymbol{\xi}, \quad \text{für alle } \boldsymbol{P}, \boldsymbol{\xi}.$$

Daraus folgt $\boldsymbol{P}^{\mathsf{T}}\boldsymbol{A}\boldsymbol{P} = \boldsymbol{A}$, bzw. mit $\boldsymbol{P}^{\mathsf{T}} = \boldsymbol{P}^{-1}$: $\boldsymbol{A}\boldsymbol{P} = \boldsymbol{P}\boldsymbol{A}$ für alle $\boldsymbol{P}$. Es sind also in einem System identischer Teilchen nur solche Observablen zulässig, die mit allen Permutationen kommutieren

$$[\boldsymbol{P}, A] = \boldsymbol{0}, \quad \text{für alle} \quad \boldsymbol{P}.$$

Solche Observablen sind z. B. der Gesamtimpuls und der Gesamtdrehimpuls.

Wir behaupten nun, dass sich der *symmetrische Zustand* eines Systems $\boldsymbol{\xi}(1, \ldots, N)^{(+)}$ so berechnen lässt:

$$\boldsymbol{\xi}(1, \ldots, N)^{(+)} = \frac{1}{\sqrt{N!}} \sum_{\beta} \boldsymbol{P}_{\beta} \left(\boldsymbol{\xi}_{i_1}^{(1)} \otimes \boldsymbol{\xi}_{i_2}^{(2)} \otimes \cdots \otimes \boldsymbol{\xi}_{i_N}^{(N)} \right). \tag{10.32}$$

$\boldsymbol{P}_\beta$ sei der Permutationsoperator, der die $\boldsymbol{\xi}^{(i)}$, $(i = 1, \ldots, N)$ untereinander vertauscht, β nummeriert die $N!$ möglichen Permutationen der $\boldsymbol{\xi}^{(i)}$. Der Normierungsfaktor $1/\sqrt{N!}$ wurde angebracht, weil dann die Summe auf 1 normiert wird und $\boldsymbol{\xi}^\mathsf{T}(1, \ldots, N)^{(+)}\boldsymbol{\xi}(1, \ldots, N)^{(+)} = 1$ ist. Dass es nur einen symmetrischen Zustand $\boldsymbol{\xi}(1, \ldots, N)^{(+)}$ gibt, soll nun gezeigt werden, d. h., die Anwendung eines beliebigen Permutationsoperators $\boldsymbol{P}_\alpha$ auf $\boldsymbol{\xi}(1, \ldots, N)^{(+)}$ muss wieder $\boldsymbol{\xi}(1, \ldots, N)^{(+)}$ ergeben. Das ist in der Tat der Fall, denn es ist

$$\boldsymbol{P}_\alpha \boldsymbol{\xi}(1, \ldots, N)^{(+)} = \frac{1}{\sqrt{N!}} \sum_\beta \underbrace{\boldsymbol{P}_\alpha \boldsymbol{P}_\beta}_{\boldsymbol{P}_\gamma} (\boldsymbol{\xi}_{i_1}^{(1)} \otimes \boldsymbol{\xi}_{i_2}^{(2)} \otimes \cdots \otimes \boldsymbol{\xi}_{i_N}^{(N)})$$

$$= \frac{1}{\sqrt{N!}} \sum_\gamma \boldsymbol{P}_\gamma (\boldsymbol{\xi}_{i_1}^{(1)} \otimes \boldsymbol{\xi}_{i_2}^{(2)} \otimes \cdots \otimes \boldsymbol{\xi}_{i_N}^{(N)}) = \boldsymbol{\xi}(1, \ldots, N)^{(+)}.$$

Wir behaupten nun weiter, dass sich der *antisymmetrische Zustand* eines Systems $\boldsymbol{\xi}(1, \ldots, N)^{(-)}$ berechnen lässt:

$$\boldsymbol{\xi}(1, \ldots, N)^{(-)} = \frac{1}{\sqrt{N!}} \sum_\beta (-1)^{\pi_\beta} \boldsymbol{P}_\beta (\boldsymbol{\xi}_{i_1}^{(1)} \otimes \boldsymbol{\xi}_{i_2}^{(2)} \otimes \cdots \otimes \boldsymbol{\xi}_{i_N}^{(N)}). \quad (10.33)$$

Hierbei gibt π_β die minimale Zahl der Transpositionen an, aus denen $\boldsymbol{P}_\beta$ aufgebaut ist. Es ist also

$$(-1)^{\pi_\beta} = \left\{ \begin{array}{ll} +1, & \text{falls } \boldsymbol{P}_\beta \text{ gerade} \\ -1, & \text{falls } \boldsymbol{P}_\beta \text{ ungerade} \end{array} \right\}$$

Diese Formel erinnert wieder stark an die Leibniz-Formel für eine $n \times n$-Matrix:

$$\det \boldsymbol{A} = \sum_\beta \left((-1)^{\pi_\beta} \prod_{i=1}^n A_{i,P_i} \right).$$

Deshalb kann der antisymmetrische Zustand (10.33) auch mittels der *Slater-Determinante*[5] so geschrieben werden

$$\boldsymbol{\xi}(1, \ldots, N)^{(-)} = \frac{1}{\sqrt{N!}} \cdot \det \begin{vmatrix} \boldsymbol{\xi}_1^{(1)} & \boldsymbol{\xi}_2^{(1)} & \cdots & \boldsymbol{\xi}_N^{(1)} \\ \boldsymbol{\xi}_1^{(2)} & \boldsymbol{\xi}_2^{(2)} & \cdots & \boldsymbol{\xi}_N^{(2)} \\ \vdots & \vdots & \ddots & \vdots \\ \boldsymbol{\xi}_1^{(3)} & \boldsymbol{\xi}_2^{(3)} & \cdots & \boldsymbol{\xi}_N^{(N)} \end{vmatrix}_\otimes . \quad (10.34)$$

[5] John Clarke Slater (1900–1976) amerikanischer Physiker.

Hierbei soll das Symbol $\otimes$ an der Determinante wieder darauf hinweisen, dass bei den Multiplikationen das Kronecker-Produkt zu verwenden ist. Durch die Determinantenform wird die Antisymmetrie unter Transpositionen sofort deutlich, denn ein Austausch von zwei Teilchen entspricht dem Austausch zweier Zeilen in der Determinante, was bekanntlich das Vorzeichen der Determinante ändert! Weiterhin folgt wieder sofort das Pauli-Prinzip, denn wenn in einer Determinante zwei Zeilen gleich sind, dann ist sie gleich null.

Das kann man natürlich auch so sehen: Betrachtet man einen antisymmetrischen N-Teilchen-Zustand, in dem zwei Ein-Teilchen-Zustände $\boldsymbol{\xi}^{(i)}$ und $\boldsymbol{\xi}^{(j)}$ gleich sind, dann ist

$$\boldsymbol{\xi}_{i_1}^{(1)} \otimes \cdots \otimes \boldsymbol{\xi}_{i_i}^{(i)} \otimes \cdots \otimes \boldsymbol{\xi}_{i_j}^{(j)} \otimes \cdots \otimes \boldsymbol{\xi}_{i_N}^{(N)} = -\boldsymbol{\xi}_{i_1}^{(1)} \otimes \cdots \otimes \boldsymbol{\xi}_{i_j}^{(j)} \otimes \cdots \otimes \boldsymbol{\xi}_{i_i}^{(i)} \otimes \cdots \otimes \boldsymbol{\xi}_{i_N}^{(N)}.$$

Es folgt hiermit sofort

$$\boldsymbol{\xi}_{i_1}^{(1)} \otimes \cdots \otimes \boldsymbol{\xi}_{i_i}^{(i)} \otimes \cdots \otimes \boldsymbol{\xi}_{i_j}^{(j)}{}_{i_j} \otimes \cdots \otimes \boldsymbol{\xi}_{i_N}^{(N)} = \mathbf{0}, \quad \text{falls} \quad \boldsymbol{\xi}^{(i)} = \boldsymbol{\xi}^{(j)}.$$

Zwei identische Fermionen dürfen also nie in allen Ein-Teilchen-Quantenzahlen gleichzeitig übereinstimmen. Beim Auffüllen von Zuständen mit Fermionen muss also stets das Pauli-Prinzip beachtet werden. Das Periodensystem der Elemente entsteht auf diese Art.

10.3 Aufgaben

10.1 **Verschränkte Zustände** Arrangiere die vier Komponenten c_{ij} in eine 2×2 Matrix und erhalte von ihr die Bedingung (10.7).

10.2 **Kommutator:** In (10.4) definierten wir die Matrizen

$$\boldsymbol{A}_{1,2} = \boldsymbol{A} \otimes \boldsymbol{I}_B, \quad \text{und} \quad \boldsymbol{B}_{1,2} = \boldsymbol{I}_A \otimes \boldsymbol{B}.$$

Was ist der Kommutator $[\boldsymbol{A}_{1,2}, \boldsymbol{B}_{1,2}]$ dieser beiden Matrizen?

10.3 **Erwartungswert:** In (10.4) definierten wir die Matrizen

$$\boldsymbol{A}_{1,2} = \boldsymbol{A} \otimes \boldsymbol{I}_B, \quad \text{und} \quad \boldsymbol{B}_{1,2} = \boldsymbol{I}_A \otimes \boldsymbol{B}.$$

Welches sind die Erwartungswerte $\langle \boldsymbol{A}_{1,2} \rangle$ und $\langle \boldsymbol{B}_{1,2} \rangle$ dieser beiden Observablen?

10.4 **Permutationsmatrix:** Welche Permutationsmatrix $\boldsymbol{P}$ vertauscht zwei Spinzustände? Was ist $\boldsymbol{P}^{-1}$ und $\boldsymbol{P}^{\dagger}$? Welches sind die Eigenwerte von $\boldsymbol{P}$?

11 Äquivalenz von Matrizen- mit Wellenmechanik

In diesem Kapitel soll die von *Schrödinger* entwickelte Wellenmechanik kurz dargestellt und ihre Äquivalenz mit der von *Heisenberg* u. a. entwickelten und in diesem Buch ausführlich dargestellten Matrizenmechanik gezeigt werden.

11.1 Die De-Broglie-Wellenlänge

Die Wellenmechanik von *Schrödinger* beruht auf der Materie-Wellentheorie von *de Broglie.* De-Broglie war auf die Hypothese über die Wellennatur materieller Teilchen durch eine Analogie gestoßen, die zwischen dem mechanischen *Maupertius-Euler*schen Prinzip der kleinsten Wirkung und dem *Fermat*schen Prinzip vom kleinsten Lichtweg in der Optik gestoßen.

De-Broglies Hypothese lautet: Mit der Anwsenheit eines freien materiellen Teilchens ist das Vorhandensein eines Wellenfeldes verknüpft, und zwar so, dass einem Teilchen mit dem Impuls $\boldsymbol{p}$ und der Energie E eine ebene, in der Impulsrichtung fortschreitende Welle entspricht. Die Wellenlänge für ein Teilchen erfüllt dann die gleiche Beziehung wie für Photonen, nämlich

$$p = \frac{h}{\lambda} = \hbar k,$$

oder räumlich mit dem Wellenvektor

$$\boldsymbol{k} = \boldsymbol{p}/\hbar$$

und der Frequenz

$$\omega = E/\hbar, \tag{11.1}$$

wobei E die Gesamtenergie des Teilchens und $\hbar$ das reduzierte Plancksche Wirkungsquantum $\hbar = h/2\pi$ ist.

G. Ludyk, *Quantenmechanik nur mit Matrizen*,
https://doi.org/10.1007/978-3-662-60882-1_11

Im Allgemeinen kann man eine Welle durch

$$\varphi = A \cos\left[2\pi\left(\frac{r}{\lambda} - \frac{t}{T}\right)\right] \tag{11.2}$$

beschreiben, wobei r der Abstand vom Ursprung, λ die Wellenlänge und T die Schwingungsdauer (Periode) bedeuten. Für eine Welle im dreidimensionalen Raum setzt man dagegen

$$\varphi = A \cos\left(\boldsymbol{k}^\mathsf{T}\boldsymbol{x} - \frac{2\pi\, t}{T}\right) \tag{11.3}$$

an, wobei der Wellenvektor $\boldsymbol{k}$ so definiert wird, dass er die Richtung der Welle darstellt und die Länge $|\boldsymbol{k}| = 2\pi/\lambda$ hat. Eine harmonische ebene Welle im dreidimensionalen Raum lässt sich mathematisch mit der komplexen Amplitude A_0 auch so beschreiben:

$$A(\mathbf{r}, t) = Re\left(A_0 e^{i\left(\mathbf{k}^\mathsf{T}\mathbf{r} - \omega t\right)}\right) = Re(A_0)\cos(\mathbf{k}^\mathsf{T}\mathbf{r} - \omega t) - Im(A_0)\sin(\mathbf{k}^\mathsf{T}\mathbf{r} - \omega t). \tag{11.4}$$

11.2 Operatoren in Schrödingers Wellenmechanik

Die *Differentiation* $\frac{\partial}{\partial q}$ ist ein Beispiel für einen *linearen Operator,* denn sie hat die Eigenschaft

$$\frac{\partial}{\partial q}\left[f(q) + g(q)\right] = \frac{\partial}{\partial q} f(q) + \frac{\partial}{\partial q} g(q). \tag{11.5}$$

Dieselbe Eigenschaft hat die *Multiplikation mit* q:

$$q\left[f(q) + g(q)\right] = q\, f(q) + q\, g(q). \tag{11.6}$$

Sei R ein allgemeiner Operator mit dem Ergebnis $R\, f(q)$. Wird auf $R\, f(q)$ der neue Operator T angewandt, dann entsteht die neue Funktion $T\, R\, f(q)$. Den neu entstandenen Operator $T\, R$ nennt man *Operatorprodukt.* Addiert man Operatoren, erhält man

$$(T + R)\, f(q) = T\, f(q) + R\, f(q).$$

Man kann also Operatoren auch addieren.

Für solche Operatoren gibt es auch eine Eigenwertgleichung! Allerdings gibt es zu Eigenwerten jetzt Eigen*funktionen* und nicht, wie bei Matrizen, Eigenvektoren.

Beispiel Den Operator $D = \frac{\partial^2}{\partial q^2}$ auf die Funktion $f(q) = \cos(\omega q)$ angewandt, ergibt

$$Df(q) = \frac{\partial^2}{\partial q^2}\cos(\omega q) = \omega^2 \cos(\omega q) = \omega^2 f(q).$$

Die Funktion $f(q) = \cos(\omega q)$ ist eine Eigenfunktion von D und ω^2 der dazu gehörige Eigenwert.

Mit Operatoren kann man also, wie mit Matrizen, rechnen. Auch hier gilt aber das kommutative Gesetz $R\,T = T\,R$ allgemein nicht! Beispielsweise ist

$$\left(\frac{\partial}{\partial q}q - q\frac{\partial}{\partial q}\right)f(q) = \underbrace{\frac{\partial q}{\partial q}}_{1} f + q\frac{\partial f}{\partial q} - q\frac{\partial f}{\partial q} = f(q). \tag{11.7}$$

Das kann durch die Operatorengleichung

$$\frac{\partial}{\partial q}q - q\frac{\partial}{\partial q} = 1 \tag{11.8}$$

ausgedrückt werden. Diese Gleichung entspricht der Vertauschungsrelation für Ort und Impuls in der Matrizentheorie.

Bezeichnet man allgemein den Operator „Multiplikation mit q" mit Q und mit P die Operation $\frac{h}{2\pi i}\frac{\partial}{\partial q}$, sowie den Operator „Multiplikation mit 1" durch I, dann wird aus (11.8)

$$P\,Q - Q\,P = \frac{h}{2\pi i}I. \tag{11.9}$$

Dies entspricht genau der Vertauschungsrelation (3.15)

$$\boldsymbol{PX} - \boldsymbol{XP} = \frac{h}{2\pi\,i}\boldsymbol{I}$$

aus der Matrizenmechanik: (11.9) und (3.15) haben die gleiche Form oder, anders ausgedrückt, es besteht „Isomorphie" zwischen den Operatoren P, Q und den Matrizen $\boldsymbol{P}, \boldsymbol{X}$. Für den *harmonischen Oszillator* erhält man beispielsweise den Hamilton-Operator, der die Gesamtenergie beschreibt, (hier wieder mit X statt Q)

$$H = \frac{P^2}{2m} + \frac{m\omega^2X^2}{2} = -\frac{\hbar^2}{2\,m}\frac{\partial^2}{\partial x^2} + \frac{m\omega^2X^2}{2}. \tag{11.10}$$

Dabei ist m die Teilchenmasse, ω die Eigenkreisfrequenz des Oszillators, X der Ortsoperator, und $P = -i\hbar\frac{\partial}{\partial x}$ der Impulsoperator.

11.3 Schrödingers Wellenmechanik

Ausgangspunkt für die *Schrödinger-Gleichung* waren die auf Louis de Broglie zurückgehende Vorstellung von Materiewellen und die Hamilton-Jacobi-Theorie der klassischen Mechanik. Die sogenannte Wellenfunktion ψ kann als Lösung einer linearen partiellen Differentialgleichung aufgefasst werden. Die Differentialgleichung ergibt sich, wenn man für die Wellenfunktion ψ gemäß (11.4)

$$\psi = A^{i(\mathbf{k}^\top \mathbf{x} - \omega t)} \tag{11.11}$$

ansetzt. Nach (11.1) ist die Gesamtenergie E des Teilchens proportional der Frequenz ω, nämlich

$$E = \hbar\omega.$$

Die Gesamtenergie E setzt sich aus der kinetischen Energie E_{kin} und der potentiellen Energie V zusammen: $E = E_{kin} + V$. Ein Teilchen mit der Masse m und dem Impuls $\boldsymbol{p}$ hat die kinetische Energie

$$E_{kin} = \frac{1}{2}\frac{p^2}{m}, \tag{11.12}$$

wobei $p^2 = \boldsymbol{p}^\top \boldsymbol{p}$ ist. Die potentielle Energie eines Teilchens ist im Allgemeinen eine Funktion der Position $\boldsymbol{x}$ des Teilchens, d. h., es ist $V = V(\boldsymbol{x})$, also ist insgesamt

$$E = E_{kin} + V(\boldsymbol{x}) = \frac{p^2}{2m} + V(\boldsymbol{x}). \tag{11.13}$$

Wenn also ein Teilchen durch die Wellenfunktion $\psi = A^{i(\mathbf{k}^\top \mathbf{x} - \omega t)}$ dargestellt wird, dann erhält man für die Ableitung dieser Wellenfunktion nach der Zeit t:

$$\frac{\partial}{\partial t}\psi(t, \boldsymbol{x}) = -i\omega A^{i(\mathbf{k}^\top \mathbf{x} - \omega t)}0 - i\omega\,\psi(t, \boldsymbol{x}) = -i\left(\frac{E}{\hbar}\right)\psi(t, \boldsymbol{x}),$$

oder umgeformt,

$$\underline{\underline{i\hbar\frac{\partial}{\partial t}\psi(t, \boldsymbol{x}) = E\,\psi(t, \boldsymbol{x}).}} \tag{11.14}$$

Die Ableitung einer einfachen Welle, die nur von x abhängt, nach dieser Raumvariablen x ist

$$\frac{\partial}{\partial x}\psi(t, x) = ikA^{i(kx - \omega t)} = \left(\frac{ip}{\hbar}\right)\psi(t, x)$$

und

$$\frac{\partial^2}{\partial x^2}\psi(t, x) = -\left(\frac{p}{\hbar}\right)^2\psi(t, x).$$

Division dieser Gleichung durch $2m$ und Umordnung ergibt schließlich

$$\underline{\underline{-\frac{\hbar^2}{2m}\frac{\partial^2}{\partial x^2}\psi(t, x)}} = \frac{p^2}{2m}\psi(t, x) = \underline{\underline{E_{kin}\psi(t, x).}} \tag{11.15}$$

Setzt man jetzt $E = E_{kin} + V(x)$ in (11.14) ein, erhält man

$$i\hbar\frac{\partial}{\partial t}\psi(t,x) = (E_{kin} + V(x))\,\psi(t,x) = -\frac{\hbar^2}{2m}\frac{\partial^2}{\partial x^2}\psi(t,x) + V(x)\psi(t,x). \tag{11.16}$$

Im Allgemeinen ist der Wellenvorgang allerdings nicht nur von der x-Richtung, sondern auch von der y- und z-Richtung abhängig, also von dem Ortsvektor $\boldsymbol{x}$ des Teilchens. Differenziert man die Wellenfunktion (11.11) jetzt nach der Vektorkomponente x_ν ($x_1 = x, x_2 = y, x_3 = z$), erhält man

$$\frac{\partial}{\partial x_\nu}\psi(t,\boldsymbol{x}) = ik_\nu A^{i(\mathbf{k}^\mathsf{T}\mathbf{x}-\omega t)} = \left(\frac{ip_\nu}{\hbar}\right)\psi(t,\boldsymbol{x})$$

und

$$\frac{\partial^2}{\partial x_\nu^2}\psi(t,\boldsymbol{x}) = ik_\nu^2 A^{i(\mathbf{k}^\mathsf{T}\mathbf{x}-\omega t)} = \left(\frac{ip_\nu^2}{\hbar}\right)\psi(t,\boldsymbol{x}). \tag{11.17}$$

Dividiert man diese Gleichung wieder durch $2m$ und ordnet etwas um, erhält man

$$-\frac{\hbar^2}{2m}\frac{\partial^2}{\partial x_\nu^2}\psi(t,\boldsymbol{x}) = \frac{p_\nu^2}{2m}\psi(t,\boldsymbol{x}). \tag{11.18}$$

Nach Addition dieser drei Gleichungen für $\nu = 1$, $\nu = 2$ und $\nu = 3$ und Verwendung von

$$\Delta \overset{\text{def}}{=} \frac{\partial^2}{\partial x_1^2} + \frac{\partial^2}{\partial x_2^2} + \frac{\partial^2}{\partial x_3^2}$$

erhält man schließlich

$$-\frac{\hbar^2}{2m}Delta\psi(t,\boldsymbol{x}) = \frac{p^2}{2m}\psi(t,\boldsymbol{x}) = \underline{\underline{E_{kin}\psi(t,\boldsymbol{x})}}. \tag{11.19}$$

Setzt man $E = E_{kin} + V(t,\boldsymbol{x})$ in (11.14) ein, erhält man

$$i\hbar\frac{\partial}{\partial t}\psi(t,\boldsymbol{x}) = (E_{kin} + V(t,\boldsymbol{x})\psi(t,\boldsymbol{x}) = \left(-\frac{\hbar^2}{2m}\nabla^2 + V(\boldsymbol{x})\right)\psi(t,\boldsymbol{x}). \tag{11.20}$$

Führt man jetzt den *Hamilton*-Operator

$$H \overset{\text{def}}{=} -\frac{\hbar^2}{2m}Delta + V(\boldsymbol{x}) \tag{11.21}$$

ein, dann erhält man endgültig die *Schrödingersche Wellengleichung*

$$i\hbar\frac{\partial}{\partial t}\psi(t,\boldsymbol{x}) = H\psi(t,\boldsymbol{x}). \tag{11.22}$$

Beachte, dass wir diese Gleichung nur für die ebene Welle „hergeleitet“ haben. Mit anderen Worten: Wenn wir annehmen, dass einTeilchen die Wellenfunktion (11.11) hat, erfüllt sie die obige Gleichung. Daraus schloss Schrödinger, dass diese Gleichung für alle quantenmechanischen Wellenfunktionen gilt.

In der Schrödinger-Gleichung kommen die Wellenfunktion und der Hamilton-Operator vor. Im *Heisenberg–Bild* werden stattdessen Bewegungsgleichungen für die Operatoren selbst betrachtet. Die beiden Formulierungen sind mathematisch äquivalent, wie jetzt gezeigt werden soll.

11.4 Äquivalenz von Heisenberg- und Schrödinger-Bild

Die Schrödinger-Gleichung (11.22) ist eine lineare partielle Differentialgleichung, die durch Trennung der Variablen, d. h. durch den Ansatz

$$\psi(t,\boldsymbol{x}) = f(t)\cdot\varphi(\boldsymbol{x}) \tag{11.23}$$

gelöst werden kann. Setzt man (11.23) in (11.22) ein, erhält man

$$i\hbar\varphi(\boldsymbol{x})\frac{\mathrm{d}f(t)}{\mathrm{d}t} = \left[-\frac{\hbar^2}{2m}\Delta\varphi(\boldsymbol{x}) + V(\boldsymbol{x})\varphi(\boldsymbol{x})\right]f(t). \tag{11.24}$$

Diese Gleichung durch $f(t)\cdot\varphi(\boldsymbol{x})$ dividiert, ergibt

$$\frac{i\hbar\,\mathrm{d}f(t)/\mathrm{d}t}{f(t)} = \frac{-(\hbar^2/2m)(\Delta\varphi(\boldsymbol{x})) + V(\boldsymbol{x})\varphi(\boldsymbol{x})}{\varphi(\boldsymbol{x})}. \tag{11.25}$$

Da in dieser Gleichung die linke Seite nicht von $\boldsymbol{x}$ und die rechte Seite nicht von t abhängt, müssen beide Seiten gleich derselben Zahl sein, d. h., man kann setzen

$$i\hbar\frac{\mathrm{d}f(t)}{\mathrm{d}t} = E\,f(t) \tag{11.26}$$

und

$$-\frac{\hbar^2}{2m}\Delta\varphi(\boldsymbol{x}) + V(\boldsymbol{x})\varphi(\boldsymbol{x}) = H\,\varphi(\boldsymbol{x}) = E\,\varphi(\boldsymbol{x}). \qquad (11.27)$$

(11.26) beschreibt die zeitliche Entwicklung von $\psi(t, \boldsymbol{x})$ und (11.27) ist eine Eigenwertgleichung, allgemein als *zeitunabhängige* Schrödinger–Gleichung bezeichnet. Sie ist eine lineare, partielle Differentialgleichung zweiter Ordnung der Variablen $\boldsymbol{x}$. (11.26) ist dagegen eine lineare, gewöhnliche Differentialgleichung erster Ordnung, die leicht durch den Ansatz

$$f(t) = c\exp(-iE\,t/\hbar)$$

gelöst werden kann.

Sei H ein Operator und $\varphi(\boldsymbol{x})$ eine Funktion. Dann stellen in der Gleichung

$$H\,\varphi_\nu = h_\nu\varphi_\nu$$

die h_ν die Eigenwerte des Operators H und die Funktionen φ_ν die zu ihnen gehörigen Eigenfunktionen dar. Wird also auf eine Eigenfunktion der zugehörige Operator angewendet, so erhält man wieder die gleiche Funktion, nur multipliziert mit einer Konstanten, nämlich dem zugehörigen Eigenwert. Ist z. B. die eindimensionale, kräftefreie Bewegung eines Teilchens auf das Intervall [0, 1] der x-Achse beschränkt, dann genügt in diesem Intervall die Wellenfunktion $\varphi(x)$ der Schrödinger-Gleichung mit dem Hamilton-Operator

$$H = -\frac{\hbar^2}{2m}\frac{\partial^2}{\partial x^2}$$

und

$$\varphi_\nu(x) = \sqrt{2}\sin(\nu\pi x), \qquad (11.28)$$

wird

$$-\frac{\hbar^2}{2m}\frac{\partial^2}{\partial x^2}\sqrt{2}\sin(\nu\pi x) = \frac{\hbar^2}{2m}\sqrt{2}\sin(\nu\pi x),$$

also erhält man für $\nu = 1, 2, 3, \ldots$ die Eigenwerte

$$h_\nu = \frac{\nu^2\,\hbar^2}{2\,m}.$$

Für zwei verschiedene Eigenwerte h_i und h_j haben die zugehörigen Eigenfunktionen φ_i und φ_j die Eigenschaft

$$\int_0^1 \varphi_i^*(x)\varphi_j(x)dx = 0 \quad \text{für} \quad i \neq j, \qquad (11.29)$$

d. h., sie sind *orthogonal* zueinander, wie man leicht zeigen kann.

Man nennt $\varphi_i(x)$ *normiert*, wenn

$$\int_0^1 \varphi_i^*(x)\varphi_i(x)dx = \int_0^1 |\varphi_i(x)|^2 dx = 1 \tag{11.30}$$

ist. Für normierte Eigenfunktionen gilt also allgemein

$$\int_0^1 \varphi_i^*(x)\varphi_j(x)dx = \delta_{ij}. \tag{11.31}$$

Aus der Mathematik ist bekannt, dass jede stetige und stetig differenzierbare Funktion $f(x)$ durch eine Reihe mit diesen Eigenfunktionen darstellbar ist

$$f(x) = \sum_{\nu=1}^{\infty} a_\nu \sqrt{2}\sin(\nu\pi x), \tag{11.32}$$

und für die Koeffizienten a_ν dieser Reihenentwicklung gilt

$$a_\nu = \int_{-\infty}^{+\infty} \varphi_\nu^*(x) f(x)\mathrm{d}x. \tag{11.33}$$

Wir kommen jetzt zu dem eigentlichen Äquivalenzbeweis, der in enger Anlehnung an die Darstellung von Pasqual Jordan in [JO36] geführt wird.

Behauptung: Aus den normierten Eigenfunktionen φ_ν können die Komponenten $(\boldsymbol{X})_{\nu\mu}$ und $(\boldsymbol{P})_{\nu\mu}$ der Matrizen $\boldsymbol{X}$ und $\boldsymbol{P}$ der Heisenberg-Theorie wie folgt berechnet werden:

$$(\boldsymbol{X})_{\nu\mu} = \int_{-\infty}^{+\infty} \varphi_\nu^*(x) \cdot x \cdot \varphi_\mu(x)\mathrm{d}x \tag{11.34}$$

und

$$(\boldsymbol{P})_{\nu\mu} = \int_{-\infty}^{+\infty} \varphi_\nu^*(x) \cdot \frac{\hbar}{i} \frac{\mathrm{d}\varphi_\mu(x)}{\mathrm{d}x} \cdot \mathrm{d}x. \tag{11.35}$$

Wenn also ein Quantenproblem nach Schrödinger vollständig gelöst ist, hat man auch die Lösung des entsprechenden Matrizenmechanikproblems nach Heisenberg gefunden. Der Beweis wird in drei Schritten geführt.

1. Zunächst soll gezeigt werden, dass mit den so definierten Matrizen in der Tat die Vertauschungsrelation (3.15)

$$\boldsymbol{PX} - \boldsymbol{XP} = \frac{\hbar}{i}\boldsymbol{I} \tag{11.36}$$

gilt. Für die Elemente $(\boldsymbol{P}\boldsymbol{X})_{\nu\mu}$ des Matrizenprodukt $\boldsymbol{P}\boldsymbol{X}$ gilt nach (11.35)

$$(\boldsymbol{P}\boldsymbol{X})_{\nu\mu} = \sum_{\kappa} (\boldsymbol{P})_{\nu\kappa} (\boldsymbol{X})_{\kappa\mu} = \frac{\hbar}{i} \int_{-\infty}^{+\infty} \varphi_\nu^*(x) \frac{\mathrm{d}}{\mathrm{d}x} \sum_{\kappa} \varphi_\kappa(x) (\boldsymbol{X})_{\kappa\mu} \mathrm{d}x. \quad (11.37)$$

Nun ist aber die Funktion

$$f(x) \stackrel{\text{def}}{=} x \cdot \varphi_\mu(x)$$

wie in (11.32) und (11.33) nach den $\varphi_\kappa(x)$ entwickelbar

$$f(x) = x \cdot \varphi_\mu(x) = \sum_{\nu=1}^{\infty} a_\nu \varphi_\nu(x). \quad (11.38)$$

Für die a_ν gilt

$$a_\nu = \int_{-\infty}^{+\infty} \varphi_\nu^*(x) f(x) \mathrm{d}x = \int_{-\infty}^{+\infty} \varphi_\nu^*(x) x \cdot \varphi_\mu(x) \mathrm{d}x.$$

Dies in (11.38) eingesetzt, liefert

$$x \cdot \varphi_\mu(x) = \sum_{\nu=1}^{\infty} \varphi_\nu(x) \int_{-\infty}^{+\infty} \varphi_\nu^*(x) x \cdot \varphi_\mu(x) \mathrm{d}x \quad (11.39)$$

und mit (11.34) schließlich

$$x \cdot \varphi_\mu(x) = \sum_{\nu=1}^{\infty} \varphi_\nu(x) (\boldsymbol{X})_{\nu\mu}. \quad (11.40)$$

Also ist

$$(\boldsymbol{P}\boldsymbol{X})_{\nu\mu} = \frac{\hbar}{i} \int_{-\infty}^{+\infty} \varphi_\nu^*(x) \frac{\mathrm{d}}{\mathrm{d}x} x \cdot \varphi_\mu(x) \mathrm{d}x. \quad (11.41)$$

Für die Elemente $(\boldsymbol{X}\boldsymbol{P})_{\nu\mu}$ des Matrizenprodukt $\boldsymbol{X}\boldsymbol{P}$ gilt nach (11.34)

$$(\boldsymbol{X}\boldsymbol{P})_{\nu\mu} = \sum_{\kappa} (\boldsymbol{X})_{\nu\kappa} (\boldsymbol{P})_{\kappa\mu} = \frac{\hbar}{i} \int_{-\infty}^{+\infty} \varphi_\nu^*(x) x \sum_{\kappa} \varphi_\kappa(x) (\boldsymbol{P})_{\kappa\mu} \mathrm{d}x. \quad (11.42)$$

Hierzu benötigt man die Reihenentwicklung für die Funktion

$$g(x) \stackrel{\text{def}}{=} \frac{\hbar}{i} \frac{\mathrm{d}}{\mathrm{d}x} \varphi(x) = \frac{\hbar}{i} \sum_{\nu} b_\nu \varphi_\nu(x)$$

und mit

$$b_\nu = \sum_{\nu} \varphi_\nu(x) \int_{-\infty}^{+\infty} \varphi_\nu^*(x) \frac{\mathrm{d}}{\mathrm{d}x} \varphi(x) \mathrm{d}x$$

schließlich

$$g(x)=\frac{\hbar}{i}\frac{\mathrm{d}}{\mathrm{d}x}\varphi(x)=\frac{\hbar}{i}\sum_{\nu}\varphi_{\nu}(x)\int_{-\infty}^{+\infty}\varphi_{\nu}^{*}(x)\frac{\mathrm{d}}{\mathrm{d}x}\varphi(x)\mathrm{d}x=\frac{\hbar}{i}\sum_{\nu}\varphi_{\nu}(x)(\boldsymbol{P})_{\nu\mu}. \tag{11.43}$$

(11.43) in (11.42) eingesetzt, ergibt schließlich

$$(\boldsymbol{XP})_{\nu\mu}=\frac{\hbar}{i}\int_{-\infty}^{+\infty}\varphi_{\nu}^{*}(x)x\cdot\frac{\mathrm{d}}{\mathrm{d}x}\varphi_{\mu}(x)\mathrm{d}x. \tag{11.44}$$

(11.41) und (11.44) ergeben zusammen schließlich

$$(\boldsymbol{PX}-\boldsymbol{XP})_{\nu\mu}=\frac{\hbar}{i}\int_{-\infty}^{+\infty}\varphi_{\nu}^{*}(x)\left[\frac{\mathrm{d}}{\mathrm{d}x}x-x\cdot\frac{\mathrm{d}}{\mathrm{d}x}\right]\varphi_{\mu}(x)\mathrm{d}x=$$

$$=\frac{\hbar}{i}\int_{-\infty}^{+\infty}\varphi_{\nu}^{*}(x)\varphi_{\mu}(x)\mathrm{d}x=\frac{\hbar}{i}\,\delta_{\nu\mu},$$

womit die Vertauschungsrelation (11.36) aus den Wellenfunktionen berechnet wurde!

2. Jetzt soll gezeigt werden, dass mit den in (11.34) und (11.35) konstruierten Matrizen $\boldsymbol{X}$ und $\boldsymbol{P}$, auch für die in der Hamilton-Matrix $\boldsymbol{H}$ auftretenden Matrizen $\boldsymbol{U}(\boldsymbol{X})$ und $\boldsymbol{P}^2$

$$\boldsymbol{U}(\boldsymbol{X})_{\nu\mu}=\int_{-\infty}^{+\infty}\varphi_{\nu}^{*}(x)\cdot V(x)\cdot\varphi_{\mu}(x)\mathrm{d}x \tag{11.45}$$

und

$$(\boldsymbol{P}^2)_{\nu\mu}=\int_{-\infty}^{+\infty}\varphi_{\nu}^{*}(x)\cdot-\hbar^2\,\frac{\mathrm{d}^2\varphi_{\mu}(x)}{\mathrm{d}x^2}\,\mathrm{d}x. \tag{11.46}$$

Hierin ist $V(x)$ der Operator, der der Matrix $\boldsymbol{V}(\boldsymbol{X})$ entspricht. (11.46) kann man beweisen, indem man (11.35) und (11.43) verwendet

$$(\boldsymbol{P}^2)_{\nu\mu}=\sum_{\kappa}(\boldsymbol{P})_{\nu\kappa}(\boldsymbol{P})_{\kappa\mu}=\int_{-\infty}^{+\infty}\varphi_{\nu}^{*}(x)\frac{\hbar}{i}\frac{\mathrm{d}}{\mathrm{d}x}\sum_{\kappa}\varphi_{\kappa}(x)(\boldsymbol{P})_{\kappa\mu}$$

$$=\int_{-\infty}^{+\infty}\varphi_{\nu}^{*}(x)\left(\frac{\hbar}{i}\right)^2\frac{\mathrm{d}^2\varphi_{\mu}(x)}{\mathrm{d}x^2}\,\mathrm{d}x. \tag{11.47}$$

(11.45) soll bewiesen werden über den Nachweis, dass für eine Potenz $\boldsymbol{V}(\boldsymbol{X})=\boldsymbol{X}^r$ die Behauptung richtig ist, da sie dann auch für eine Potenzreihe $\boldsymbol{V}(\boldsymbol{X})=\sum_r c_r\boldsymbol{X}^r$, also für jedes $\boldsymbol{V}(\boldsymbol{X})$ richtig ist. Der Beweis wird durch vollständige

Induktion geführt: Wenn die Behauptung für $\boldsymbol{V}(\boldsymbol{X}) = \boldsymbol{X}^r$ richtig ist, ist sie auch für $\boldsymbol{V}(\boldsymbol{X}) = \boldsymbol{X}^{r+1}$ richtig. Denn es ist dann nach (11.34) und (11.40)

$$(\boldsymbol{X}^{r+1})_{\nu\mu} = \sum_\kappa (\boldsymbol{X}^r)_{\nu\kappa}(\boldsymbol{X})_{\kappa\mu}$$

$$= \int_{-\infty}^{+\infty} \varphi_\nu^*(x)x^r \sum_\kappa \varphi_\kappa(x)(\boldsymbol{X})_{\kappa\mu} \cdot \mathrm{d}x = \int_{-\infty}^{+\infty} \varphi_\nu^*(x)x^r \cdot x\varphi_\mu(x)\mathrm{d}\,x, \quad (11.48)$$

womit auch der Beweis für (11.45) geführt ist.

3. Jetzt ist noch zu zeigen, dass die nach (11.34) und (11.35) konstruierten Matrizen $\boldsymbol{X}$ und $\boldsymbol{P}$ sowohl die Vertauschungsrelation (11.36) erfüllen, als auch diese Eigenschaft

$$\boldsymbol{H}(\boldsymbol{P},\boldsymbol{X}) = \frac{1}{2m}\boldsymbol{P}^2 + \boldsymbol{V}(\boldsymbol{X}) = \text{Diagonalmatrix} \quad (11.49)$$

haben. Mit (11.45), (11.46) und (11.27) für $\varphi_\mu(x)$, wird

$$(\boldsymbol{H})_{\nu\mu} = \int_{-\infty}^{+\infty} \varphi_\nu^*(x)\left[\frac{-\hbar}{2m}\frac{\mathrm{d}^2}{\mathrm{d}x^2}\varphi_\mu(x) + V(x)\varphi_\mu(x)\right]\mathrm{d}x$$

$$= \int_{-\infty}^{+\infty} \varphi_\nu^*(x)E_\mu\varphi_\mu(x)\mathrm{d}x = E_\mu\delta_{\nu\mu}. \quad (11.50)$$

Die Eigenwerte der Hamilton-Matrix $\boldsymbol{H}(\boldsymbol{P},\boldsymbol{X})$ sind also gleich den Eigenwerten E_μ der Schrödinger-Gleichung!

11.5 Beispiel: Harmonischer Oszillator

Die Schrödingersche Eigenwertgleichung für den harmonischen Oszillator ist gemäß (11.10) und (11.27)

$$\left(-\frac{\hbar^2}{2m}\frac{\partial^2}{\partial x^2} + \frac{m\omega^2x^2}{2}\right)\varphi_\nu(x) = E_\nu\varphi_\nu(x). \quad (11.51)$$

Mit

$$q \stackrel{\text{def}}{=} x\sqrt{m\omega/\hbar} \quad (11.52)$$

wird daraus

$$\frac{\mathrm{d}^2\varphi_\nu(q)}{\mathrm{d}q^2} + \left(\frac{2E_\nu}{\hbar\omega} - q^2\right)\varphi_\nu(q) = 0. \quad (11.53)$$

Das ist eine nichtlineare gewöhnliche Differentialgleichung zweiter Ordnung, deren Lösung aus der Mathematik mittels hermitescher Polynome bekannt ist. Mit den hermiteschen Polynomen

$$H_\nu \stackrel{\text{def}}{=} (-1)^\nu e^{q^2} \frac{\mathrm{d}^\nu}{\mathrm{d}q^\nu} e^{-q^2}; \quad \nu = 0, 1, 2, \ldots \tag{11.54}$$

erhält man die normierten Eigenfunktionen von (11.53) zu

$$\varphi_\nu(q) = c_\nu e^{-q^2/2} H_\nu(q) = (2^\nu \nu! \sqrt{\pi})^{-1/2} e^{-q^2/2} H_\nu(q); \quad \nu = 0, 1, 2, \ldots. \tag{11.55}$$

und die Eigenwerte

$$\frac{2E_\nu}{\hbar\omega} = 2n + 1. \tag{11.56}$$

Dann erhalten wir aber die gleichen Energiewerte

$$E_\nu = \hbar\omega \left(\nu + \frac{1}{2} \right) \tag{11.57}$$

wie in Kap. 5 mit Hilfe der Matrizenmechanik!

11.6 Aufgaben

11.1 **Schrödinger's Katze:** Eine Katze ist in einer Stahlkammer angebunden, zusammen mit einer Maschine, die von der Katze nicht beeinflußt werden kann. Die Maschine enthält einen Geiger–Zähler mit einer kleinen Menge radioaktiver Substanz. Die Menge ist so klein, dass in der Tat innerhalb einer Stunde eines der Atome zerfällt, aber, mit der gleichen Wahrscheinlichkeit, nicht zerfällt. Wenn ein Atom zerfällt, löst der Geigerzähler einen Hammer aus, der eine kleine Flasche mit Zyankalie zertrümmert. Wenn man das ganze System sich selbst für eine Stunde überlässt, kann man vorhersagen, dass die Katze am Leben ist, wenn kein Atom zerfallen ist. Jedoch hätte ein einziger Atomzerfall die Katze vergiftet. Wie kann man dieses Experiment aus quantenmechanischer Sicht interpretieren?

11.2 **Kommutatoren:** Welches sind die Kommutatoren $[p, x]$, $[p, x^n]$, und $[p^n, x]$ für $p = \frac{\hbar}{i}\frac{\partial}{\partial x}$?

11.3 **Differentiation eines Operators:** Entwickle die Ableitungsregeln für Funktionen von Operatoren.

12 Relativistische Quantenmechanik

Die Grundlagen der Speziellen Relativitätstheorie werden zur Verfügung gestellt, gefolgt von Diracs Anwendung dieser Konzepte auf die Quantenmechanik.

12.1 Spezielle Relativitätstheorie

12.1.1 Vierdimensionale Raumzeit

Dirac schreibt in seinem Buch [DI25]:

Laßt uns jetzt versuchen, die Theorie invariant unter einer Lorentz–Transformation zu machen, so dass sie die Prinzipien der Speziellen Relativitätstheorie erfüllt. Das ist notwendig, wenn man die Theorie auf Teilchen mit hoher Geschwindigkeit anwenden will.

In diesem Abschnitt präsentieren wir die wichtigsten Ergebnisse der Speziellen Relativitätstheorie, wie sie z. B. in meinem Buch [LU20] dargestellt sind. Beachte, dass die Vektorkomponenten hier Zahlen sind und keine Matrizen.

Die Spezielle Relativitätstheorie basiert auf zwei Postulaten:

1. Die physikalischen Gesetze sind in allen Inertialsystemen die gleichen.
2. Die Lichtgeschwindigkeit c ist in allen Inertialsysteme konstant.

Ein Inertialsystem ist ein Koordinatensystem, in dem Newtons Gesetze gelten. In der Speziellen Relativitätstheorie spricht man von einem Ereigniss, wenn etwas zum Zeitpunkt t in den räumlichen Koordinaten

$$\boldsymbol{x} = \begin{pmatrix} x_1 \\ x_2 \\ x_3 \end{pmatrix}$$

G. Ludyk, *Quantenmechanik nur mit Matrizen*,
https://doi.org/10.1007/978-3-662-60882-1_12

geschieht. Mit Hilfe der Lichtgeschwindigkeit c wird die Zeit t in die Raumkoordinate ct transformiert. Raum und Zeit werden dann in dem vierdimensionalen Raumzeitvektor

$$\vec{\boldsymbol{x}} = \begin{pmatrix} ct \\ x_1 \\ x_2 \\ x_3 \end{pmatrix}$$

zusammengefasst. Eine Konsequenz des zweiten Postulats ist die Invarianz von Raumzeitintervallen. Wenn z. B. ein Lichtblitz im Koordinatenursprung im Zeitpunkt $t = 0$ gezündet wird, wird die kugelförmige Lichtausbreitung einige Zeit Δt beschrieben durch

$$c^2 \Delta t^2 = \Delta x_1^2 + \Delta x_2^2 + \Delta x_3^2 = \Delta \boldsymbol{x}^{\mathsf{T}} \Delta \boldsymbol{x},$$

oder

$$c^2 \Delta t^2 - \Delta \boldsymbol{x}^{\mathsf{T}} \Delta \boldsymbol{x} = 0. \tag{12.1}$$

Mt der *Minkowski-Matrix*

$$\boldsymbol{M} \stackrel{\text{def}}{=} \begin{pmatrix} 1 & 0 & 0 & 0 \\ 0 & -1 & 0 & 0 \\ 0 & 0 & -1 & 0 \\ 0 & 0 & 0 & -1 \end{pmatrix}$$

und dem Vektor

$$\Delta \vec{\boldsymbol{x}} = \begin{pmatrix} c\Delta t \\ \Delta x_1 \\ \Delta x_2 \\ \Delta x_3 \end{pmatrix},$$

kann das als quadratische Form geschrieben werden

$$\Delta \vec{\boldsymbol{x}}^{\mathsf{T}} \boldsymbol{M} \Delta \vec{\boldsymbol{x}} = 0.$$

Infolge des zweiten Postulats muss diese Gleichung auch für einen Beobachter in einem anderen Koordinatensystem mit den Koordinaten $\vec{\boldsymbol{x}}'$ gelten:

$$\Delta \vec{\boldsymbol{x}}'^{\mathsf{T}} \boldsymbol{M} \Delta \vec{\boldsymbol{x}}' = 0.$$

Daraus folgt

$$\Delta \vec{\boldsymbol{x}}^{\mathsf{T}} \boldsymbol{M} \Delta \vec{\boldsymbol{x}} = \Delta \vec{\boldsymbol{x}}'^{\mathsf{T}} \boldsymbol{M} \Delta \vec{\boldsymbol{x}}'.$$

12.1.2 Lorentz-Transformation

Wenn ein Inertialsystem mit den Koordinaten $\vec{x}'$ sich bezüglich einem anderen Inertialsystem $\vec{x}$ mit der konstanten Geschwindigkeit $\boldsymbol{v}$ bewegt, dann sind die beiden Koordinatensysteme über die Lorentz-Transformation verbunden [LU20]:

$$\boldsymbol{L}(\boldsymbol{v}) \stackrel{\text{def}}{=} \left(\begin{array}{c|c} \gamma & -\frac{\gamma}{c}\,\boldsymbol{v}^{\mathsf{T}} \\ \hline -\frac{\gamma}{c}\,\boldsymbol{v} & \boldsymbol{I} + (\gamma - 1)\frac{\boldsymbol{v}\,\boldsymbol{v}^{\mathsf{T}}}{v^2} \end{array}\right). \tag{12.2}$$

Der Faktor γ hat den Wert

$$\gamma = (1 - v^2/c^2)^{-1/2}.$$

Die Transformation ist dann gegeben durch

$$\vec{x}' = \boldsymbol{L}(\boldsymbol{v})\vec{x}.$$

Komponentenweise ist das

$$c\,t' = \gamma\,c\,t - \frac{\gamma}{c}\,\boldsymbol{v}^{\mathsf{T}}\boldsymbol{x},$$

und

$$\boldsymbol{x}' = \boldsymbol{x} + (\gamma - 1)\frac{\boldsymbol{v}^{\mathsf{T}}\boldsymbol{x}}{v^2}\,\boldsymbol{v} - \gamma\,\boldsymbol{v}\,t. \tag{12.3}$$

Hierbei sind die Koordinatenachsen beider Systeme parallel.

12.1.3 Lorentz-Transformation der Geschwindigkeit

Wenn wir den vierdimensionalen Geschwindigkeitsvektor so definieren

$$\vec{\boldsymbol{u}} \stackrel{\text{def}}{=} \gamma_u \begin{pmatrix} c \\ \boldsymbol{u} \end{pmatrix} \tag{12.4}$$

mit

$$\gamma_u \stackrel{\text{def}}{=} \frac{1}{\sqrt{1 - \frac{u^2}{c^2}}},$$

ist der Lorentztransformierte Geschwindigkeitsvektor $\vec{\boldsymbol{u}}'$ gleich

$$\vec{\boldsymbol{u}}' = \boldsymbol{L}\,\vec{\boldsymbol{u}}, \tag{12.5}$$

mit

$$\vec{\boldsymbol{u}}' = \gamma_{u'} \begin{pmatrix} c \\ \boldsymbol{u}' \end{pmatrix}.$$

Da ein solcher Geschwindigkeitsvektor $\vec{u}$ in jedem Inertialsystem gleich aussieht, ist er viel geeigneter für die Formulierung physikalischer Gesetze. Die quadratische Form für diese Geschwindigkeit ist gegeben durch

$$\vec{u}^{\mathsf{T}} M \vec{u} = \gamma_u^2 c^2 - \gamma_u^2 u^{\mathsf{T}} u = \frac{c^4}{c^2 - u^2} - \frac{c^2 u^2}{c^2 - u^2} = c^2 \tag{12.6}$$

und ist invariant bezüglich einer Lorentz-Transformation, da $\vec{u}'^{\mathsf{T}} M \vec{u}' = c^2$ genauso gilt.

12.1.4 Lorentz-Transformation von Impulsen

Multipiziert man (12.5), mit der Ruhemasse m_0, erhält man

$$\begin{pmatrix} m_0 \gamma_{u'} c \\ m_0 \gamma_{u'} u' \end{pmatrix} = L \begin{pmatrix} m_0 \gamma_u c \\ m_0 \gamma_u u \end{pmatrix}. \tag{12.7}$$

Wir definieren den Impuls wie üblich

$$p \overset{\text{def}}{=} m_0 \gamma_u u = m_u u = m_u \frac{\mathrm{d}x}{\mathrm{d}t}, \tag{12.8}$$

wobei

$$m_u \overset{\text{def}}{=} m_0 \gamma_u = \frac{m_0}{\sqrt{1 - \frac{u^2}{c^2}}}.$$

Der vierdimensionale Impulsvektor

$$\vec{p} \overset{\text{def}}{=} \begin{pmatrix} m_u c \\ p \end{pmatrix} = m_0 \vec{u} = m_0 \gamma_u \begin{pmatrix} c \\ u \end{pmatrix} \tag{12.9}$$

transformiert sich nach (12.7) so

$$\vec{p}' = L \vec{p}. \tag{12.10}$$

Auch die quadratische Form mit dem Impulsvektor

$$\vec{p}^{\mathsf{T}} M \vec{p} = m_0^2 \vec{u}^{\mathsf{T}} M \vec{u} = m_0^2 c^2 \tag{12.11}$$

ist invariant bezüglich einer Lorentz-Transformation, da auch gilt

$$\vec{p}'^{\mathsf{T}} M \vec{p}' = m_0^2 c^2.$$

12.1.5 Bewegungsgleichung und Kraft

Auch die relativistische Bewegungsgleichung eines Teilchens muss Lorentzinvariant sein. Zusätzlich muss Newtons Bewegungsgleichung in dem Inertialsystem für das betrachtete Teilchen erfüllt sein:

$$m_0 \frac{\mathrm{d}\boldsymbol{u}}{\mathrm{d}t} = \boldsymbol{f} \in \mathbb{R}^3. \tag{12.12}$$

Sei das betrachtete Inertialsystem $\mathcal{X}$. Weiter wird angenommen, dass $\mathcal{X}'$ ein Inertialsystem ist, das sich relativ zu $\mathcal{X}$ mit der konstanten Geschwindigkeit $\boldsymbol{u}(t_0)$ bewegt. Dann ruht das Teilchen momentan im Zeitpunkt $t = t_0$ in $\mathcal{X}'$. Beachte, dass die Bewegungsgleichung (12.12) gilt für einen Zeitpunkt und seine Umgebung. Für die Umgebung $t = t_0 \pm \mathrm{d}t$, ist die Geschwindigkeit in $\mathcal{X}'$ beliebig klein. Für Geschwindigkeiten $v \ll c$, gilt (12.12), also gilt in $\mathcal{X}'$

$$m_0 \frac{\mathrm{d}\boldsymbol{u}'}{\mathrm{d}t'} = \boldsymbol{f}' \in \mathbb{R}^3 \tag{12.13}$$

exakt. m_0 ist die Ruhemasse und $\boldsymbol{f}'$ ist die dreidimensionale Kraft in $\mathcal{X}'$. Aus (12.13) erhalten wir die relativistische Bewegungsgleichung in einem beliebigen Bezugsrahmen!

Erweitern wir den Vektor $\boldsymbol{f}'$ in (12.13) zu einem vierdimensionalen Vektor und nennen das Ergebnis $\vec{\boldsymbol{f}}'$, erhalten wir

$$m_0 \frac{\mathrm{d}}{\mathrm{d}t'} \begin{pmatrix} c \\ \boldsymbol{u}' \end{pmatrix} = \begin{pmatrix} 0 \\ \boldsymbol{f}' \end{pmatrix} \stackrel{\text{def}}{=} \vec{\boldsymbol{f}}'. \tag{12.14}$$

Beachte, dass $\vec{\boldsymbol{f}}'$ für das Ruhesystem $\mathcal{X}'$ definiert ist. In dem Inertialsystem $\mathcal{X}$ (in dem sich das Teilchen mit der Geschwindigkeit $\boldsymbol{u}$ bewegt), wird $\vec{\boldsymbol{f}}$ durch eine Lorentz-Transformation $\boldsymbol{L}(-\boldsymbol{u})$ erhalten:

$$\vec{\boldsymbol{f}} = \boldsymbol{L}(-\boldsymbol{u}) \begin{pmatrix} 0 \\ \boldsymbol{f}' \end{pmatrix} = \begin{pmatrix} \frac{\gamma_u}{c} \boldsymbol{u}^\top \boldsymbol{f}' \\ \boldsymbol{A}(\boldsymbol{u}) \boldsymbol{f}' \end{pmatrix} \stackrel{\text{def}}{=} \begin{pmatrix} f_0 \\ \boldsymbol{f} \end{pmatrix}. \tag{12.15}$$

$$\boldsymbol{A}(\boldsymbol{u}) \stackrel{\text{def}}{=} \boldsymbol{I} + (\gamma_u - 1) \frac{\boldsymbol{u}\boldsymbol{u}^\top}{u^2}$$

ist der bekannte Teil der Lorentz-Matrix. Schließlich hat die Gleichung

$$m_0 \gamma \frac{\mathrm{d}}{\mathrm{d}t} \begin{pmatrix} \gamma c \\ \gamma \boldsymbol{u} \end{pmatrix} = \begin{pmatrix} f_0 \\ \boldsymbol{f} \end{pmatrix},$$

d. h.

$$m_0 \vec{\boldsymbol{a}} = \vec{\boldsymbol{f}}, \tag{12.16}$$

alle die Eigenschaften, die wir brauchen, dass nämlich die vierdimensionalen Vektoren $\vec{a}$ und $\vec{f}$ Lorentz-invariant sind und dass die Gleichung sich in Newtons Bewegungsgleichung in dem Ruhesystems des Teilchens ändert:

$$m_0 \begin{pmatrix} 0 \\ \frac{\mathrm{d}\boldsymbol{u}'}{\mathrm{d}t'} \end{pmatrix} = \begin{pmatrix} 0 \\ \boldsymbol{f}' \end{pmatrix}.$$

Für die letzten drei Komponenten der Bewegungsgleichung (12.16), erhalten wir

$$\frac{\mathrm{d}(m_u \boldsymbol{u})}{\mathrm{d}t} = \frac{1}{\gamma_u} \boldsymbol{f}, \tag{12.17}$$

mit der geschwindigkeitsabhängigen Masse

$$m_u \stackrel{\text{def}}{=} \gamma_u m_0. \tag{12.18}$$

In der Relativitätstheorie wird die Zeitableitung des Impulses $m_u\, \boldsymbol{u}$ auch als Kraft interpretiert. Gemäß (12.15) und (12.16) sind die Komponenten f_i der relativistischen Bewegungsgleichung

$$\underline{\underline{f_0 = \gamma_u \frac{\mathrm{d}}{\mathrm{d}t}(m_u\, c) = \frac{\gamma_u}{c} \boldsymbol{u}^{\mathsf{T}} \boldsymbol{f}'}} \tag{12.19}$$

und

$$\underline{\underline{\boldsymbol{f} = \gamma_u \frac{\mathrm{d}}{\mathrm{d}t}(m_u\, \boldsymbol{u}) = \boldsymbol{A}(\boldsymbol{u}) \boldsymbol{f}'.}} \tag{12.20}$$

12.1.6 Energie und Ruhemasse

Wenn man (12.19) mit c/γ_u multipliziert, erhält man

$$\frac{\mathrm{d}}{\mathrm{d}t}(m_u c^2) = \boldsymbol{u}^{\mathsf{T}} \boldsymbol{f}, \tag{12.21}$$

wobei $\boldsymbol{u}^{\mathsf{T}} \boldsymbol{f}$ die augenblickliche Kraft ist, d. h., die Arbeit pro Zeiteinheit vervollständigt durch die Kraft $\boldsymbol{f}$. Deshalb muss die linke Seite von (12.21) die zeitliche Änderung der Energie sein. Daraus folgt, dass $m_u c^2 = \gamma_u m_0 c^2$ eine Energie ist. Für die relativistische Energie erhält man die Formel

$$E = m_u c^2. \tag{12.22}$$

Für $\boldsymbol{u} = \boldsymbol{0}$ (d. h., das Teilchen ruht), finden wir $\gamma_u = 1$ und deshalb

$$\underline{\underline{E_0 = m_0 c^2.}} \tag{12.23}$$

Das ist Einsteins berühmte Formel für die „Ruhemasse".

Der vierdimensionale Impulsvektor $\vec{\boldsymbol{p}}$ kann nun als Kombination aus Energie und Impuls betrachtet werden:

$$\vec{\boldsymbol{p}} = \begin{pmatrix} E/c \\ \boldsymbol{p} \end{pmatrix}. \tag{12.24}$$

Die quadratische Form (12.11),

$$\vec{\boldsymbol{p}}^{\mathsf{T}} \boldsymbol{M} \vec{\boldsymbol{p}} = m_0^2 c^2,$$

ist jetzt

$$\vec{\boldsymbol{p}}^{\mathsf{T}} \boldsymbol{M} \vec{\boldsymbol{p}} = \left(E/c, \boldsymbol{p}^{\mathsf{T}}\right) \begin{pmatrix} E/c \\ -\boldsymbol{p} \end{pmatrix} = E^2/c^2 - p^2 = m_0^2 c^2,$$

d. h., Einsteins relativistische Energie-Impuls-Beziehung

$$\underline{\underline{E^2 = p^2 c^2 + m_0^2 c^4.}} \tag{12.25}$$

12.2 Die Dirac-Gleichung

12.2.1 Die Wellengleichung für ein freies Teilchen

In der klassischen Mechanik hat ein bewegtes Teilchen die Energie

$$E = \frac{p^2}{2m}, \tag{12.26}$$

wobei

$$p^2 = \boldsymbol{p}^{\mathsf{T}} \boldsymbol{p}, \quad \boldsymbol{p} \in \mathbb{R}^3.$$

Andererseits haben wir in Abschn. 11.3 gesehen, dass (12.26) in die Schrödinger-Gleichung

$$i\hbar \frac{\partial}{\partial t} \psi(t, \boldsymbol{x}) = -\frac{\hbar^2}{2m} \nabla^2 \psi(t, \boldsymbol{x}) \tag{12.27}$$

transformiert wird für die Wellenfunktion $\psi(t, \boldsymbol{x})$. Da die zeitlichen und räumlichen Ableitungen in verschiedener Ordnung auftreten, kann die Schrödinger-Gleichung nicht invariant unter einer Lorentz-Transformation sein. Vielmehr ändert sich seine Stuktur beim Übergang von einem Inertialsystem in das andere. Die Schrödinger-Gleichung ist eine nichtrelativistische Näherung der relativistischen Gleichung für kleine Geschwindigkeiten.

Lasst uns trotzdem die beiden Beziehungen (Einsetzungen)

$$E \to i\hbar \frac{\partial}{\partial t} \quad \text{and} \quad \boldsymbol{p} \to -i\hbar \nabla \tag{12.28}$$

die (12.26) in (12.27) transformieren. Wenn wir jetzt ein relativistisches Quantenteilchen betrachten und den gleichen Zusammenhang (12.25) in der Energie-Impuls-Beziehung annehmen, erhalten wir die Klein-Gordon-Gleichung

$$\left(\frac{1}{c^2}\frac{\partial^2}{\partial t^2} - \nabla^2\right)\psi(t, \boldsymbol{x}) = \frac{m_0^2 c^2}{\hbar^2}\psi(t, \boldsymbol{x}). \tag{12.29}$$

Die Hamilton-Funktion erhält man aus der Beziehung (12.25) zu

$$E = H = \pm\sqrt{p^2c^2 + m_0^2 c^4}, \tag{12.30}$$

wobei m_0 die Ruhemasse des sich bewegenden Teilchens ist. Jedoch ergibt das Minuszeichen ein Problem! Was ist eine negative Energie? Am Ende dieses Kapitels werden wir mehr erfahren über Diracs Interpretation dieser negativen Energie. Auch die Klein-Gordon-Gleichung kann negative Wahrscheinlichkeitsdichten enthalten!

Wir betrachten zuerst ein anderes Problem, nämlich, wie man die „Quadratwurzel eines Operators“ berechnet. Dirac machte den genialen Ansatz

$$\sqrt{p^2c^2 + m_0^2 c^4} = c\left(\alpha_1 p_1 + \alpha_2 p_2 + \alpha_3 p_3 + \beta m_0 c\right). \tag{12.31}$$

Quadriert man diesen Ansatz, erhält man

$$\begin{aligned} p^2c^2 + m_0^2c^4 &= c^2\left(\alpha_1 p_1 + \alpha_2 p_2 + \alpha_3 p_3 + \beta m_0 c\right)^2 \\ &= c^2\left(\alpha_1^2 p_1^2 + \alpha_2^2 p_2^2 + \alpha_3^2 p_3^2 + \beta^2 m_0^2 c^2\right. \\ &\quad + \alpha_1\alpha_2 p_1 p_2 + \alpha_1\alpha_3 p_1 p_3 + \alpha_2\alpha_3 p_2 p_3 \\ &\quad + \alpha_2\alpha_1 p_2 p_1 + \alpha_3\alpha_1 p_3 p_1 + \alpha_3\alpha_2 p_3 p_2 \\ &\quad + \alpha_1 p_1 \beta m_0 c + \alpha_2 p_2 \beta m_0 c + \alpha_3 p_3 \beta m_0 c \\ &\quad \left. + \beta m_0 c \alpha_1 p_1 + \beta m_0 c \alpha_2 p_2 + \beta m_0 c \alpha_3 p_3\right). \end{aligned} \tag{12.32}$$

Unter welchen Bedingungen für die $\alpha's$ und β ist (12.32) erfüllt? Die Bedingungen sind

$$\alpha_1^2 = \alpha_2^2 = \alpha_3^2 = \beta^2 = 1, \tag{12.33}$$

$$\alpha_1\alpha_2 + \alpha_2\alpha_1 = \alpha_1\alpha_3 + \alpha_3\alpha_1 = \alpha_2\alpha_3 + \alpha_3\alpha_2 = 0, \tag{12.34}$$

$$\alpha_1\beta + \beta\alpha_1 = \alpha_2\beta + \beta\alpha_2 = \alpha_3\beta + \beta\alpha_3 = 0. \tag{12.35}$$

Mit anderen Worten: Die α’s sind alle antikommutativ miteinander und mit β, und ihr Quadrat ist eins. Diese Eigenschaften der $\alpha's$ und β zeigt, dass sie gerade nicht reelle oder komplexe Zahlen sind. Wir erinnern uns jetzt daran, dass die Pauli-2×2-Matrizen ähnliche Bedingungen erfüllen! Deshalb nehmen wir an: Die $\boldsymbol{\alpha}$ und $\boldsymbol{\beta}$ sind $n \times n$-Matrizen[1], wobei n anfänglich unbekannt ist. Wir erhalten für die Energie

$$E = \pm c\,(\boldsymbol{\alpha}_1 p_1 + \boldsymbol{\alpha}_2 p_2 + \boldsymbol{\alpha}_3 p_3 + \boldsymbol{\beta} m_0 c)\,. \tag{12.36}$$

Da das Quadrat von allen Matrizen gleich der Einheitsmatrix ist, müssen alle Eigenwerte gleich ± 1 sein. Ebenfalls erinnern wir uns, dass die Summe aller Diagonalelemente einer Matrix gleich der Summe der Eigenwerte sein muss. Nun ist jedoch

$$\boldsymbol{\alpha}_i = \boldsymbol{\alpha}_i \boldsymbol{\beta}^2 = \boldsymbol{\alpha\beta\beta} = -\boldsymbol{\beta\alpha\beta},$$

und deshalb

$$\text{Spur}\,\boldsymbol{\alpha}_i = \text{Spur}(-\boldsymbol{\beta\alpha}_i\boldsymbol{\beta}) = -\text{Spur}(\boldsymbol{\alpha}_i\boldsymbol{\beta}^2) = -\text{Spur}\,\boldsymbol{\alpha}_i\,. \tag{12.37}$$

Die Spuroperation ist also zyklisch, d. h., es ist

$$\text{Spur}(\boldsymbol{\alpha\beta\gamma}) = \text{Spur}(\boldsymbol{\beta\gamma\alpha}).$$

Ebenso verwendeten wir die Tatsache, dass

$$\text{Spur}(a\,\boldsymbol{\alpha}) = a\,\text{Spur}(\boldsymbol{\alpha}),\, a \in \mathbb{C}.$$

(12.37) kann nur dann gelten, wenn $\text{Spur}\,\boldsymbol{\alpha}_i = 0$ ist, was nur möglich ist, wenn die Zahl der $+1$ Eigenwerte gleich der Zahl der Eigenwerte -1 ist. Also muss n eine gerade Zahl sein! Wie können wir jetzt von den Pauli-Matrizen

$$\boldsymbol{\sigma}_1 = \begin{pmatrix} 0 & 1 \\ 1 & 0 \end{pmatrix}, \boldsymbol{\sigma}_2 = \begin{pmatrix} 0 & -i \\ i & 0 \end{pmatrix} \quad \text{and} \quad \boldsymbol{\sigma}_3 = \begin{pmatrix} 1 & 0 \\ 0 & -1 \end{pmatrix}$$

Gebrauch machen, um eine Lösung für unser Problem zu finden? Angenommen, man findet eine vierte Matrix, die antikommutativ zu den drei anderen ist. Das ist unmöglich! Gehen jetzt zu der nächsten geraden Zahl über, nämlich zu $n = 4$. Wir suchen jetzt also 4×4-Matrizen, die die Bedingungen (12.33) bis (12.35) erfüllen! Eine Möglichkeit für die $\boldsymbol{\alpha}'s$ und $\boldsymbol{\beta}$ sind die vier sogenannten *Dirac-Matrizen:*

$$\boldsymbol{\alpha}_1 = \boldsymbol{\sigma}_1 \otimes \boldsymbol{\sigma}_1 = \begin{pmatrix} \mathbf{0} & \boldsymbol{\sigma}_1 \\ \boldsymbol{\sigma}_1 & \mathbf{0} \end{pmatrix} = \begin{pmatrix} 0&0&0&1 \\ 0&0&1&0 \\ 0&1&0&0 \\ 1&0&0&0 \end{pmatrix}, \tag{12.38}$$

[1] Beschrieben jetzt durch fette Buchstaben.

$$\boldsymbol{\alpha}_2 = \boldsymbol{\sigma}_1 \otimes \boldsymbol{\sigma}_2 = \begin{pmatrix} \mathbf{0} & \boldsymbol{\sigma}_2 \\ \boldsymbol{\sigma}_2 & \mathbf{0} \end{pmatrix} = \begin{pmatrix} 0 & 0 & 0 & -i \\ 0 & 0 & i & 0 \\ 0 & -i & 0 & 0 \\ i & 0 & 0 & 0 \end{pmatrix}, \tag{12.39}$$

$$\boldsymbol{\alpha}_3 = \boldsymbol{\sigma}_1 \otimes \boldsymbol{\sigma}_3 = \begin{pmatrix} \mathbf{0} & \boldsymbol{\sigma}_3 \\ \boldsymbol{\sigma}_3 & \mathbf{0} \end{pmatrix} = \begin{pmatrix} 0 & 0 & 1 & 0 \\ 0 & 0 & 0 & -1 \\ 1 & 0 & 0 & 0 \\ 0 & -1 & 0 & 0 \end{pmatrix}, \tag{12.40}$$

$$\boldsymbol{\beta} = \boldsymbol{\sigma}_3 \otimes \boldsymbol{I}_2 = \begin{pmatrix} \boldsymbol{I}_2 & \mathbf{0} \\ \mathbf{0} & -\boldsymbol{I}_2 \end{pmatrix} = \begin{pmatrix} 1 & 0 & 0 & 0 \\ 0 & 1 & 0 & 0 \\ 0 & 0 & -1 & 0 \\ 0 & 0 & 0 & -1 \end{pmatrix}. \tag{12.41}$$

Wenn wir (12.36) als die Hamilton-Funktion der bekannten Beziehung

$$E = i\hbar \frac{\partial}{\partial t} \boldsymbol{\psi}(\boldsymbol{x}, t)$$

ansehen, erhalten wir die *Dirac-Gleichung*

$$i\hbar \frac{\partial}{\partial t} \boldsymbol{\psi}(\boldsymbol{x}, t) = c\,(\boldsymbol{\alpha}_1 p_1 + \boldsymbol{\alpha}_2 p_2 + \boldsymbol{\alpha}_3 p_3 + \boldsymbol{\beta} m_0 c)\,\boldsymbol{\psi}(\boldsymbol{x}, t). \tag{12.42}$$

Da die Matrizen $\boldsymbol{\alpha}_i$ und $\boldsymbol{\beta}$ 4×4-Matrizen sind, muss die Dirac-Wellenfunktion ein vierdimensionaler Vektor sein, der *Dirac-Spinor:*

$$\boldsymbol{\psi}(\boldsymbol{x}, t) = \begin{pmatrix} \psi_1 \\ \psi_2 \\ \psi_3 \\ \psi_4 \end{pmatrix}.$$

12.2.2 Invariante Form der Dirac-Gleichung

Multipliziert man die Dirac-Gleichung (12.42) von links mit der Matrix $\boldsymbol{\beta}$, erhält man mit $\boldsymbol{\beta}\boldsymbol{\beta} = \boldsymbol{I}_4$

$$i\hbar\boldsymbol{\beta} \frac{\partial}{\partial t} \boldsymbol{\psi}(\boldsymbol{x}, t) = c\,(\boldsymbol{\beta}\boldsymbol{\alpha}_1 p_1 + \boldsymbol{\beta}\boldsymbol{\alpha}_2 p_2 + \boldsymbol{\beta}\boldsymbol{\alpha}_3 p_3 + m_0 c \boldsymbol{I}_4)\,\boldsymbol{\psi}(\boldsymbol{x}, t). \tag{12.43}$$

Wenn wir die alternativen Dirac-Matrizen

$$\boldsymbol{\gamma}_0 \overset{\text{def}}{=} \boldsymbol{\beta} \quad \text{und} \quad \boldsymbol{\gamma}_j \overset{\text{def}}{=} \boldsymbol{\beta}\boldsymbol{\alpha}_j \quad (j = 1, 2, 3), \tag{12.44}$$

definieren, sieht die Dirac–Gleichung so aus

$$i\hbar\frac{\partial}{\partial t}\boldsymbol{\gamma}_0\boldsymbol{\psi}(\boldsymbol{x},t) = c\left(\boldsymbol{\gamma}_1 p_1 + \boldsymbol{\gamma}_2 p_2 + \boldsymbol{\gamma}_3 p_3 + m_0 c \boldsymbol{I}_4\right)\boldsymbol{\psi}(\boldsymbol{x},t). \tag{12.45}$$

Wenn wir $p_i \stackrel{\text{def}}{=} -i\hbar\frac{\partial}{\partial x_i}$ und $x_0 = c\,t$ setzen, erhalten wir die Gleichung

$$\left(i\hbar\sum_{i=0}^{3}\boldsymbol{\gamma}_i\frac{\partial}{\partial x_i} - m_0\boldsymbol{I}_4\right)\boldsymbol{\psi}(\boldsymbol{x},t) = \boldsymbol{0}. \tag{12.46}$$

Einen detaillierten Beweis der Invarianz der Dirac-Gleichung bezüglich einer Lorntz-Transformation, kann man z. B. in Klaus Schultens *Notes on Quantum Mechanics* (University of Illinois) finden.

12.2.3 Lösung der Dirac-Gleichung

Die Dirac-Gleichung ist ein System von vier linearen Differntialgleichunen. Als Ansatz versuchen wir es mit den vier Wellenfunktionen

$$\boldsymbol{\psi} = \boldsymbol{\theta}\,\exp\left(i(\boldsymbol{p}^{\mathsf{T}}\boldsymbol{x}/\hbar - \omega t)\right) \tag{12.47}$$

als Eigenfunktionen von Energie und Impuls mit den Eigenwerten $E = \hbar\omega$, p_1, p_2 und p_3. Wenn wir diesen Ansatz (12.47) in die Dirac-Gleichungg (12.42) einsetzen, erhalten wir die algebraische Gleichung

$$E\boldsymbol{\theta} = c\,(\boldsymbol{\alpha}_1 p_1 + \boldsymbol{\alpha}_2 p_2 + \boldsymbol{\alpha}_3 p_3 + \boldsymbol{\beta} m_0 c)\,\boldsymbol{\theta}. \tag{12.48}$$

Wegen der Blockstruktur der $\boldsymbol{\alpha}$-Matrizen und von $\boldsymbol{\beta}$, ist es sinnvoll, den Dirac-Spinor $\boldsymbol{\psi}$ in zwei zweidimensionale Dirac-Spinore $\boldsymbol{\chi}$ und $\boldsymbol{\eta}$ aufzuteilen:

$$\boldsymbol{\psi}(\boldsymbol{x},t) = \begin{pmatrix}\boldsymbol{\chi}\\ \boldsymbol{\eta}\end{pmatrix} = \begin{pmatrix}\psi_1\\ \psi_2\\ \hline \psi_3\\ \psi_4\end{pmatrix}. \tag{12.49}$$

In der Lösung (12.47), unterteilen wir ähnlich den Vektor

$$\boldsymbol{\theta} = \begin{pmatrix}\boldsymbol{\xi}\\ \boldsymbol{\zeta}\end{pmatrix} = \begin{pmatrix}\theta_1\\ \theta_2\\ \hline \theta_3\\ \theta_4\end{pmatrix}. \tag{12.50}$$

Außerdem führen wir die Schrebweise ein

$$\boldsymbol{\sigma}\cdot\bar{\boldsymbol{p}} \stackrel{\text{def}}{=} \boldsymbol{\sigma_1}\bar{p}_1+\boldsymbol{\sigma_2}\bar{p}_2+\boldsymbol{\sigma_3}\bar{p}_3. \tag{12.51}$$

Die algebraische Dirac-Gleichung (12.48) lautet jetzt

$$E\begin{pmatrix}\boldsymbol{\xi}\\ \boldsymbol{\zeta}\end{pmatrix}=c\begin{pmatrix}\mathbf{0} & \boldsymbol{\sigma}\cdot\bar{\boldsymbol{p}}\\ \boldsymbol{\sigma}\cdot\bar{\boldsymbol{p}} & \mathbf{0}\end{pmatrix}\begin{pmatrix}\boldsymbol{\xi}\\ \boldsymbol{\zeta}\end{pmatrix}+m_0c^2\begin{pmatrix}\boldsymbol{I}_2 & \mathbf{0}\\ \mathbf{0} & -\boldsymbol{I}_2\end{pmatrix}\begin{pmatrix}\boldsymbol{\xi}\\ \boldsymbol{\zeta}\end{pmatrix}. \tag{12.52}$$

Eine Umordnung ergibt

$$(E-m_0c^2)\,\boldsymbol{\xi}=c(\boldsymbol{\sigma}\cdot\bar{\boldsymbol{p}})\,\boldsymbol{\zeta}, \tag{12.53}$$

$$(E+m_0c^2)\,\boldsymbol{\zeta}=c(\boldsymbol{\sigma}\cdot\bar{\boldsymbol{p}})\,\boldsymbol{\xi}. \tag{12.54}$$

Wenn wir jetzt (12.53) mit $(E+m_0c^2)$ multiplizieren und (12.54) einsetzen, erhalten wir

$$(E^2-m_0^2c^4)\,\boldsymbol{\xi}=c^2(\boldsymbol{\sigma}\cdot\bar{\boldsymbol{p}})^2\boldsymbol{\xi}. \tag{12.55}$$

Für das Produkt $\boldsymbol{\sigma}\cdot\bar{\boldsymbol{p}}$, können wir zeigen, dass

$$(\boldsymbol{\sigma}\cdot\bar{\boldsymbol{p}})^2=p^2, \tag{12.56}$$

ist, das bringt uns zu der bekannten Bedingung

$$E^2=m_0^2c^4+c^2p^2 \tag{12.57}$$

zurück. Mit den Definitionen

$$p_+ \stackrel{\text{def}}{=} p_1+ip_2 \quad \text{und} \quad p_- \stackrel{\text{def}}{=} p_1-ip_2, \tag{12.58}$$

wird aus (12.53) und (12.54)

$$(E-m_0c^2)\theta_1=c(p_3\theta_3+p_-\theta_4),$$

$$(E-m_0c^2)\theta_2=c(p_+\theta_3+p_3\theta_4),$$

$$(E+m_0c^2)\theta_3=c(p_3\theta_1+p_-\theta_2),$$

$$(E+m_0c^2)\theta_4=c(p_+\theta_1+p_3\theta_2).$$

Wenn θ_3 und θ_4 gegeben sind, bestimmen diese vier Gleichungen θ_1 und θ_2 (und umgekehrt). Für ein gegebenes p, mit $E = +\sqrt{c^2p^2 + m_0^2c^4}$, gibt es also zwei unabhängige Lösungen für die vier Gleichungen, nämlich

$$\begin{pmatrix} 1 \\ 0 \\ \frac{cp_3}{E+m_0c^2} \\ \frac{cp_+}{E+m_0c^2} \end{pmatrix} \quad \text{und} \quad \begin{pmatrix} 0 \\ 1 \\ \frac{cp_-}{E+m_0c^2} \\ \frac{-cp_3}{E+m_0c^2} \end{pmatrix}. \tag{12.59}$$

Diese zwei Lösungen sind die beiden *Spinzustände* eines Elektrons mit dem gegebenen Impuls p, wie physikalisch gefordert wird. Das wird besonders klar, wenn wir die nichtrelativistische Näherung für $v \ll c$ der Lösung betrachten. In diesem Fall erhalten wir die beiden Vektoren (Kap. 8)

$$\begin{pmatrix} 1 \\ 0 \\ 0 \\ 0 \end{pmatrix} \quad \text{und} \quad \begin{pmatrix} 0 \\ 1 \\ 0 \\ 0 \end{pmatrix}.$$

12.2.4 Diracs Interpretation der negativen Energie

Dirac hatte die Idee, dass Zustände in einem Atom mit negativer Energie von Elektronen besetzt sind, wie bei einer vollen Elektronenschale eines Atoms, besetzt aufgrund des Pauli-Prinzips. Eine Unzahl von Elektronen füllen den sogenannten *Dirac-See* der negativen Energie und bedingen, dass alle solche Zustände besetzt sind. Basierend auf dieser Idee von besetzten negativen Energiezuständen, entwickelte Dirac seine *Löcher-Idee.* Löcher in diesem Dirac-See entsprechen dann also *Antielektronen.* Dirac sagte das *Positron* vorher! 1932, entdeckte *Anderson*[2] schließlich das Positron mit positiver elektrischer Ladung in der kosmischen Strahlung.

12.3 Aufgaben

12.1 **Gammamatrizen:** Welche Form haben die Gammamatrizen und in welcher Beziehung stehen sie zueinander?

12.2 **Dirac-Gleichung:** Löse die Dirac-Gleichung (12.46) mit dem Ansatz

$$\boldsymbol{\psi}(\boldsymbol{x}, t) = \boldsymbol{c} \exp\Big(i(\boldsymbol{k}^{\mathsf{T}}\boldsymbol{x} - \omega t)\Big). \tag{12.60}$$

[2]Carl David Anderson, 1905–1991, amerikanischer Physiker, Nobelpreis 1936.

Anhang 13

13.1 Anhang A

13.1.1 Lösung der Aufgaben

2.1. Für die beiden Hermite-Matrizen $\boldsymbol{A} = \boldsymbol{A}^\dagger$ und $\boldsymbol{B} = \boldsymbol{B}^\dagger$, finden wir $(\boldsymbol{AB})^\dagger = \boldsymbol{B}^\dagger \boldsymbol{A}^\dagger = \boldsymbol{BA}$. Das ist nur dann gleich $\boldsymbol{AB}$ wenn die Matrizen kommutieren, d. h.,wenn $\boldsymbol{AB} = \boldsymbol{BA}$.

2.2. Sei $\boldsymbol{Ae}_1 = \lambda_1 \boldsymbol{e}_1$ und $\boldsymbol{Ae}_2 = \lambda_2 \boldsymbol{e}_2$ für $\lambda_1 \neq \lambda_2$.
Widerspruchsbeweis: Wir nehmen an, dass es $c_1, c_2 \neq 0$ gibt, so dass

$$c_1 \boldsymbol{e}_1 + c_2 \boldsymbol{e}_2 = \boldsymbol{0}. \tag{13.1}$$

Multiplikation dieser Gleichung mit $\boldsymbol{A}$ und obige Eigenwertgleichung beachtend, erhalten wir

$$c_1 \lambda_1 \boldsymbol{e}_1 + c_2 \lambda_2 \boldsymbol{e}_2 = \boldsymbol{0}. \tag{13.2}$$

Wenn wir (13.1) mit λ_1 multiplizieren und das Ergebnis von (13.2) subtrahieren, erhalten wir

$$c_2(\lambda_2 - \lambda_1)\boldsymbol{e}_2 = \boldsymbol{0}.$$

Da $\lambda_1 \neq \lambda_2$ und $\boldsymbol{e}_2 \neq \boldsymbol{0}$, ist, muss $c_2 = 0$ sein, das widerspricht der Annahme.

2.3. Eine Hermite-Matrix genügt der Gleichung

$$\boldsymbol{Ae} = \lambda \boldsymbol{e}.$$

Da $\boldsymbol{A}^\dagger = \boldsymbol{A}$ ist, haben wir

$$(\boldsymbol{Ae})^\dagger \boldsymbol{e} = \boldsymbol{e}^\dagger \underbrace{\boldsymbol{A}^\dagger \boldsymbol{e}}_{\lambda^* \boldsymbol{e}} = \boldsymbol{e}^\dagger \underbrace{\boldsymbol{Ae}}_{\lambda \boldsymbol{e}},$$

G. Ludyk, *Quantenmechanik nur mit Matrizen*,
https://doi.org/10.1007/978-3-662-60882-1_13

oder $\lambda^* e^\dagger e = \lambda\, e^\dagger e$. Da $e^\dagger e > 0$ ist, haben wir $\lambda^* = \lambda$, d. h. der Eigenwerte λ ist reell.

2.4. Für unitäre Matrizen gilt $U^\dagger U = I$. Mit $Ue = \lambda e$, erhalten wir aus

$$(Ue)^\dagger (Ue) = e^\dagger U^\dagger U e = e^\dagger e,$$

dass

$$\lambda^* \lambda\, e^\dagger e = e^\dagger e$$

ist, also ist $|\lambda| = 1$.

2.5. Mit a_1 erhält man

$$e_1 = \frac{a_1}{\sqrt{a_1^\dagger a_1}}.$$

Dann erhalten wir in der Tat

$$e_1^\dagger e_1 = \frac{a_1^\dagger a_1}{\sqrt{a_1^\dagger a_1}\sqrt{a_1^\dagger a_1}} = 1.$$

Jetzt subtrahieren wir den Vektor $(e_1^\dagger a_2) e_1$ von dem Vektor a_2 und normalisieren das Ergebnis, ergibt

$$e_2 = \frac{a_2 - (e_1^\dagger a_2) e_1}{\sqrt{(a_2 - (e_1^\dagger a_2) e_1)^\dagger (a_2 - (e_1^\dagger a_2) e_1)}}.$$

Wir finden wieder

$$e_2^\dagger e_2 = \frac{\left(a_2 - (e_1^\dagger a_2) e_1\right)^\dagger \left(a_2 - (e_1^\dagger a_2) e_1\right)}{\left(a_2 - (e_1^\dagger a_2) e_1\right)^\dagger \left(a_2 - (e_1^\dagger a_2) e_1\right)} = 1,$$

also ist e_2 orthogonal zu e_1, weil

$$e_1^\dagger e_2 = \frac{a_1^\dagger}{\sqrt{a^\dagger a_1}} \frac{a_2 - (e_1^\dagger a_2) e_1}{\sqrt{\left(a_2 - (e_1^\dagger a_2) e_1\right)^\dagger \left(a_2 - (e_1^\dagger a_2) e_1\right)}}$$

$$= \frac{a_1^\dagger a_2 - a_1^\dagger (e_1^\dagger a_2) e_1}{\sqrt{\cdots}} = \frac{a_1^\dagger a_2 - \frac{a_1^\dagger (a_1^\dagger a_2) a_1}{a_1^\dagger a_1}}{\sqrt{\cdots}} = 0.$$

Ähnlich erhalten wir die allgemeine Formel

$$\boldsymbol{e}_j = \frac{\boldsymbol{a}_j - \sum_{i=1}^{j-1}(\boldsymbol{e}_i^\dagger \boldsymbol{a}_j)\boldsymbol{e}_i}{\sqrt{\left(\boldsymbol{a}_j - \sum_{i=1}^{j-1}(\boldsymbol{e}_i^\dagger \boldsymbol{a}_j)\boldsymbol{e}_i\right)^\dagger \left(\boldsymbol{a}_j - \sum_{i=1}^{j-1}(\boldsymbol{e}_i^\dagger \boldsymbol{a}_j)\boldsymbol{e}_i\right)}}.$$

2.6. (**a**)

$$\boldsymbol{T}\begin{pmatrix}1\\1\end{pmatrix} = \begin{pmatrix}t_{11} & t_{12}\\ t_{21} & t_{22}\end{pmatrix}\begin{pmatrix}1\\1\end{pmatrix} \stackrel{!}{=} \begin{pmatrix}1\\0\end{pmatrix}$$

und

$$\boldsymbol{T}\begin{pmatrix}-1\\1\end{pmatrix} = \begin{pmatrix}t_{11} & t_{12}\\ t_{21} & t_{22}\end{pmatrix}\begin{pmatrix}-1\\1\end{pmatrix} \stackrel{!}{=} \begin{pmatrix}0\\1\end{pmatrix}$$

bedingen die vier Bedingungen

$$t_{11} + t_{12} = 1, \quad t_{21} + t_{22} = 0, \quad -t_{11} + t_{12} = 0, \quad -t_{21} + t_{22} = 1.$$

Die Transformationsmatrix ist deshalb gegeben durch

$$\underline{\underline{\boldsymbol{T} = \begin{pmatrix}\frac{1}{2} & \frac{1}{2}\\ -\frac{1}{2} & \frac{1}{2}\end{pmatrix}}}.$$

Wegen $\boldsymbol{T}^\dagger \boldsymbol{T} = \boldsymbol{I}$ ist $\boldsymbol{T}$ eine unitäre Matrix.
(**b**) Wegen Aufgabe 2.5 erhalten wir

$$\underline{\underline{\boldsymbol{e}_1}} = \frac{\boldsymbol{a}_1}{\sqrt{\boldsymbol{a}_1^\dagger \boldsymbol{a}_1}} = \underline{\underline{\begin{pmatrix}\frac{1}{\sqrt{2}}\\ \frac{1}{\sqrt{2}}\end{pmatrix}}}$$

und

$$\underline{\underline{\boldsymbol{e}_2}} = \frac{\boldsymbol{a}_2 - (\boldsymbol{e}_1^\dagger \boldsymbol{a}_2)\boldsymbol{e}_1}{\sqrt{(\boldsymbol{a}_2 - (\boldsymbol{e}_1^\dagger \boldsymbol{a}_2)\boldsymbol{e}_1)^\dagger (\boldsymbol{a}_2 - (\boldsymbol{e}_1^\dagger \boldsymbol{a}_2)\boldsymbol{e}_1)}}$$

$$= \frac{\begin{pmatrix}-1\\1\end{pmatrix} - 0 \cdot \boldsymbol{e}_1}{\sqrt{2}} = \underline{\underline{\begin{pmatrix}\frac{-1}{\sqrt{2}}\\ \frac{1}{\sqrt{2}}\end{pmatrix}}}.$$

3.1. Es gilt

$$\begin{aligned}
&[\boldsymbol{A}, [\boldsymbol{B}, \boldsymbol{C}]] + [\boldsymbol{B}, [\boldsymbol{C}, \boldsymbol{A}]] + [\boldsymbol{C}, [\boldsymbol{A}, \boldsymbol{B}]] \\
&= [\boldsymbol{A}, \boldsymbol{BC} - \boldsymbol{CB}] + [\boldsymbol{B}, \boldsymbol{CA} - \boldsymbol{AC}]] + [\boldsymbol{C}, \boldsymbol{AB} - \boldsymbol{BA}] \\
&= \boldsymbol{ABC} - \boldsymbol{ACB} - \boldsymbol{BCA} + \boldsymbol{CBA} \\
&\quad + \boldsymbol{BCA} - \boldsymbol{BAC} - \boldsymbol{CAB} + \boldsymbol{ACB} \\
&\quad + \boldsymbol{CAB} - \boldsymbol{CBA} - \boldsymbol{ABC} + \boldsymbol{BAC} \\
&= \underline{\underline{\boldsymbol{0}}}.
\end{aligned}$$

3.2. Wenn wir diese Beziehung

$$[\boldsymbol{X}, \boldsymbol{P}^n] = \boldsymbol{X}\boldsymbol{P}^n - \boldsymbol{P}^n\boldsymbol{X} = n\, i\hbar \boldsymbol{P}^{n-1}$$

mit $\boldsymbol{P}$ von links multiplizieren, erhalten wir

$$\boldsymbol{P}\boldsymbol{X}\boldsymbol{P}^n - \boldsymbol{P}^{n+1}\boldsymbol{X} = n\, i\hbar \boldsymbol{P}^n. \tag{13.3}$$

Von

$$[\boldsymbol{X}, \boldsymbol{P}] = i\hbar \boldsymbol{I}$$

erhalten wir

$$\boldsymbol{P}\boldsymbol{X} = \boldsymbol{X}\boldsymbol{P} - i\hbar \boldsymbol{I}.$$

Einsetzen in (13.3) ergibt schließlich die Annahme für $n + 1$:

$$\boldsymbol{X}\boldsymbol{P}^{n+1} - \boldsymbol{P}^{n+1}\boldsymbol{X} = (n+1)\, i\hbar \boldsymbol{P}^n.$$

3.3. Da $(\boldsymbol{AB})^\dagger = \boldsymbol{B}^\dagger \boldsymbol{A}^\dagger$ und $(\boldsymbol{A} + \boldsymbol{B})^\dagger = \boldsymbol{A}^\dagger + \boldsymbol{B}^\dagger$, finden wir

$$(\boldsymbol{AB} + \boldsymbol{BA})^\dagger = \boldsymbol{B}^\dagger \boldsymbol{A}^\dagger + \boldsymbol{A}^\dagger \boldsymbol{B}^\dagger = \boldsymbol{AB} + \boldsymbol{BA}.$$

3.4. Mit

$$\boldsymbol{H} = \boldsymbol{E} = \begin{pmatrix} E_1 & 0 & \cdots & \cdots \\ 0 & E_2 & 0 & \cdots \\ \vdots & \ddots & \ddots & \\ 0 & \cdots & 0 & E_N \end{pmatrix},$$

können wir schreiben

$$\begin{aligned} X(t) &= \exp(-itE/\hbar)X(0)\exp(itE/\hbar) \\ &= \begin{pmatrix} e^{(-itE_1/\hbar)} & 0 & \cdots & 0 \\ 0 & e^{(-itE_2/\hbar)} & 0 & \vdots \\ \vdots & & \ddots & 0 \\ 0 & \cdots & 0 & e^{(-itE_N/\hbar)} \end{pmatrix} X(0)\exp(itE/\hbar) \\ &= \begin{pmatrix} X_{11}(0) & X_{12}(0)e^{(-it(E_1-E_2)/\hbar)} & \cdots & X_{1N}(0)e^{(-it(E_1-E_N)/\hbar)} \\ \vdots & X_{22}(0) & \cdots & \vdots \\ \vdots & \vdots & \ddots & \vdots \\ X_{N1}(0)e^{(-it(E_N-E_1)/\hbar)} & \cdots & \cdots & X_{NN}(0) \end{pmatrix}. \end{aligned}$$

Daraus folgt

$$\underline{\underline{X_{\mu\nu}(t) = e^{(it(E_\nu-E_\mu)/\hbar)}X_{\mu\nu}(0).}}$$

3.5. Da die Matrix $\exp(i\boldsymbol{H})$ eine Exponentialreihe in $\boldsymbol{H}$ ist, kann man leicht zeigen, dass

$$(\exp(i\boldsymbol{H}))^\dagger = \exp(-i\boldsymbol{H}^\dagger) = \exp(-i\boldsymbol{H})$$

ist. Das führt zu

$$(\exp(i\boldsymbol{H}))^\dagger\,(\exp(i\boldsymbol{H})) = \exp(-i\boldsymbol{H})\,(\exp(i\boldsymbol{H})) = \exp(\boldsymbol{0}) = \boldsymbol{I}.$$

Mit anderen Worten, $\exp(i\boldsymbol{H})$ ist in der Tat eine unitäre Matrix.

3.6. Diese Frage ist äquivalent zu der Frage, ob $-\hbar\boldsymbol{C} = i[\boldsymbol{AB}-\boldsymbol{BA}]$ eine Hermite-Matrix ist. Wir finden

$$\begin{aligned} (i[\boldsymbol{A},\boldsymbol{B}])^\dagger &= -i([\boldsymbol{AB}-\boldsymbol{BA}])^\dagger \\ &= -i((\boldsymbol{AB})^\dagger - (\boldsymbol{BA})^\dagger) \\ &= -i\boldsymbol{B}^\dagger\boldsymbol{A}^\dagger + i\boldsymbol{A}^\dagger\boldsymbol{B}^\dagger \\ &= -i\boldsymbol{BA} + i\boldsymbol{AB} \\ &= i[\boldsymbol{A},\boldsymbol{B}] \end{aligned} \tag{13.4}$$

Deshalb sind $-\hbar\boldsymbol{C}$ und auch $\hbar\boldsymbol{C} = \frac{1}{i}[\boldsymbol{A},\boldsymbol{B}]$ in der Tat Hermite-Matrizen. Beachte jedoch, dass $[\boldsymbol{A},\boldsymbol{B}]$ eine Antie-Hermite-Matrix ist!

3.7.

$$\text{a) } [\boldsymbol{A},\boldsymbol{BC}] = \boldsymbol{ABC} - \boldsymbol{BCA} + \underbrace{\boldsymbol{BAC} - \boldsymbol{BAC}}_{\boldsymbol{0}} = \boldsymbol{B}[\boldsymbol{A},\boldsymbol{C}] + [\boldsymbol{A},\boldsymbol{B}]\boldsymbol{C}.$$

$$\text{b) } [\boldsymbol{AB},\boldsymbol{C}] = \boldsymbol{ABC} - \boldsymbol{CAB} + \underbrace{\boldsymbol{ACB} - \boldsymbol{ACB}}_{\boldsymbol{0}} = \boldsymbol{A}[\boldsymbol{B},\boldsymbol{C}] + [\boldsymbol{A},\boldsymbol{C}]\boldsymbol{B}.$$

3.8. Eine nilpotente Matrix ist eine quadratische Matrix $\boldsymbol{N}$ mit der Eigenschaft $\boldsymbol{N}^k = \boldsymbol{0}$ für eine positive ganze Zahl k ist. Im gegebenen Fall ist

$$\boldsymbol{N}^2 = \begin{pmatrix} 0 & 0 & 2 \\ 0 & 0 & 0 \\ 0 & 0 & 0 \end{pmatrix} \quad \text{und} \quad \boldsymbol{N}^3 = \boldsymbol{0},$$

das ergibt

$$\exp(t\boldsymbol{N}) = \boldsymbol{I} + t\boldsymbol{N} + \frac{t^2}{2}\boldsymbol{N}^2 = \begin{pmatrix} 1 & t & t^2 \\ 0 & 1 & 2t \\ 0 & 0 & 1 \end{pmatrix}.$$

4.1. Der Impuls eines Elektrons ist

$$p = m_e \cdot v = (9{,}11 \cdot 10^{-31}\text{kg})(10^3\text{ms}^{-1}) = 9{,}11 \cdot 10^{-28}\,\text{m kg s}^{-1}.$$

Sei die Impulsgenauigkeit gleich

$$\frac{\Delta p}{p} \cdot 100 = 0{,}1,$$

also

$$\Delta p = \frac{p \cdot 0{,}1}{100} = 9{,}11 \cdot 10^{-31}\text{m kg s}^{-1}.$$

Dann ergibt Heisenbergs Unschärferelation

$$\Delta x \geq \frac{\hbar}{2\Delta p} = \frac{1{,}055 \cdot 10^{-34}\text{Js}}{2 \cdot 9{,}11 \cdot 10^{-31}\text{kg m s}^{-1}} = 0{,}0579 \cdot 10^{-3}\text{m} = \underline{\underline{0{,}0579\,\text{mm}}}.$$

4.2. Eine Matrix ist eine Projektionsmatrix wenn 1) $\boldsymbol{P}$ eine Hermite-Matrix ist und 2) $\boldsymbol{P}^2 = \boldsymbol{P}$. Prüfen jetzt diese Bedingung für die Produktmatrix:
1) Da $\boldsymbol{P}_1$ und $\boldsymbol{P}_2$ Projektionsmatrizen sind, sind sie Hermite-Matrizen, d. h., $\boldsymbol{P}_1 = \boldsymbol{P}_1^\dagger$ und $\boldsymbol{P}_2 = \boldsymbol{P}_2^\dagger$. Deshalb ist

$$(\boldsymbol{P}_1\boldsymbol{P}_2)^\dagger = \boldsymbol{P}_2^\dagger\boldsymbol{P}_1^\dagger = \boldsymbol{P}_2 \cdot \boldsymbol{P}_1.$$

Eine notwendige Bedingung dafür, dass eine Produktmatrix eine Hermite-Matrix ist, ist deshalb $\boldsymbol{P}_1 \cdot \boldsymbol{P}_2 = \boldsymbol{P}_2 \cdot \boldsymbol{P}_1$, d. h.

$$[\boldsymbol{P}_1, \boldsymbol{P}_2] = \boldsymbol{0}.$$

$\boldsymbol{P}_1$ und $\boldsymbol{P}_2$ müssen kommutieren!
2) Wenn $\boldsymbol{P}_1$ und $\boldsymbol{P}_2$ kommutieren, gilt

$$\begin{aligned}(\boldsymbol{P}_1\boldsymbol{P}_2)^2 &= \boldsymbol{P}_1\boldsymbol{P}_2\boldsymbol{P}_1\boldsymbol{P}_2 = \boldsymbol{P}_1(\boldsymbol{P}_2\boldsymbol{P}_1)\boldsymbol{P}_2 = \boldsymbol{P}_1(\boldsymbol{P}_1\boldsymbol{P}_2)\boldsymbol{P}_2 \\ &= \boldsymbol{P}_1^2\boldsymbol{P}_2^2 = \boldsymbol{P}_1\boldsymbol{P}_2.\end{aligned}$$

Wir sehen, dass die zweite Bedingung automatisch erfüllt ist, wenn die Projektionsmatrizen kommutieren.

4.3. **1)** Die Dichtematrix ist

$$\boldsymbol{D} = \boldsymbol{e}_{3,1}\boldsymbol{e}_{3,1}^{\dagger} = \begin{pmatrix} 1 \\ 0 \end{pmatrix} (1\ 0) = \begin{pmatrix} 1\ 0 \\ 0\ 0 \end{pmatrix},$$

und es in der Tat $\boldsymbol{D}^2 = \boldsymbol{D}$.
2) In diesem Fall ist die Dichtematrix gleich

$$\boldsymbol{D} = \boldsymbol{e}_{2,1}\boldsymbol{e}_{2,1}^{\dagger} = \frac{1}{2}\begin{pmatrix} 1 \\ i \end{pmatrix} (1\ \ -i) = \begin{pmatrix} 0.5 & -0.5i \\ 0.5i & 0.5 \end{pmatrix},$$

und es ist wieder $\boldsymbol{D}^2 = \boldsymbol{D}$.
Da in beiden Fällen $\mathrm{Spur}(\boldsymbol{D}) = 1$ ist, sind beide Systeme in einem reinen Zustand.

4.4. Da

$$\boldsymbol{M}\boldsymbol{e}_1 = (\boldsymbol{e}_1\boldsymbol{e}_1^{\mathsf{T}} - \boldsymbol{e}_2\boldsymbol{e}_2^{\mathsf{T}})\boldsymbol{e}_1 = \boldsymbol{e}_1,$$

und

$$\boldsymbol{M}\boldsymbol{e}_2 = (\boldsymbol{e}_1\boldsymbol{e}_1^{\mathsf{T}} - \boldsymbol{e}_2\boldsymbol{e}_2^{\mathsf{T}})\boldsymbol{e}_2 = -\boldsymbol{e}_2$$

sind, sind sie Eigenvektoren $\boldsymbol{e}_1$ und $\boldsymbol{e}_2$, und die Eigenwerte sind $+1$ und -1.

5.1. Mit

$$\boldsymbol{X} = \sqrt{\frac{\hbar}{2m\omega_0}} \begin{pmatrix} 0 & 1 & 0 & 0 & 0 & \cdots \\ 1 & 0 & \sqrt{2} & 0 & 0 & \cdots \\ 0 & \sqrt{2} & 0 & \sqrt{3} & 0 & \cdots \\ 0 & 0 & \sqrt{3} & 0 & \sqrt{4} & \cdots \\ \vdots & & \ddots & \ddots & \ddots & \ddots \end{pmatrix}$$

und

$$\boldsymbol{P} = i\sqrt{\frac{\hbar m\omega_0}{2}} \begin{pmatrix} 0 & -1 & 0 & 0 & 0 & \cdots \\ 1 & 0 & -\sqrt{2} & 0 & 0 & \cdots \\ 0 & \sqrt{2} & 0 & -\sqrt{3} & 0 & \cdots \\ 0 & 0 & \sqrt{3} & 0 & -\sqrt{4} & \cdots \\ \vdots & \vdots & \vdots & \vdots & \vdots & \ddots \end{pmatrix},$$

erhalten wir

$$\boldsymbol{X}\boldsymbol{P} = i\frac{\hbar}{2} \begin{pmatrix} 1 & 0 & -\sqrt{2} & 0 & 0 & \cdots \\ 0 & 1 & 0 & -\sqrt{6} & 0 & \cdots \\ \sqrt{2} & 0 & 1 & 0 & -\sqrt{12} & \cdots \\ 0 & \sqrt{6} & 0 & 1 & 0 & \cdots \\ \vdots & & \ddots & \ddots & \ddots & \ddots \end{pmatrix}$$

und

$$PX = i\frac{\hbar}{2}\begin{pmatrix} -1 & 0 & -\sqrt{2} & 0 & 0 & \cdots \\ 0 & -1 & 0 & -\sqrt{6} & 0 & \cdots \\ \sqrt{2} & 0 & -1 & 0 & -\sqrt{12} & \cdots \\ 0 & \sqrt{6} & 0 & -1 & 0 & \cdots \\ \vdots & & \ddots & \ddots & \ddots & \ddots \end{pmatrix},$$

d. h. in der Tat

$$XP - PX = i\hbar I.$$

5.2. Wir haben

$$\widetilde{X} = \sqrt{\frac{m\omega_0}{2\hbar}}\, X$$

und

$$\widetilde{P} = \sqrt{\frac{1}{2m\omega_0\hbar}}\, P.$$

$\hbar$ hat die Dimension einer Wirkung ($M \cdot L^2 \cdot T^{-1}$). Der Faktor $\sqrt{\frac{m\omega_0}{2\hbar}}$ hat deshalb die Dimension L^{-1}. Da X die Dimension eine Länge L hat, ist der erste Term von A dimensionslos. Für den zweiten Term gilt das Gleiche, deshalb ist A dimensionslos!

5.3. A ist keine Hermite-Matrix, da

$$\begin{aligned} A^\dagger &= \frac{1}{\sqrt{2\hbar}}\left(\sqrt{m\omega_0}X^\dagger - \frac{i}{\sqrt{m\omega_0}}P^\dagger\right) \\ &= \frac{1}{\sqrt{2\hbar}}\left(\sqrt{m\omega_0}X - \frac{i}{\sqrt{m\omega_0}}P\right) \\ &= \widetilde{X} - i\widetilde{P} \\ &\neq A. \end{aligned}$$

Deshalb kann A keine Observable sein!

5.4. Da

$$N^\dagger = (A^\dagger A)^\dagger = A^\dagger A = N,$$

ist N eine Hermite-Matrix.

5.5. Wir beweisen die Formel durch Induktion.

1. $n = 1$: Ist $[A, A^\dagger A] = A$? Gemäß Aufgabe 3.7 ist

$$[A, BC] = B[A, C] + [A, B]C.$$

Zusammen mit $[\boldsymbol{A}, \boldsymbol{A}^\dagger] = \boldsymbol{I}$ aus (6.10), erhalten wir

$$[\boldsymbol{A}, \boldsymbol{A}^\dagger \boldsymbol{A}] = \boldsymbol{A}^\dagger \underbrace{[\boldsymbol{A}, \boldsymbol{A}]}_{\boldsymbol{0}} + \underbrace{[\boldsymbol{A}, \boldsymbol{A}^\dagger]}_{\boldsymbol{I}} \boldsymbol{A} = \boldsymbol{A}.$$

2. $n-1 \to n$: $[\boldsymbol{A}^n, \boldsymbol{N}] = n\boldsymbol{A}^n$ folgt aus

$$[\boldsymbol{A}^{n-1}, \boldsymbol{N}] = (n-1)\boldsymbol{A}^{n-1}?$$

Wieder mit Aufgabe 3.7 ist

$$[\boldsymbol{AB}, \boldsymbol{C}] = \boldsymbol{A}[\boldsymbol{B}, \boldsymbol{C}] + [\boldsymbol{A}, \boldsymbol{C}]\boldsymbol{B}.$$

Wirkönnen die obige Induktionsannahme anwenden, um zu finden

$$\begin{aligned}[\boldsymbol{A}^n, \boldsymbol{N}] = \boldsymbol{A}[\boldsymbol{A}^{n-1}, \boldsymbol{N}] + [\boldsymbol{A}, \boldsymbol{N}]\boldsymbol{A}^{n-1} &= \boldsymbol{A}(n-1)\boldsymbol{A}^{n-1} + (1 \cdot \boldsymbol{A}^1)\boldsymbol{A}^{n-1} \\ &= (n-1)\boldsymbol{A}^n + \boldsymbol{A}^n = n\boldsymbol{A}^n.\end{aligned}$$

5.6. Mit (5.33) und (5.34) erhalten wir

$$\boldsymbol{N} = \boldsymbol{A}^\dagger \boldsymbol{A} = \begin{pmatrix} 0 & 0 & 0 & 0 & \cdots \\ 1 & 0 & 0 & 0 & \\ 0 & \sqrt{2} & 0 & 0 & \\ 0 & 0 & \sqrt{3} & 0 & \ddots \\ \vdots & & \ddots & \ddots & \ddots \end{pmatrix} \begin{pmatrix} 0 & 1 & 0 & 0 & \cdots \\ 0 & 0 & \sqrt{2} & 0 & \\ 0 & 0 & 0 & \sqrt{3} & \ddots \\ \vdots & & & \ddots & \ddots \end{pmatrix}$$

$$= \begin{pmatrix} 0 & 0 & 0 & 0 & \cdots \\ 0 & 1 & 0 & 0 & \\ 0 & 0 & 2 & 0 & \\ 0 & 0 & 0 & 3 & \ddots \\ \vdots & & \ddots & \ddots & \ddots \end{pmatrix}.$$

Die Eigenwerte sind die Zahlen auf der Hauptdiagonalen, nämlich 0, 1, 2, 3, ...

5.7. Die Eigenwertgleichungen (5.30) und (5.31) sind

$$\boldsymbol{A}\boldsymbol{e}_n = \sqrt{n}\boldsymbol{e}_{n-1}$$

und

$$\boldsymbol{A}^\dagger \boldsymbol{e}_n = \sqrt{n+1}\boldsymbol{e}_{n+1}.$$

Mit diesen Gleichungen, ergibt (5.35)

$$\boldsymbol{X}\boldsymbol{e}_n = \sqrt{\frac{\hbar}{2m\omega_0}}(\boldsymbol{A} + \boldsymbol{A}^\dagger)\boldsymbol{e}_n = \sqrt{\frac{\hbar}{2m\omega_0}}\left(\sqrt{n}\boldsymbol{e}_{n-1} + \sqrt{n+1}\boldsymbol{e}_{n+1}\right). \quad (13.5)$$

Multiplikation mit dem Eigenvektor $\boldsymbol{e}_m$ von links, ergibt das für das Matrizenelement in der m-ten Zeile und n-ten Spalte der Matrix $\boldsymbol{X}$ (mit $\boldsymbol{e}_m \boldsymbol{e}_n = \delta_{mn}$):

$$\boldsymbol{X}_{mn} = \boldsymbol{e}_m^{\mathsf{T}} \boldsymbol{X} \boldsymbol{e}_n = \sqrt{\frac{\hbar}{2m\omega_0}} \left(\sqrt{n}\, \delta_{m,n-1} + \sqrt{n+1}\, \delta_{m,n+1} \right).$$

Multiplikation von (13.5) mit $\boldsymbol{X}$ ergibt

$$\boldsymbol{X}^2 \boldsymbol{e}_n = \sqrt{\frac{\hbar}{2m\omega_0}} \left(\sqrt{n} \boldsymbol{X} \boldsymbol{e}_{n-1} + \sqrt{n+1} \boldsymbol{X} \boldsymbol{e}_{n+1} \right), \tag{13.6}$$

und mit (5.30) und (5.31) erhalten wir

$$\begin{aligned} \boldsymbol{X}^2 \boldsymbol{e}_n &= \frac{\hbar}{2m\omega_0} \left(\sqrt{n}(\boldsymbol{A} + \boldsymbol{A}^\dagger) \boldsymbol{e}_{n-1} + \sqrt{n+1}(\boldsymbol{A} + \boldsymbol{A}^\dagger) \boldsymbol{e}_{n+1} \right) \\ &= \frac{\hbar}{2m\omega_0} \left(\sqrt{n(n-1)} \boldsymbol{e}_{n-2} + (2n+1) \boldsymbol{e}_n + \sqrt{(n+1)(n+2)} \boldsymbol{e}_{n+2} \right). \end{aligned}$$

Multiplikation dieser Gleichung auch mit dem transponierten Eigenvektor $\boldsymbol{e}_m$ von links ergibt das Matrizenelement in der m-ten Zeile und n-ten Spalte von $\boldsymbol{X}^2$:

$$\begin{aligned} \boldsymbol{X}^2_{mn} = \frac{\hbar}{2m\omega_0} \Big(&\sqrt{n(n-1)} \delta_{m,n-2} + (2n+1) \delta_{m,n} \\ &+ \sqrt{(n+1)(n+2)} \delta_{m,n+2} \Big). \end{aligned}$$

Auf die gleiche Weise erhalen wir

$$\begin{aligned} \boldsymbol{X}^3_{mn} = \left(\frac{\hbar}{2m\omega_0} \right)^{3/2} \Big(&\sqrt{n(n-1)(n-2)} \delta_{m,n-3} + 3\sqrt{(n+1)^3} \delta_{m,n+1} \\ &+ 3\sqrt{n^3} \delta_{m,n-1} + \sqrt{(n+1)(n+2)(n+3)} \delta_{m,n+3} \Big). \end{aligned}$$

Die Matrix $\boldsymbol{X}^3$ hat deshalb die Form

$$\boldsymbol{X}^3 = \left(\frac{\hbar}{2m\omega_0} \right)^{3/2} \begin{pmatrix} 0 & 3 & 0 & \sqrt{2\cdot 3} & 0 & \cdots \\ 3 & 0 & 6\sqrt{2} & 0 & \sqrt{2\cdot 3\cdot 4} & \cdots \\ 0 & 6\sqrt{2} & 0 & 9\sqrt{3} & 0 & \cdots \\ \sqrt{2\cdot 3} & 0 & 9\sqrt{3} & 0 & & \cdots \\ \vdots & \vdots & \vdots & \vdots & \ddots & \ddots \end{pmatrix}.$$

6.1.

$$\mathfrak{X} \cdot \mathfrak{P} - \mathfrak{P} \cdot \mathfrak{X} = X_1 P_1 + X_2 P_2 + X_3 P_3 - P_1 X_1 - P_2 X_2 - P_3 X_3$$

$$= i\hbar \boldsymbol{I} + i\hbar \boldsymbol{I} + i\hbar \boldsymbol{I} = \underline{\underline{3\, i\, \hbar\, \boldsymbol{I}}}.$$

6.2. Wir haben

$$\begin{aligned}
&(\mathfrak{A} \times \mathfrak{B}) \cdot \mathfrak{C} \\
&= \left(\begin{pmatrix} A_1 \\ A_2 \\ A_3 \end{pmatrix} \times \begin{pmatrix} B_1 \\ B_2 \\ B_3 \end{pmatrix} \right) \cdot \begin{pmatrix} C_1 \\ C_2 \\ C_3 \end{pmatrix} \\
&= \begin{pmatrix} A_2 B_3 - A_3 B_2 \\ A_3 B_1 - A_1 B_3 \\ A_1 B_2 - A_2 B_1 \end{pmatrix} \cdot \begin{pmatrix} C_1 \\ C_2 \\ C_3 \end{pmatrix} \\
&= A_2 B_3 C_1 - A_3 B_2 C_1 + A_3 B_1 C_2 - A_1 B_3 C_2 + A_1 B_2 C_3 - A_2 B_1 C_3 \\
&= \begin{pmatrix} A_1 \\ A_2 \\ A_3 \end{pmatrix} \cdot \begin{pmatrix} B_2 C_3 - B_3 C_2 \\ B_3 C_1 - B_1 C_3 \\ B_1 C_2 - B_2 C_1 \end{pmatrix} = \underline{\underline{\mathfrak{A} \cdot (\mathfrak{B} \times \mathfrak{C})}}.
\end{aligned}$$

6.3. $\boldsymbol{L}_\pm^\dagger = (\boldsymbol{L}_1 \pm i\boldsymbol{L}_2)^\dagger = \boldsymbol{L}_1^\dagger \pm (i\boldsymbol{L}_2)^\dagger = \boldsymbol{L}_1 \mp i\boldsymbol{L}_2 = \boldsymbol{L}_\mp \neq \boldsymbol{L}_\pm$, so ist weder $\boldsymbol{L}_+$ noch $\boldsymbol{L}_-$ eine Hermite-Matrix.

6.4. Wir haben

$$|\boldsymbol{L}_+ \boldsymbol{e}(j,m)|^2 = |\alpha \boldsymbol{e}(j,m+1)|^2 = |\alpha|^2 \underbrace{\boldsymbol{e}(j,m+1)^\dagger \boldsymbol{e}(j,m+1)}_{1} = |\alpha|^2.$$

Ebenfalls ist

$$(\boldsymbol{L}_+ \boldsymbol{e}(j,m))^\dagger (\boldsymbol{L}_+ \boldsymbol{e}(j,m)) = \boldsymbol{e}(j,m)^\dagger (\boldsymbol{L}_- \boldsymbol{L}_+) \boldsymbol{e}(j,m).$$

Mit $\boldsymbol{L}_- \boldsymbol{L}_+ = \boldsymbol{L}^2 - \boldsymbol{L}_3^2 - \hbar \boldsymbol{L}_3$ von (6.23), erhalten wir

$$\begin{aligned}
(\boldsymbol{L}_+ \boldsymbol{e}(j,m))^\dagger (\boldsymbol{L}_+ \boldsymbol{e}(j,m)) &= \boldsymbol{e}(j,m)^\dagger (\boldsymbol{L}^2 - \boldsymbol{L}_3^2 - \hbar \boldsymbol{L}_3) \boldsymbol{e}(j,m) \\
&= \hbar^2 (j(j+1) - m^2 - m) \underbrace{\boldsymbol{e}(j,m)^\dagger \boldsymbol{e}(j,m)}_{1}.
\end{aligned}$$

Das impliziert

$$|\alpha|^2 = \hbar^2 (j(j+1) - m^2 - m)$$

und deshalb

$$\alpha = \hbar \sqrt{j(j+1) - m^2 - m} = \hbar \sqrt{(j-m)(j+m+1)}.$$

Der Faktor für $\boldsymbol{L}_-$ kann entsprechend berechnet werden.

7.1. Zunächst wissen wir, dass

$$\dot{\boldsymbol{P}}_i = -\frac{\partial \boldsymbol{H}}{\partial \boldsymbol{X}_i}.$$

Wenn die Hamilton-Matrix

$$\boldsymbol{H} = \frac{1}{2m}\mathfrak{P}^2 - Ze^2\boldsymbol{R}^{-1}$$

ist, finden wir

$$\begin{aligned}\frac{\partial \boldsymbol{H}}{\partial \boldsymbol{X}_i} &= -Ze^2\frac{\partial \boldsymbol{R}^{-1}}{\partial \boldsymbol{X}_i} = -Ze^2\frac{\partial(\boldsymbol{X}_1^2 + \boldsymbol{X}_2^2 + \boldsymbol{X}_3^2)^{-\frac{1}{2}}}{\partial \boldsymbol{X}_i}\\ &= Ze^2\boldsymbol{X}_i(\boldsymbol{X}_1^2 + \boldsymbol{X}_2^2 + \boldsymbol{X}_3^2)^{-\frac{3}{2}} = Ze^2\boldsymbol{X}_i\boldsymbol{R}^{-3},\end{aligned}$$

mit anderen Worten

$$\dot{\mathfrak{P}} = -Ze^2\mathfrak{R}\boldsymbol{R}^{-3}. \tag{13.7}$$

7.2. Für die erste Komponentenmatrix $\boldsymbol{X}_1\boldsymbol{R}^{-1}$ von $\mathfrak{R}\boldsymbol{R}^{-1}$, erhalten wir mit Hilfe der Heisenberg-Formel $\frac{\mathrm{d}}{\mathrm{d}t}\boldsymbol{A} = \frac{i}{\hbar}[\boldsymbol{E}, \boldsymbol{A}]$

$$\frac{\mathrm{d}}{\mathrm{d}t}\left(\boldsymbol{X}_1\boldsymbol{R}^{-1}\right) = \frac{i}{\hbar}\left\{\boldsymbol{E}(\boldsymbol{X}_1\boldsymbol{R}^{-1}) - (\boldsymbol{X}_1\boldsymbol{R}^{-1})\boldsymbol{E}\right\} \tag{13.8}$$

$$= \frac{i}{2m\hbar}\left\{\mathfrak{P}^2(\boldsymbol{X}_1\boldsymbol{R}^{-1}) - (\boldsymbol{X}_1\boldsymbol{R}^{-1})\mathfrak{P}^2\right\}. \tag{13.9}$$

Beachte, dass wir die Tatsache benutzten

$$\boldsymbol{R}\boldsymbol{X}_i = (\boldsymbol{X}_1^2\boldsymbol{X}_i^2 + \boldsymbol{X}_2^2\boldsymbol{X}_i^2 + \boldsymbol{X}_3^2{\boldsymbol{X}_i}^2)^{1/2} = \boldsymbol{X}_i\boldsymbol{R},$$

woraus folgt $\boldsymbol{X}_i\boldsymbol{R}^{-1} = \boldsymbol{R}^{-1}\boldsymbol{X}_i$. Deshalb verschwindet die Komponente $-Ze^2\boldsymbol{R}^{-1}$ der Hamilton-Matrix

$$\boldsymbol{E} = \frac{1}{2m}\mathfrak{P}^2 - Ze^2\boldsymbol{R}^{-1}$$

in (13.8). Jetzt kann mit

$$\mathfrak{P}^2 = \boldsymbol{P}_1^2 + \boldsymbol{P}_2^2 + \boldsymbol{P}_3^2$$

für (13.9) kann

$$\frac{\mathrm{d}}{\mathrm{d}t}\left(\boldsymbol{X}_1\boldsymbol{R}^{-1}\right) = \frac{i}{2m\hbar}\left[\sum_{j=1}^{3}\left(\boldsymbol{P}_j^2\left(\boldsymbol{X}_1\boldsymbol{R}^{-1}\right) - \left(\boldsymbol{X}_1\boldsymbol{R}^{-1}\right)\boldsymbol{P}_j^2\right)\right] \tag{13.10}$$

geschrieben werden. Wir können die Identität $\mathbf{0} = -\boldsymbol{P}_j\boldsymbol{X}_i\boldsymbol{R}^{-1}\boldsymbol{P}_j + \boldsymbol{P}_j\boldsymbol{X}_i \boldsymbol{R}^{-1}\boldsymbol{P}_j$ in (13.10) addieren, was ergibt

$$\frac{\mathrm{d}}{\mathrm{d}t}\left(\boldsymbol{X}_1\boldsymbol{R}^{-1}\right) = \frac{i}{2m\hbar}\left[\sum_{j=1}^{3}\left\{\left(\boldsymbol{P}_j(\boldsymbol{P}_j\boldsymbol{X}_1\boldsymbol{R}^{-1} - \boldsymbol{X}_1\boldsymbol{R}^{-1}\boldsymbol{P}_j\right) + (\boldsymbol{P}_j\boldsymbol{X}_1\boldsymbol{R}^{-1} - \boldsymbol{X}_1\boldsymbol{R}^{-1}\boldsymbol{P}_j\right)\boldsymbol{P}_j\right]. \tag{13.11}$$

Multiplikation mit $\boldsymbol{R}^3\boldsymbol{R}^{-3} = \boldsymbol{I}$ von rechts liefert

$$\begin{aligned}\frac{\mathrm{d}}{\mathrm{d}t}&(\boldsymbol{X}_1\boldsymbol{R}^{-1})\\ &= \frac{i}{2m\hbar}\sum_{j=1}^{3}\{\boldsymbol{P}_j\left(\boldsymbol{P}_j\boldsymbol{X}_1\boldsymbol{R}^2 - \boldsymbol{X}_1\boldsymbol{R}^{-1}\boldsymbol{P}_j\boldsymbol{R}^3\right)\\ &+\left(\boldsymbol{P}_j\boldsymbol{X}_1\boldsymbol{R}^{-1} - \boldsymbol{X}_1\boldsymbol{R}^{-1}\boldsymbol{P}_j\right)\boldsymbol{P}_j\boldsymbol{R}^3\}\,\boldsymbol{R}^{-3}.\end{aligned} \tag{13.12}$$

Wenn wir (7.3), nämlich

$$\boldsymbol{P}_j\boldsymbol{R} - \boldsymbol{R}\boldsymbol{P}_j = \frac{h}{2\pi i}\boldsymbol{X}_j\boldsymbol{R}^{-1},$$

mit $\boldsymbol{R}^{-1}$ von links und von rechts multiplizieren, und wenn wir außerdem beachten, dass $\boldsymbol{R}^{-1}\boldsymbol{X}_j = \boldsymbol{X}_j\boldsymbol{R}^{-1}$ ist, erhalten wir

$$\boldsymbol{R}^{-1}\boldsymbol{P}_j - \boldsymbol{P}_j\boldsymbol{R}^{-1} = \frac{\hbar}{i}\boldsymbol{X}_j\boldsymbol{R}^{-3}.$$

Umordnung ergibt

$$\boldsymbol{R}^{-1}\boldsymbol{P}_j = \boldsymbol{P}_j\boldsymbol{R}^{-1} - i\hbar\,\boldsymbol{X}_j\boldsymbol{R}^{-3}. \tag{13.13}$$

Wir können jetzt das Ergebnis in die runden Klammern von (13.12) einsetzen, um

$$\begin{aligned}\frac{\mathrm{d}}{\mathrm{d}t}&(\boldsymbol{X}_1\boldsymbol{R}^{-1})\\ &= \frac{i}{2m\hbar}\sum_{j=1}^{3}\{\boldsymbol{P}_j\left(\boldsymbol{P}_j\boldsymbol{X}_1\boldsymbol{R}^2 - \boldsymbol{X}_1\boldsymbol{P}_j\boldsymbol{R}^2 + i\hbar\,\boldsymbol{X}_1\boldsymbol{X}_j\right)\\ &+\left(\boldsymbol{P}_j\boldsymbol{X}_1\boldsymbol{R}^{-1} - \boldsymbol{X}_1\boldsymbol{P}_j\boldsymbol{R}^{-1} + i\hbar\,\boldsymbol{X}_1\boldsymbol{X}_j\boldsymbol{R}^{-3}\right)\boldsymbol{P}_j\}\end{aligned} \tag{13.14}$$

zu erhalten. Jetzt wissen wir, dass

$$\boldsymbol{P}_j\boldsymbol{X}_1 - \boldsymbol{X}_1\boldsymbol{P}_j = \frac{\hbar}{i}\boldsymbol{I}$$

für $j \neq 1$ und $= \mathbf{0}$ für $j = 1$. Mit diesem Ergebnis und Hinzufügen von $\boldsymbol{I} = \boldsymbol{R}^3\boldsymbol{R}^{-3}$ in die zweite runde Klammer, erhalten wir

$$\begin{aligned}&\frac{\mathrm{d}}{\mathrm{d}t}\left(\boldsymbol{X}_1\boldsymbol{R}^{-1}\right)\\&= \frac{1}{2m}\left\{\left(\boldsymbol{P}_1(\boldsymbol{X}_2^2+\boldsymbol{X}_3^2)\boldsymbol{R}^{-3} - \boldsymbol{P}_2\boldsymbol{X}_1\boldsymbol{X}_2\boldsymbol{R}^{-3} - \boldsymbol{P}_3\boldsymbol{X}_1\boldsymbol{X}_3\boldsymbol{R}^{-3}\right)\right.\\&\quad\left.+\left((\boldsymbol{X}_2^2+\boldsymbol{X}_3^2)\boldsymbol{R}^{-3}\boldsymbol{P}_1 - \boldsymbol{X}_1\boldsymbol{X}_2\boldsymbol{R}^{-3}\boldsymbol{P}_2 - \boldsymbol{X}_1\boldsymbol{X}_3\boldsymbol{R}^{-3}\boldsymbol{P}_3\right)\right\}. \qquad (13.15)\end{aligned}$$

Deshalb ist

$$\begin{aligned}&(\boldsymbol{P}_1(\boldsymbol{X}_2^2+\boldsymbol{X}_3^2)\boldsymbol{R}^{-3} - \boldsymbol{P}_2\boldsymbol{X}_1\boldsymbol{X}_2\boldsymbol{R}^{-3} - \boldsymbol{P}_3\boldsymbol{X}_1\boldsymbol{X}_3\boldsymbol{R}^{-3})\\&= \boldsymbol{X}_3\boldsymbol{P}_1\boldsymbol{X}_3\boldsymbol{R}^{-3} - \boldsymbol{X}_1\boldsymbol{P}_3\boldsymbol{X}_3\boldsymbol{R}^{-3} - \boldsymbol{X}_1\boldsymbol{P}_2\boldsymbol{X}_2\boldsymbol{R}^{-3} + \boldsymbol{X}_2\boldsymbol{P}_1\boldsymbol{X}_2\boldsymbol{R}^{-3}\\&= (\boldsymbol{X}_3\boldsymbol{P}_1 - Mbf\boldsymbol{X}_1\boldsymbol{P}_3)\boldsymbol{X}_3\boldsymbol{R}^{-3} - (\boldsymbol{X}_1\boldsymbol{P}_2 - \boldsymbol{X}_2\boldsymbol{P}_1)\boldsymbol{X}_2\boldsymbol{R}^{-3}\\&\boldsymbol{L}_2\boldsymbol{X}_3\boldsymbol{R}^{-3} - \boldsymbol{L}_3\boldsymbol{X}_2\boldsymbol{R}^{-3},\end{aligned}$$

d. h. die erste Komponente von $\mathfrak{L} \times \mathfrak{R}\boldsymbol{R}^{-3}$. Deshalb erhalten wir schließlich das Ergebnis

$$\frac{\mathrm{d}}{\mathrm{d}t}(\mathfrak{R}\boldsymbol{R}^{-1}) = \frac{\mathbf{1}}{\mathbf{2}\boldsymbol{m}}\left\{\mathfrak{L} \times (\mathfrak{R}\boldsymbol{R}^{-3}) - (\mathfrak{R}\boldsymbol{R}^{-3}) \times \mathfrak{L}\right\}. \qquad (13.16)$$

7.3. Nach (7.9), ist der Lenz-Matrizenvektor definiert

$$\mathfrak{A} \stackrel{\text{def}}{=} \frac{1}{Ze^2m}\frac{1}{2}(\mathfrak{L} \times \mathfrak{P} - \mathfrak{P} \times \mathfrak{L}) + \mathfrak{R}\boldsymbol{R}^{-1}.$$

Der Drehimpuls $\mathfrak{L}$ (in den runden Klammern) ist konstant. Deshalb erhalten wir für die Zeitableitung von $\mathfrak{A}$

$$\frac{\mathrm{d}}{\mathrm{d}t}\mathfrak{A} = \frac{1}{Ze^2m}\frac{1}{2}\left(\mathfrak{L} \times \dot{\mathfrak{P}} - \dot{\mathfrak{P}} \times \mathfrak{L}\right) + \frac{\mathrm{d}}{\mathrm{d}t}\mathfrak{R}\boldsymbol{R}^{-1}. \qquad (13.17)$$

Mit (13.7) und (13.16) erhalten wir

$$\begin{aligned}\underline{\underline{\frac{\mathrm{d}}{\mathrm{d}t}\mathfrak{A}}} &= -\frac{1}{2m}\left\{\mathfrak{L} \times (\mathfrak{R}\boldsymbol{R}^{-3}) - (\mathfrak{R}\boldsymbol{R}^{-3}) \times \mathfrak{L}\right\}\\&\quad+\frac{1}{2m}\left\{\mathfrak{L} \times (\mathfrak{R}\boldsymbol{R}^{-3}) - (\mathfrak{R}\boldsymbol{R}^{-3}) \times \mathfrak{L}\right\} = \underline{\underline{\mathbf{0}}}. \qquad (13.18)\end{aligned}$$

8.1. Die Spinmatrix $\boldsymbol{\sigma}_1$ von Pauli hat die Form

$$\boldsymbol{\sigma}_1 = \begin{pmatrix} 0 & 1 \\ 1 & 0 \end{pmatrix}.$$

Mit der rellen Zahl α ist die Exponentialfunktion

$$\exp(i\alpha\boldsymbol{\sigma}_1) = \sum_{\nu=0}^{\infty} \frac{i\alpha^\nu}{\nu!}\,\boldsymbol{\sigma}_1^\nu.$$

Wir erhalten also

$$\boldsymbol{\sigma}_1^2 = \begin{pmatrix} 1 & 0 \\ 0 & 1 \end{pmatrix} = \boldsymbol{I}_2,$$

und deshalb

$$\boldsymbol{\sigma}_1^{2\nu} = \boldsymbol{I}_2 \quad \text{und} \quad \boldsymbol{\sigma}_1^{2\nu+1} = \boldsymbol{\sigma}_1. \tag{13.19}$$

Wir können jetzt die Summe aufteilen in einen Teil mit geraden und einen Teil mit ungeraden ganzen Zahlen:

$$\exp(i\alpha\boldsymbol{\sigma}_1) = \sum_{\nu=0}^{\infty} \frac{(i\alpha)^{2\nu}}{(2\nu)!}\,\boldsymbol{\sigma}_1^{2\nu} + \sum_{\nu=0}^{\infty} \frac{(i\alpha)^{2\nu+1}}{(2\nu+1)!}\,\boldsymbol{\sigma}_1^{2\nu+1}.$$

Mit (13.19) erhalten wir

$$\begin{aligned}\exp(i\alpha\boldsymbol{\sigma}_1) &= \boldsymbol{I}_2 \sum_{\nu=0}^{\infty}(-1)^\nu \frac{(i\alpha)^{2\nu}}{(2\nu)!} + i\boldsymbol{\sigma}_1 \sum_{\nu=0}^{\infty}(-1)^\nu \frac{(i\alpha)^{2\nu+1}}{(2\nu+1)!} \\ &= \boldsymbol{I}_2 \cos\alpha + i\boldsymbol{\sigma}_1 \sin\alpha \\ &= \begin{pmatrix} \cos\alpha & 0 \\ 0 & \cos\alpha \end{pmatrix} + \begin{pmatrix} 0 & i\sin\alpha \\ i\sin\alpha & 0 \end{pmatrix} \\ &= \begin{pmatrix} \cos\alpha & i\sin\alpha \\ i\sin\alpha & \cos\alpha \end{pmatrix}.\end{aligned}$$

8.2. Alle drei Pauli-Matrizen haben die beiden Eigenwerte $+1$ and -1. Die zugehörigen normierten Eigenvektoren sind

$$\boldsymbol{e}_{1+} = \frac{1}{\sqrt{2}}\begin{pmatrix} 1 \\ 1 \end{pmatrix}, \quad \boldsymbol{e}_{1-} = \frac{1}{\sqrt{2}}\begin{pmatrix} 1 \\ -1 \end{pmatrix},$$

$$\boldsymbol{e}_{2+} = \frac{1}{\sqrt{2}}\begin{pmatrix} 1 \\ i \end{pmatrix}, \quad \boldsymbol{e}_{2-} = \frac{1}{\sqrt{2}}\begin{pmatrix} i \\ 1 \end{pmatrix},$$

$$\boldsymbol{e}_{3+} = \begin{pmatrix} 1 \\ 0 \end{pmatrix}, \quad \boldsymbol{e}_{3-} = \begin{pmatrix} 0 \\ 1 \end{pmatrix}.$$

8.3. Wenn wir die Eigenvektoren als Spalten für die Transformationsmatrix $\boldsymbol{T}$ nehmen, erhalten wir z.B für die Pauli-Matrix $\boldsymbol{\sigma}_1$

$$\boldsymbol{T} = \frac{1}{\sqrt{2}}\begin{pmatrix} 1 & 1 \\ 1 & -1 \end{pmatrix}.$$

Das ergibt

$$\boldsymbol{T}^{\dagger}\boldsymbol{\sigma}_1\boldsymbol{T} = \frac{1}{2}\begin{pmatrix} 1 & 1 \\ 1 & -1 \end{pmatrix}\begin{pmatrix} 0 & 1 \\ 1 & 0 \end{pmatrix}\begin{pmatrix} 1 & 1 \\ 1 & -1 \end{pmatrix} = \begin{pmatrix} 1 & 0 \\ 0 & -1 \end{pmatrix},$$

d. h., eine Diagonalmatrix mit den Eigenwerten $+1$ und -1 auf der Diagonalen.

8.4. Wir beginnen mit dem größtmöglichen Wert $j = \frac{1}{2} + \frac{1}{2} = 1$ und $m = \frac{1}{2} + \frac{1}{2} = 1$. m kann dann die Werte -1, 0, und $+1$ haben. Für die größtmögliche Gesamtdrehimpulsquantenzahl $j = m = \frac{1}{2} + \frac{1}{2} = 1$, gibt es genau einen Zustand in der verbundenen und unverbundenen Basis:

$$\boldsymbol{e}_{j=1,m=1} = \boldsymbol{e}_{\frac{1}{2},\frac{1}{2}} \otimes \boldsymbol{e}_{\frac{1}{2},\frac{1}{2}}. \tag{13.20}$$

Wir erinnern uns jetzt, dass für Spin-$\frac{1}{2}$-Systeme die Pauli-Matrix $\boldsymbol{\sigma}_3$ die beiden Eigenvektoren

$$\boldsymbol{e}_{\frac{1}{2},\frac{1}{2}} = \begin{pmatrix} 1 \\ 0 \end{pmatrix} \quad \text{und} \quad \boldsymbol{e}_{\frac{1}{2},-\frac{1}{2}} = \begin{pmatrix} 0 \\ 1 \end{pmatrix}$$

hat. Die vier möglichen Vektorkombinationen sind

$$\boldsymbol{e}_{\frac{1}{2},\frac{1}{2}} \otimes \boldsymbol{e}_{\frac{1}{2},\frac{1}{2}} = \begin{pmatrix} 1 \\ 0 \\ 0 \\ 0 \end{pmatrix}, \quad \boldsymbol{e}_{\frac{1}{2},\frac{1}{2}} \otimes \boldsymbol{e}_{\frac{1}{2},-\frac{1}{2}} = \begin{pmatrix} 0 \\ 1 \\ 0 \\ 0 \end{pmatrix},$$

$$\boldsymbol{e}_{\frac{1}{2},-\frac{1}{2}} \otimes \boldsymbol{e}_{\frac{1}{2},\frac{1}{2}} = \begin{pmatrix} 0 \\ 0 \\ 1 \\ 0 \end{pmatrix}, \quad \boldsymbol{e}_{\frac{1}{2},-\frac{1}{2}} \otimes \boldsymbol{e}_{\frac{1}{2},-\frac{1}{2}} = \begin{pmatrix} 0 \\ 0 \\ 0 \\ 1 \end{pmatrix}.$$

Wir können jetzt den Verkleinerungsoperator

$$\boldsymbol{J}_- = \boldsymbol{J}_1 + i\boldsymbol{J}_2 = \boldsymbol{S}_- \otimes \boldsymbol{I}_2 + \boldsymbol{I}_2 \otimes \boldsymbol{S}_-$$

auf (13.20) anwenden und erhalten

$$\boldsymbol{J}_-\boldsymbol{e}_{j=1,m=1} = (\boldsymbol{S}_-\boldsymbol{e}_{\frac{1}{2},\frac{1}{2}}) \otimes \boldsymbol{e}_{\frac{1}{2},\frac{1}{2}} + \boldsymbol{e}_{\frac{1}{2},\frac{1}{2}} \otimes (\boldsymbol{S}_-\boldsymbol{e}_{\frac{1}{2},\frac{1}{2}}). \tag{13.21}$$

Mit (6.52), nämlich

$$\boldsymbol{J}_{-}\boldsymbol{e}_{jm} = [j(j+1) - m(m-1)]^{1/2}\,\hbar \boldsymbol{e}_{j,m-1}$$

und

$$\boldsymbol{S}_{-}\boldsymbol{e}_{sm} = [s(s+1) - m(m-1)]^{1/2}\,\hbar \boldsymbol{e}_{s,m-1},$$

erhalten wir aus (13.21)

$$(2)^{\frac{1}{2}}\hbar \boldsymbol{e}_{j=1,m=0} = \hbar \boldsymbol{e}_{\frac{1}{2},-\frac{1}{2}} \otimes \boldsymbol{e}_{\frac{1}{2},\frac{1}{2}} + \hbar \boldsymbol{e}_{\frac{1}{2},\frac{1}{2}} \otimes \boldsymbol{e}_{\frac{1}{2},-\frac{1}{2}}.$$

Das führt zu

$$\begin{aligned} \boldsymbol{e}_{j=1,m=0} &= \frac{1}{\sqrt{2}}\boldsymbol{e}_{\frac{1}{2},-\frac{1}{2}} \otimes \boldsymbol{e}_{\frac{1}{2},\frac{1}{2}} + \frac{1}{\sqrt{2}}\boldsymbol{e}_{\frac{1}{2},\frac{1}{2}} \otimes \boldsymbol{e}_{\frac{1}{2},-\frac{1}{2}} \\ &= \frac{1}{\sqrt{2}}\begin{pmatrix}0\\0\\1\\0\end{pmatrix} + \frac{1}{\sqrt{2}}\begin{pmatrix}0\\1\\0\\0\end{pmatrix} = \frac{1}{\sqrt{2}}\begin{pmatrix}0\\1\\1\\0\end{pmatrix}. \end{aligned}$$

Gemäß (8.42), sind die Clebsch-Gordon-Koeffizienten so definiert

$$C(a, b; j, m) = (\boldsymbol{e}'_a \otimes \boldsymbol{e}''_b)^{\dagger}\boldsymbol{e}(j, m).$$

Für unser Problem ist das

$$C(a, b; j, m) = (\boldsymbol{e}_a \otimes \boldsymbol{e}_b)^{\dagger}\boldsymbol{e}(j, m).$$

Im Besonderen erhalten wir die Clebsch/Gordan–Koeffizienten

$$\underline{\underline{C\left((\frac{1}{2}, -\frac{1}{2}), (\frac{1}{2}, \frac{1}{2}); j = 1, m = 0\right)}} = (\boldsymbol{e}_{\frac{1}{2},-\frac{1}{2}} \otimes \boldsymbol{e}_{\frac{1}{2},\frac{1}{2}})^{\dagger}\boldsymbol{e}(1, 0) = \underline{\underline{\frac{1}{\sqrt{2}}}},$$

$$\underline{\underline{C\left((\frac{1}{2}, \frac{1}{2}), (\frac{1}{2}, -\frac{1}{2}); j = 1, m = 0\right)}} = (\boldsymbol{e}_{\frac{1}{2},\frac{1}{2}} \otimes \boldsymbol{e}_{\frac{1}{2},-\frac{1}{2}})^{\dagger}\boldsymbol{e}(1, 0) = \underline{\underline{\frac{1}{\sqrt{2}}}}.$$

Einen anderen Clebsch-Gordan-Koeffizient kann man direkt aus (13.20) erhalten:

$$\underline{\underline{C\left((\frac{1}{2}, \frac{1}{2}), (\frac{1}{2}, \frac{1}{2}); j = 1, m = 1\right) = 1.}}$$

Anwendung des Operators $\boldsymbol{J}_{-}$ ergibt

$$\underline{\underline{C\left((\frac{1}{2}, \frac{1}{2}), (\frac{1}{2}, -\frac{1}{2}); j = 1, m = -1\right) = 1.}}$$

Bis jetzt haben wir die drei Basisvektoren erhalten, nämlich

$$\frac{1}{\sqrt{2}}\begin{pmatrix}0\\1\\1\\0\end{pmatrix}, \begin{pmatrix}1\\0\\0\\0\end{pmatrix} \text{ und } \begin{pmatrix}0\\0\\0\\1\end{pmatrix}.$$

Durch Wahl eines orthonormalen Vektors zu $\boldsymbol{e}_{j=1,m=0}$, erhalten wir die gesuchten Basisvektoren

$$\frac{1}{\sqrt{2}}\begin{pmatrix}0\\1\\-1\\0\end{pmatrix}.$$

D.h., dass die zusätzlichen Clebsch-Gordan-Koeffizienten $\underline{\underline{\pm\frac{1}{\sqrt{2}}}}$ sind.

8.5. Da $\boldsymbol{J}^2$ und $\boldsymbol{J}_3$ kommutieren, haben sie dieselben Eigenvektoren $\boldsymbol{e}_{jm}$. Die Eigenwertgleichungen von $\boldsymbol{J}$ sind

$$\boldsymbol{J}^2\boldsymbol{e}_{jm} = j(j+1)\hbar^2\boldsymbol{e}_{jm}, \tag{13.22}$$

$$\boldsymbol{J}_3\boldsymbol{e}_{jm} = m\hbar\boldsymbol{e}_{jm}, \quad -j \le m \le j. \tag{13.23}$$

Die größte Gesamtdrehimpulsquantenzahl ist $j = m = \ell + \frac{1}{2}$. Zu diesen Werten gehört genau ein Vektor in der gekoppelten und ungekoppelten Basis:

$$\boldsymbol{e}_{j=\ell+\frac{1}{2},m=\ell+\frac{1}{2}} = \boldsymbol{e}_{\ell,\ell} \otimes \boldsymbol{e}_{\frac{1}{2},\frac{1}{2}}.$$

Wie in der vorhergenden Aufgabe wenden wir den Operator

$$\boldsymbol{J}_- = \boldsymbol{J}_1 + i\boldsymbol{J}_2 = \boldsymbol{L}_- \otimes \boldsymbol{I}_S + \boldsymbol{I}_L \otimes \boldsymbol{S}_-$$

an, und erhalten

$$\boldsymbol{J}_-\boldsymbol{e}_{j=\ell+\frac{1}{2},m=\ell+\frac{1}{2}} = \boldsymbol{L}_-\boldsymbol{e}_{\ell,\ell} \otimes \boldsymbol{e}_{\frac{1}{2},\frac{1}{2}} + \boldsymbol{e}_{\ell,\ell} \otimes \boldsymbol{S}_-\boldsymbol{e}_{\frac{1}{2},\frac{1}{2}}. \tag{13.24}$$

Mit (6.52), nämlich

$$\boldsymbol{L}_-\boldsymbol{e}_{\boldsymbol{\ell m}} = [\ell(\ell+1) - m(m-1)]^{1/2}\,\hbar\boldsymbol{e}_{\boldsymbol{\ell},\boldsymbol{m-1}},$$

$$\boldsymbol{J}_-\boldsymbol{e}_{\boldsymbol{jm}} = [j(j+1) - m(m-1)]^{1/2}\,\hbar\boldsymbol{e}_{\boldsymbol{j},\boldsymbol{m-1}},$$

$$\boldsymbol{S}_-\boldsymbol{e}_{\boldsymbol{sm}} = [s(s+1) - m(m-1)]^{1/2}\,\hbar\boldsymbol{e}_{\boldsymbol{s},\boldsymbol{m-1}},$$

erhalten wir aus (13.24)

$$(2\ell+1)^{\frac{1}{2}}\hbar \boldsymbol{e}_{j=\ell+\frac{1}{2},m=\ell-\frac{1}{2}} = (2\ell)^{\frac{1}{2}}\hbar \boldsymbol{e}_{\ell,\ell-1}\otimes \boldsymbol{e}_{\frac{1}{2},\frac{1}{2}} + (1)^{\frac{1}{2}}\hbar \boldsymbol{e}_{\ell,\ell}\otimes \boldsymbol{e}_{\frac{1}{2},-\frac{1}{2}}.$$

Das kann auch so geschrieben werden

$$\boldsymbol{e}_{j=\ell+\frac{1}{2},m=\ell-\frac{1}{2}} = \left(\frac{2\ell}{2\ell+1}\right)^{\frac{1}{2}} \boldsymbol{e}_{\ell,\ell-1}\otimes \boldsymbol{e}_{\frac{1}{2},\frac{1}{2}} + \left(\frac{1}{2\ell+1}\right)^{\frac{1}{2}} \boldsymbol{e}_{\ell,\ell}\otimes \boldsymbol{e}_{\frac{1}{2},-\frac{1}{2}}.$$

Die Vektoren $\boldsymbol{e}_{\ell,\ell-1}\otimes \boldsymbol{e}_{\frac{1}{2},\frac{1}{2}}$ und $\boldsymbol{e}_{\ell,\ell}\otimes \boldsymbol{e}_{\frac{1}{2},-\frac{1}{2}}$ sind zueinander orthogonal. Die orthogonale Linearkombination ist deshalb der Zustand des Gesamtdrehimpulses $j = \ell - 1/2$ mit dem gleichen $m = \ell - 1/2$:

$$\boldsymbol{e}_{j=\ell-\frac{1}{2},m=\ell-\frac{1}{2}} = \left(\frac{\ell}{2\ell+1}\right)^{\frac{1}{2}} \boldsymbol{e}_{\ell,\ell-1}\otimes \boldsymbol{e}_{\frac{1}{2},\frac{1}{2}} - \left(\frac{2\ell}{2\ell+1}\right)^{\frac{1}{2}} \boldsymbol{e}_{\ell,\ell}\otimes \boldsymbol{e}_{\frac{1}{2},-\frac{1}{2}}.$$

Durch Anwenden des Operators $\boldsymbol{J}_-$ wie oben und Niederschreiben der orthogonale Linearkombination, finden wir

$$\boldsymbol{e}_{j=\ell+\frac{1}{2},m=\ell-\frac{3}{2}} = \left(\frac{2\ell-1}{2\ell+1}\right)^{\frac{1}{2}} \boldsymbol{e}_{\ell,\ell-2}\otimes \boldsymbol{e}_{\frac{1}{2},\frac{1}{2}} + \left(\frac{2}{2\ell+1}\right)^{\frac{1}{2}} \boldsymbol{e}_{\ell,\ell}\otimes \boldsymbol{e}_{\frac{1}{2},-\frac{1}{2}},$$

$$\boldsymbol{e}_{j=\ell-\frac{1}{2},m=\ell-\frac{3}{2}} = \left(\frac{2}{2\ell+1}\right)^{\frac{1}{2}} \boldsymbol{e}_{\ell,\ell-2}\otimes \boldsymbol{e}_{\frac{1}{2},\frac{1}{2}} - \left(\frac{2\ell-1}{2\ell+1}\right)^{\frac{1}{2}} \boldsymbol{e}_{\ell,\ell-1}\otimes \boldsymbol{e}_{\frac{1}{2},-\frac{1}{2}}.$$

Mit dieser Methode erhalten wir das allgemeine Ergebnis

$$\boldsymbol{e}_{j=\ell+\frac{1}{2},m} = \left(\frac{\ell+m+\frac{1}{2}}{2\ell+1}\right)^{\frac{1}{2}} \boldsymbol{e}_{\ell,m-\frac{1}{2}}\otimes \boldsymbol{e}_{\frac{1}{2},\frac{1}{2}} + \left(\frac{\ell-m+\frac{1}{2}}{2\ell+1}\right)^{\frac{1}{2}} \boldsymbol{e}_{\ell,m+\frac{1}{2}}\otimes \boldsymbol{e}_{\frac{1}{2},-\frac{1}{2}},$$

$$\boldsymbol{e}_{j=\ell-\frac{1}{2},m} = \left(\frac{\ell-m+\frac{1}{2}}{2\ell+1}\right)^{\frac{1}{2}} \boldsymbol{e}_{\ell,m-\frac{1}{2}}\otimes \boldsymbol{e}_{\frac{1}{2},\frac{1}{2}} - \left(\frac{\ell+m+\frac{1}{2}}{2\ell+1}\right)^{\frac{1}{2}} \boldsymbol{e}_{\ell,m+\frac{1}{2}}\otimes \boldsymbol{e}_{\frac{1}{2},-\frac{1}{2}}.$$

Es gibt insgesamt $2(2\ell+1)$ Zustände. Die Clebsch-Gordan-Koeffizienten sind

$$\underline{\underline{C\left((\ell, m\mp\frac{1}{2}), (\frac{1}{2}, \pm\frac{1}{2}); j=\ell+\frac{1}{2}, m\right)}}$$

$$(\boldsymbol{e}_{\ell,m\mp\frac{1}{2}}\otimes \boldsymbol{e}_{\frac{1}{2},\pm\frac{1}{2}})^{\dagger}\boldsymbol{e}_{j=\ell+\frac{1}{2},m} = \underline{\underline{\left(\frac{\ell\pm m+\frac{1}{2}}{2\ell+1}\right)^{\frac{1}{2}}}},$$

und

$$\underline{\underline{C\left((\ell, m \mp \frac{1}{2}), (\frac{1}{2}, \pm\frac{1}{2}); j = \ell - \frac{1}{2}, m\right)}}$$

$$= (\boldsymbol{e}_{\ell, m\mp\frac{1}{2}} \otimes \boldsymbol{e}_{\frac{1}{2},\pm\frac{1}{2}})^{\dagger} \boldsymbol{e}_{j=\ell-\frac{1}{2},m} = \underline{\underline{\pm\left(\frac{\ell \mp m + \frac{1}{2}}{2\ell+1}\right)^{\frac{1}{2}}}}.$$

9.1. Beim normalen Zeeman-Effekt wird das Energiespektrum durch die Wirkung des Magnetfeldes in $2\ell + 1$ Stufen aufgeteilt. Der höchste ℓ–Wert für ein feste n ist $\ell = n - 1$, und das enthält $2\ell + 1 = 2n - 1$ Werte für m. Für $\ell = 2$, finden wir deshalb $2\ell + 1 = 5$ Werte von m, nämlich $m = +2, +1, 0, -1$ und -2. Mit anderen Worten, das Niveau $\ell = 2$ wird aufgeteilt in $\underline{\underline{5}}$ Stufen.

10.1. Es ist

$$\begin{pmatrix} c_{11} & c_{12} \\ c_{21} & c_{22} \end{pmatrix} = \boldsymbol{C} = \begin{pmatrix} a_1 b_1 & a_1 b_2 \\ a_2 b_1 & a_2 b_2 \end{pmatrix} = \begin{pmatrix} a_1 \boldsymbol{b}^{\mathsf{T}} \\ a_2 \boldsymbol{b}^{\mathsf{T}} \end{pmatrix} = \boldsymbol{a}\boldsymbol{b}^{\mathsf{T}}.$$

In der zweiten Matrix ist die zweite Zeile ein Mehrfaches der ersten Zeile, deshalb ist die Determinante der Matrix gleich null. Daraus folgt, dass die Determinante von $\boldsymbol{C}$ ebenfalls gleich null sein muss:

$$c_{11}\, c_{22} - c_{12}\, c_{21} = 0.$$

Ein algebraisches Computerprogramm für die Berechnung von a_i und b_j ist in [ST10] zu finden.

10.2.

$$\boldsymbol{A}_{1,2}\boldsymbol{B}_{1,2} = (\boldsymbol{A} \otimes \boldsymbol{I}_B)(\boldsymbol{I}_A \otimes \boldsymbol{B}) = \boldsymbol{A} \otimes \boldsymbol{B},$$

$$\boldsymbol{B}_{1,2}\boldsymbol{A}_{1,2} = (\boldsymbol{I}_A \otimes \boldsymbol{B})(\boldsymbol{A} \otimes \boldsymbol{I}_B) = \boldsymbol{A} \otimes \boldsymbol{B}.$$

Daraus folgt

$$[\boldsymbol{A}_{1,2}, \boldsymbol{B}_{1,2}] = \boldsymbol{A} \otimes \boldsymbol{B} - \boldsymbol{A} \otimes \boldsymbol{B} = \boldsymbol{0}.$$

10.3.

$$\langle \boldsymbol{A}_{1,2} \rangle = (\boldsymbol{\xi}_1 \otimes \boldsymbol{\xi}_2)^{\dagger}(\boldsymbol{A} \otimes \boldsymbol{I}_B)(\boldsymbol{\xi}_1 \otimes \boldsymbol{\xi}_2) = (\boldsymbol{\xi}_1^{\dagger}\boldsymbol{A}\boldsymbol{\xi}_1)\underbrace{(\boldsymbol{\xi}_2^{\dagger}\boldsymbol{\xi}_2)}_{1} = \langle \boldsymbol{A} \rangle,$$

$$\langle \boldsymbol{B}_{1,2} \rangle = (\boldsymbol{\xi}_1 \otimes \boldsymbol{\xi}_2)^{\dagger}(\boldsymbol{I}_A \otimes \boldsymbol{B})(\boldsymbol{\xi}_1 \otimes \boldsymbol{\xi}_2) = \underbrace{(\boldsymbol{\xi}_1^{\dagger}\boldsymbol{\xi}_1)}_{1}(\boldsymbol{\xi}_2^{\dagger}\boldsymbol{B}\boldsymbol{\xi}_2) = \langle \boldsymbol{B} \rangle.$$

10.4. Aus (11.8), erhalten wir

$$P(\xi_1 \otimes \xi_2) = \xi_2 \otimes \xi_1$$

mit der Permutationsmatrix

$$P = U_{2\times 2} = \left(\begin{array}{cc|cc} 1 & 0 & 0 & 0 \\ 0 & 0 & 1 & 0 \\ \hline 0 & 1 & 0 & 0 \\ 0 & 0 & 0 & 1 \end{array}\right).$$

Da P symmetrisch und reell ist, erhalten wir $P^\dagger = P$. Wegen $P^2 = I_4$, erhalten wir $P^{-1} = P$. Die Matrix P hat deshalb nur die Eigenwerte ± 1.

11.1. Schrödinger würde jedem Zustand der Katze je eine Wellenfunktion zuzuordnen, nämlich „lebend nach einer Stunde" und „tot nach einer Stunde ". Die Wahrscheinlichkeit für beide Zustände würde gleich sein. Der gesamte Zustand des Systems würde dann eine Überlagerung der beiden Wellenfunktionen sein. Mit anderen Worten, die ψ-Funktion des Systems würde zum Ausdruck bringen, dass die lebende und die tote Katze zu gleichen Teilen vermischt sind.

Gemäß der *Kopenhagener Interpretation* der Quantenmechanik bricht die Wellenfunktion im Messzeitpunkt zusammen. Wenn man die Schachtel öffnet, um nachzusehen (d. h., man mißt), springt der Zustand des Systems von dem vorhergehenden Überlagerungszustand, in einen der Eigenzustände. Es wird also von dem Messzeitpunkt bestimmt (von einem äußeren Beobachter), ob die Katze lebt oder tot ist. Vor dem Messen können wir nur eine Wahrscheinlichkeitsaussage über den Zustand der Katze machen.

Aus Sicht der *Ensemble-Theorie*, würde der Versuch durch ein Ensemble von identischen Systemen beschrieben, z. B. durch 10.000 Behälter mit je einer Katze in ihnen. Nach einem gewissen Zeitintervall würden annähernd 5000 Katzen tot sein und 5000 Katzen leben. Dieses Ergebnis folgt dem Gesetz der großen Zahl, dass je mehr Experimente man macht, um so besser stimmt das Ergebnis mit der theoretischen Wahrscheinlichkeit von 50 % überein. Das ist die Interpretation eines Physikers, währen andere Interpretationen (wie Everetts *Paralleluniversum*, mit einem Universum für die lebende und einem Universum für die tote Katze) mehr zur Philosophie gehört. In jedem Fall ist es besser, von Schröders Katzen (im *Plural*) zu sprechen.

11.2. a)

$$\begin{aligned}[p, x]\psi(x) = (px - xp)\psi(x) &= \frac{\hbar}{i}\frac{\partial}{\partial x}x\psi(x) - x\frac{\hbar}{i}\frac{\partial}{\partial x}\psi(x) \\ &= \frac{\hbar}{i}\psi(x) + x\frac{\hbar}{i}\frac{\partial}{\partial x}\psi(x) - x\frac{\hbar}{i}\frac{\partial}{\partial x}\psi(x) = \frac{\hbar}{i}\psi(x).\end{aligned}$$

Mit andern Worten $\underline{\underline{[p, x] = \frac{\hbar}{i}}}$.

b)

$$[p, x^n]\psi(x) = \frac{\hbar}{i}\frac{\partial}{\partial x}x^n\psi(x) - x^n\frac{\hbar}{i}\frac{\partial}{\partial x}\psi(x)$$
$$= nx^{n-1}\frac{\hbar}{i}\psi(x) + x^n\frac{\hbar}{i}\frac{\partial}{\partial x}\psi(x) - x^n\frac{\hbar}{i}\frac{\partial}{\partial x}\psi(x) = nx^{n-1}\frac{\hbar}{i}\psi(x),$$

i.e. $\underline{\underline{[p, x^n] = n\frac{\hbar}{i}x^{n-1}}}$.

c) Mit der Kommutatorregel von Aufgabe 3.7

$$[\boldsymbol{AB}, \boldsymbol{C}] = \boldsymbol{A}[\boldsymbol{B}, \boldsymbol{C}] + [\boldsymbol{A}, \boldsymbol{C}]\boldsymbol{B},$$

beweisen wir die Aussage durch Induktion.

$\underline{n = 2:}$

$$[p^2, x] = [p \cdot p, x] = p\underbrace{[p, x]}_{\frac{\hbar}{i}\boldsymbol{I}} + [p, x]p = 2\frac{\hbar}{i}p.$$

$\underline{n - 1 \to n:}$

$$\underline{\underline{[p^n, x]}} = [p \cdot p^{n-1}, x] = p\underbrace{[p^{n-1}, x]}_{(n-1)\frac{\hbar}{i}p^{n-2}} + \underbrace{[p, x]}_{\frac{\hbar}{i}}p^{n-1} = \underline{\underline{n\frac{\hbar}{i}p^{n-1}}}.$$

11.3. Die Differentiation eines Operators A nach der Zeit t ist so

$$\frac{\mathrm{d}A}{\mathrm{d}t} \overset{\mathrm{def}}{=} \lim_{\epsilon \to 0} \frac{A(t+\epsilon) - A(t)}{\epsilon}$$

definiert. Für zwei zeitabhängig Operatoren $A(t)$ und $B(t)$, erhalten wir

$$\underline{\underline{\frac{\mathrm{d}}{\mathrm{d}t}(A(t)B(t))}} = \lim_{\epsilon \to 0} \frac{A(t+\epsilon)B(t+\epsilon) - A(t)B(t)}{\epsilon}$$
$$= \lim_{\epsilon \to 0} \left[\frac{[A(t+\epsilon) - A(t)]B(t)}{\epsilon} + \frac{A(t+\epsilon)[B(t+\epsilon) - B(t)]}{\epsilon}\right]$$
$$= \underline{\underline{\frac{\mathrm{d}A(t)}{\mathrm{d}t}B(t) + A(t)\frac{\mathrm{d}B(t)}{\mathrm{d}t}}}. \tag{13.25}$$

Jetzt zeigen wir induktiv, dass

$$\frac{\mathrm{d}A(t)^n}{\mathrm{d}t} = \sum_{\nu=1}^{n} A(t)^{\nu-1}\frac{\mathrm{d}A}{\mathrm{d}t}A(t)^{n-\nu}$$

n = 2:

$$\frac{\mathrm{d}A(t)^2}{\mathrm{d}t} = \frac{\mathrm{d}A(t)}{\mathrm{d}t}A(t) + A(t)\frac{\mathrm{d}A(t)}{\mathrm{d}t} = \sum_{\nu=1}^{2} A(t)^{\nu-1}\frac{\mathrm{d}A}{\mathrm{d}t}A(t)^{2-\nu}.$$

$n \to n+1$:

$$\underline{\underline{\frac{\mathrm{d}A(t)^{n+1}}{\mathrm{d}t}}} \overset{(A.25)}{=} \frac{\mathrm{d}A(t)^n}{\mathrm{d}t}A(t) + A(t)^n\frac{\mathrm{d}A(t)}{\mathrm{d}t}$$

$$\overset{n}{=} \sum_{\nu=1}^{n} A(t)^{\nu-1}\frac{\mathrm{d}A}{\mathrm{d}t}A(t)^{n-\nu} + A(t)^n\frac{\mathrm{d}A(t)}{\mathrm{d}t}$$

$$= \underline{\underline{\sum_{\nu=1}^{n+1} A(t)^{\nu-1}\frac{\mathrm{d}A}{\mathrm{d}t}A(t)^{n+1-\nu}}}.$$

Die Differentiation einer Funktion $f(A)$ eines Operators A bezüglich eines Operators A ist so definiert

$$\frac{\mathrm{d}f(A)}{\mathrm{d}A} \overset{\mathrm{def}}{=} \lim_{\epsilon\to 0}\frac{f(A+\epsilon\,\mathbf{1}) - f(A)}{\epsilon},$$

mit dem neutralen Element $\mathbf{1}$. Wir erhalten eine ähnliche Produktregel

$$\begin{aligned}
\underline{\underline{\frac{\mathrm{d}}{\mathrm{d}A}(f(A)g(A))}} &= \lim_{\epsilon\to 0}\frac{f(A+\epsilon\,\mathbf{1})g(A+\epsilon\,\mathbf{1}) - f(A)g(A)}{\epsilon} \\
&= \lim_{\epsilon\to 0}\left[\frac{[f(A+\epsilon\,\mathbf{1}) - f(A)]g(A)}{\epsilon} + \frac{f(A+\epsilon\,\mathbf{1})[g(t+\epsilon\,\mathbf{1}) - g(A)]}{\epsilon}\right] \\
&= \underline{\underline{\frac{\mathrm{d}f(A)}{\mathrm{d}A}g(A) + f(A)\frac{\mathrm{d}g(A)}{\mathrm{d}A}}}.
\end{aligned}$$

12.1. Die Gammamatrizen sind so definiert

$$\boldsymbol{\gamma}_i \overset{\mathrm{def}}{=} \boldsymbol{\beta}\boldsymbol{\alpha}_i.$$

Mit (12.38) bis (12.41), wobei $\boldsymbol{\sigma}_j$ die Pauli-Matrizen sind, erhalten wir

$$\boldsymbol{\alpha}_1 = \boldsymbol{\sigma}_1 \otimes \boldsymbol{\sigma}_1 = \begin{pmatrix} \mathbf{0} & \boldsymbol{\sigma}_1 \\ \boldsymbol{\sigma}_1 & \mathbf{0} \end{pmatrix} = \begin{pmatrix} 0&0&0&1 \\ 0&0&1&0 \\ 0&1&0&0 \\ 1&0&0&0 \end{pmatrix},$$

$$\boldsymbol{\alpha}_2 = \boldsymbol{\sigma}_1 \otimes \boldsymbol{\sigma}_2 = \begin{pmatrix} \mathbf{0} & \boldsymbol{\sigma}_2 \\ \boldsymbol{\sigma}_2 & \mathbf{0} \end{pmatrix} = \begin{pmatrix} 0 & 0 & 0 & -i \\ 0 & 0 & i & 0 \\ 0 & -i & 0 & 0 \\ i & 0 & 0 & 0 \end{pmatrix},$$

$$\boldsymbol{\alpha}_3 = \boldsymbol{\sigma}_1 \otimes \boldsymbol{\sigma}_3 = \begin{pmatrix} \mathbf{0} & \boldsymbol{\sigma}_3 \\ \boldsymbol{\sigma}_3 & \mathbf{0} \end{pmatrix} = \begin{pmatrix} 0 & 0 & 1 & 0 \\ 0 & 0 & 0 & -1 \\ 1 & 0 & 0 & 0 \\ 0 & -1 & 0 & 0 \end{pmatrix},$$

$$\boldsymbol{\beta} = \boldsymbol{\sigma}_3 \otimes \boldsymbol{I}_2 = \begin{pmatrix} \boldsymbol{I}_2 & \mathbf{0} \\ \mathbf{0} & -\boldsymbol{I}_2 \end{pmatrix} = \begin{pmatrix} 1 & 0 & 0 & 0 \\ 0 & 1 & 0 & 0 \\ 0 & 0 & -1 & 0 \\ 0 & 0 & 0 & -1 \end{pmatrix}.$$

In dieser Form finden wir sofort

$$\boldsymbol{\gamma}_j^2 = \begin{pmatrix} \mathbf{0} & \boldsymbol{\sigma}_j \\ -\boldsymbol{\sigma}_j & \mathbf{0} \end{pmatrix} \begin{pmatrix} \mathbf{0} & \boldsymbol{\sigma}_j \\ -\boldsymbol{\sigma}_j & \mathbf{0} \end{pmatrix} = \begin{pmatrix} -\boldsymbol{I}_2 & \mathbf{0} \\ \mathbf{0} & -\boldsymbol{I}_2 \end{pmatrix} = -\boldsymbol{I}_4, \tag{13.26}$$

also $\boldsymbol{\sigma}_j^2 = \boldsymbol{I}_2$ für alle j. Mit dem *Levi-Civita-Symbol* finden wir für das Produkt zweier Pauli-Matrizen ($\mu \neq \nu$)

$$\boldsymbol{\sigma}_\mu \boldsymbol{\sigma}_\nu = i \sum_\kappa \varepsilon_{\mu\nu\kappa} \boldsymbol{\sigma}_\kappa. \tag{13.27}$$

Mit (13.27), erhalten wir schließlich ($\mu \neq \nu$)

$$\begin{aligned} \boldsymbol{\gamma}_\mu \boldsymbol{\gamma}_\nu &= \begin{pmatrix} \mathbf{0} & \boldsymbol{\sigma}_\mu \\ -\boldsymbol{\sigma}_\mu & \mathbf{0} \end{pmatrix} \begin{pmatrix} \mathbf{0} & \boldsymbol{\sigma}_\nu \\ -\boldsymbol{\sigma}_\nu & \mathbf{0} \end{pmatrix} \\ &= \begin{pmatrix} -\boldsymbol{\sigma}_\mu \boldsymbol{\sigma}_\nu & \mathbf{0} \\ \mathbf{0} & -\boldsymbol{\sigma}_\mu \boldsymbol{\sigma}_\nu \end{pmatrix} = \begin{pmatrix} -i \sum_\kappa \varepsilon_{\mu\nu\kappa} \boldsymbol{\sigma}_\kappa & \mathbf{0} \\ \mathbf{0} & -i \sum_\kappa \varepsilon_{\mu\nu\kappa} \boldsymbol{\sigma}_\kappa \end{pmatrix}. \end{aligned} \tag{13.28}$$

Man erhält z. B.

$$\boldsymbol{\gamma}_1 \boldsymbol{\gamma}_2 = \begin{pmatrix} -i\boldsymbol{\sigma}_3 & \mathbf{0} \\ \mathbf{0} & -i\boldsymbol{\sigma}_3 \end{pmatrix} = \begin{pmatrix} -i & 0 & 0 & 0 \\ 0 & i & 0 & 0 \\ 0 & 0 & -i & 0 \\ 0 & 0 & 0 & i \end{pmatrix}.$$

Aus (13.28), erkennt man sofort

$$\boldsymbol{\gamma}_\mu \boldsymbol{\gamma}_\nu = -\boldsymbol{\gamma}_\nu \boldsymbol{\gamma}_\mu, \tag{13.29}$$

was impliziert, dass die Matrizen antikommutativ sind:

$$\{\boldsymbol{\gamma}_\mu, \boldsymbol{\gamma}_\nu\} \stackrel{\text{def}}{=} \boldsymbol{\gamma}_\mu \boldsymbol{\gamma}_\nu + \boldsymbol{\gamma}_\nu \boldsymbol{\gamma}_\mu = \mathbf{0}. \tag{13.30}$$

Das Kommutationsgesetz folgt ebenfalls aus (13.28) als

$$[\boldsymbol{\gamma}_\mu, \boldsymbol{\gamma}_\nu] \stackrel{\text{def}}{=} \boldsymbol{\gamma}_\mu \boldsymbol{\gamma}_\nu - \boldsymbol{\gamma}_\nu \boldsymbol{\gamma}_\mu = 2 \begin{pmatrix} -i \sum_\kappa \varepsilon_{\mu\nu\kappa} \boldsymbol{\sigma}_\kappa & \mathbf{0} \\ \mathbf{0} & -i \sum_\kappa \varepsilon_{\mu\nu\kappa} \boldsymbol{\sigma}_\kappa \end{pmatrix}. \tag{13.31}$$

12.2. Mit (2.5) bis (2.4), erhalten wir zuerst

$$i\,\boldsymbol{\gamma}_0 \frac{\partial}{\partial x_0} = \begin{pmatrix} i\frac{\partial}{\partial x_0} & 0 & 0 & 0 \\ 0 & i\frac{\partial}{\partial x_0} & 0 & 0 \\ 0 & 0 & -i\frac{\partial}{\partial x_0} & 0 \\ 0 & 0 & 0 & -i\frac{\partial}{\partial x_0} \end{pmatrix}, \tag{13.32}$$

$$i\,\boldsymbol{\gamma}_1 \frac{\partial}{\partial x_1} = \begin{pmatrix} 0 & 0 & 0 & i\frac{\partial}{\partial x_1} \\ 0 & 0 & i\frac{\partial}{\partial x_1} & 0 \\ 0 & -i\frac{\partial}{\partial x_1} & 0 & 0 \\ -i\frac{\partial}{\partial x_1} & 0 & 0 & 0 \end{pmatrix}, \tag{13.33}$$

$$i\,\boldsymbol{\gamma}_1 \frac{\partial}{\partial x_2} = \begin{pmatrix} 0 & 0 & 0 & \frac{\partial}{\partial x_2} \\ 0 & 0 & -\frac{\partial}{\partial x_2} & 0 \\ 0 & -\frac{\partial}{\partial x_2} & 0 & 0 \\ \frac{\partial}{\partial x_2} & 0 & 0 & 0 \end{pmatrix}, \tag{13.34}$$

$$i\,\boldsymbol{\gamma}_1 \frac{\partial}{\partial x_3} = \begin{pmatrix} 0 & 0 & i\frac{\partial}{\partial x_3} & 0 \\ 0 & 0 & 0 & -i\frac{\partial}{\partial x_3} \\ -i\frac{\partial}{\partial x_3} & 0 & 0 & 0 \\ 0 & i\frac{\partial}{\partial x_3} & 0 & 0 \end{pmatrix}. \tag{13.35}$$

Addition dieser vier Matrizen ergibt

$$
i\partial = i\sum_{j=0}^{3}\boldsymbol{\gamma}_j\frac{\partial}{\partial x_j}
= \begin{pmatrix}
i\frac{\partial}{\partial x_0} & 0 & i\frac{\partial}{\partial x_3} & i\frac{\partial}{\partial x_1}+\frac{\partial}{\partial x_2}\\
0 & i\frac{\partial}{\partial x_0} & i\frac{\partial}{\partial x_1}-\frac{\partial}{\partial x_2} & -i\frac{\partial}{\partial x_3}\\
-i\frac{\partial}{\partial x_3} & -i\frac{\partial}{\partial x_1}-\frac{\partial}{\partial x_2} & -i\frac{\partial}{\partial x_0} & 0\\
\frac{\partial}{\partial x_2}-i\frac{\partial}{\partial x_1} & i\frac{\partial}{\partial x_3} & 0 & -i\frac{\partial}{\partial x_0}
\end{pmatrix}. \tag{13.36}
$$

Das ergibt vier lineare Differentialgleichungen:

$$
\begin{aligned}
&(i\partial - \frac{m_0}{\hbar}\boldsymbol{I}_4)\boldsymbol{\psi}\\
&= \begin{pmatrix}
i\frac{\partial}{\partial x_0}-\frac{m_0}{\hbar} & 0 & i\frac{\partial}{\partial x_3} & i\frac{\partial}{\partial x_1}+\frac{\partial}{\partial x_2}\\
0 & i\frac{\partial}{\partial x_0}-\frac{m_0}{\hbar} & i\frac{\partial}{\partial x_1}-\frac{\partial}{\partial x_2} & -i\frac{\partial}{\partial x_3}\\
-i\frac{\partial}{\partial x_3} & -i\frac{\partial}{\partial x_1}-\frac{\partial}{\partial x_2} & -i\frac{\partial}{\partial x_0}-\frac{m_0}{\hbar} & 0\\
\frac{\partial}{\partial x_2}-i\frac{\partial}{\partial x_1} & i\frac{\partial}{\partial x_3} & 0 & -i\frac{\partial}{\partial x_0}-\frac{m_0}{\hbar}
\end{pmatrix}
\begin{pmatrix}\psi_0\\ \psi_1\\ \psi_2\\ \psi_3\end{pmatrix}\\
&= \begin{pmatrix}
i\frac{\partial\psi_0}{\partial x_0}+i\frac{\partial\psi_3}{\partial x_1}+\frac{\partial\psi_3}{\partial x_2}+i\frac{\partial\psi_2}{\partial x_3}-\frac{m_0}{\hbar}\psi_0\\
i\frac{\partial\psi_1}{\partial x_0}+i\frac{\partial\psi_2}{\partial x_1}-\frac{\partial\psi_2}{\partial x_2}-i\frac{\partial\psi_3}{\partial x_3}-\frac{m_0}{\hbar}\psi_1\\
-i\frac{\partial\psi_2}{\partial x_0}-i\frac{\partial\psi_1}{\partial x_1}-\frac{\partial\psi_1}{\partial x_2}-i\frac{\partial\psi_0}{\partial x_3}-\frac{m_0}{\hbar}\psi_2\\
-i\frac{\partial\psi_3}{\partial x_0}-i\frac{\partial\psi_0}{\partial x_1}+\frac{\partial\psi_0}{\partial x_2}+i\frac{\partial\psi_1}{\partial x_3}-\frac{m_0}{\hbar}\psi_3
\end{pmatrix}
= \begin{pmatrix}0\\0\\0\\0\end{pmatrix}.
\end{aligned} \tag{13.37}
$$

Mit dem Ansatz für eine ebene Welle

$$
\boldsymbol{\psi}(\boldsymbol{x},t) = \begin{pmatrix}c_1\\c_2\\c_3\\c_4\end{pmatrix}\exp(i(\boldsymbol{k}^{\mathsf{T}}\boldsymbol{x}-\omega t)), \tag{13.38}
$$

erhalten wir die erste Ableitung

$$
\frac{\partial}{\partial x_0}\boldsymbol{\psi} = \boldsymbol{c}\,(-i\,\omega/c)\exp(i(\boldsymbol{k}^{\mathsf{T}}\boldsymbol{x}-\omega t)). \tag{13.39}
$$

Mit $\boldsymbol{k}^{\mathsf{T}}\boldsymbol{x} = k_1x_1 + k_2x_2 + k_3x_3$, erhalten wir weiter

$$\frac{\partial}{\partial x_j}\boldsymbol{\psi} = \boldsymbol{c}\,(i\,k_j)\exp(i(\boldsymbol{k}^{\mathsf{T}}\boldsymbol{x} - \omega t)). \tag{13.40}$$

Wenn wir diese Ableitungen in (13.37) einsetzen, erhalten wir endgültig die linearen algebraischen Gleichungen

$$\begin{pmatrix} \frac{\omega}{c} - \frac{m_0}{\hbar} & 0 & -k_3 & ik_2 - k_1 \\ 0 & \frac{\omega}{c} - \frac{m_0}{\hbar} & -k_1 - ik_2 & k_3 \\ k_3 & k_1 - ik_2 & -\frac{\omega}{c} - \frac{m_0}{\hbar} & 0 \\ k_1 + ik_2 & -k_3 & 0 & -\frac{\omega}{c} - \frac{m_0}{\hbar} \end{pmatrix} \boldsymbol{c} = \boldsymbol{0}. \tag{13.41}$$

Es gibt ein algebraisches Computerprogramm (in MAXIMA geschrieben) in [ST10].

13.2 Anhang B

13.2.1 Das Kronecker-Produkt

Definitionen

Das Kronecker-Produkt zweier Matrizen $\boldsymbol{A} \in \mathbb{C}^{n\times m}$ und $\boldsymbol{B} \in \mathbb{C}^{p\times q}$ ergibt eine Matrix $\boldsymbol{C} \in \mathbb{C}^{np\times mq}$, geschrieben

$$\boldsymbol{A} \otimes \boldsymbol{B} = \boldsymbol{C}.$$

Hierbei wird die Untermatrix $\boldsymbol{C}_{ij} \in \mathbb{C}^{p\times q}$ für $i = 1$ bis n und $j = 1$ bis m so definiert

$$\boldsymbol{C}_{ij} \stackrel{\text{def}}{=} a_{ij}\boldsymbol{B}.$$

Insgesamt hat die Matrix $\boldsymbol{C}$ die Form

$$\boldsymbol{C} = \begin{pmatrix} a_{11}\boldsymbol{B} \; a_{12}\boldsymbol{B} \; \ldots \; a_{1m}\boldsymbol{B} \\ a_{21}\boldsymbol{B} \; a_{22}\boldsymbol{B} \; \ldots \; a_{2m}\boldsymbol{B} \\ \ldots \\ a_{n1}\boldsymbol{B} \; a_{n2}\boldsymbol{B} \; \ldots \; a_{nm}\boldsymbol{B} \end{pmatrix}.$$

Die Matrizenelemente der Produktmatrix $\boldsymbol{C}$ kann man direkt mit Hilfe der Formel

$$c_{i,j} = a_{\lfloor\frac{i-1}{p}\rfloor+1,\lfloor\frac{j-1}{q}\rfloor+1} \cdot b_{i-\lfloor\frac{i-1}{p}\rfloor p,\, j-\lfloor\frac{j-1}{q}\rfloor q},$$

berechnen. $\lfloor x \rfloor$ ist der ganzzahlige Teil von x.

Die Permutationsmatrix $U_{p\times q}$
Die *Permutationsmatrix*

$$U_{p\times q} \stackrel{\text{def}}{=} \sum_{i}^{p}\sum_{k}^{q} E_{ik}^{p\times q} \otimes E_{ki}^{q\times p} \in \mathbb{R}^{pq\times qp} \tag{13.42}$$

hat genau eine Eins in jeder Spalte und in jeder Zeile. Bei der Bildungsmatrix

$$E_{ik}^{p\times q} \stackrel{\text{def}}{=} e_i e_k^{\mathsf{T}}, \tag{13.43}$$

wobei e_i die i-te Spalte von I_p und e_k die k-te Spalte von I_q ist, ist dagegen nur das Matrixelement $E_{ik} = 1$; sonst enthält die Matrix nur Nullen.

Beispielsweise hat die in diesem Buch häufig verwendete Permutationsmatrix $U_{4\times 4} \in \mathbb{R}^{16\times 16}$ die Form

$$U_{4\times 4} = \left(\begin{array}{cccc|cccc|cccc|cccc}
1&0&0&0&0&0&0&0&0&0&0&0&0&0&0&0\\
0&0&0&0&1&0&0&0&0&0&0&0&0&0&0&0\\
0&0&0&0&0&0&0&0&1&0&0&0&0&0&0&0\\
0&0&0&0&0&0&0&0&0&0&0&0&1&0&0&0\\
\hline
0&1&0&0&0&0&0&0&0&0&0&0&0&0&0&0\\
0&0&0&0&0&1&0&0&0&0&0&0&0&0&0&0\\
0&0&0&0&0&0&0&0&0&1&0&0&0&0&0&0\\
0&0&0&0&0&0&0&0&0&0&0&0&0&1&0&0\\
\hline
0&0&1&0&0&0&0&0&0&0&0&0&0&0&0&0\\
0&0&0&0&0&0&1&0&0&0&0&0&0&0&0&0\\
0&0&0&0&0&0&0&0&0&0&1&0&0&0&0&0\\
0&0&0&0&0&0&0&0&0&0&0&0&0&0&1&0\\
\hline
0&0&0&1&0&0&0&0&0&0&0&0&0&0&0&0\\
0&0&0&0&0&0&0&1&0&0&0&0&0&0&0&0\\
0&0&0&0&0&0&0&0&0&0&0&1&0&0&0&0\\
0&0&0&0&0&0&0&0&0&0&0&0&0&0&0&1
\end{array}\right). \tag{13.44}$$

Die Permutationsmatrix hat die folgenden Eigenschaften [Brewer]:

$$U_{p\times q}^{\mathsf{T}} = U_{q\times p}, \tag{13.45}$$

$$U_{p\times q}^{-1} = U_{q\times p}, \tag{13.46}$$

$$U_{p\times 1} = U_{1\times p} = I_p, \tag{13.47}$$

$$U_{n\times n} = U_{n\times n}^{\mathsf{T}} = U_{n\times n}^{-1}. \tag{13.48}$$

Die Permutationsmatrix wird vor allem genutzt, um die Reihenfolge der Multiplikanden in einem Kronecker-Produkt zu vertauschen, denn es gilt

$$U_{s\times p}(B \otimes A)U_{q\times t} = A \otimes B, \quad \text{wenn } A \in \mathbb{R}^{p\times q} \text{ und } B \in \mathbb{R}^{s\times t}. \tag{13.49}$$

Weitere Eigenschaften des Kronecker-Produkts
Die folgenden wichtigen Eigenschaften werden ebenfalls ohne Beweis (siehe z. B. [BR36]) aufgeführt:

$$(\boldsymbol{A} \otimes \boldsymbol{B}) \otimes \boldsymbol{C} = \boldsymbol{A} \otimes (\boldsymbol{B} \otimes \boldsymbol{C}), \tag{13.50}$$

$$(\boldsymbol{A} \otimes \boldsymbol{B})^{\mathrm{T}} = \boldsymbol{A}^{\mathrm{T}} \otimes \boldsymbol{B}^{\mathrm{T}}, \tag{13.51}$$

$$(\boldsymbol{A} \otimes \boldsymbol{B})(\boldsymbol{C} \otimes \boldsymbol{D}) = \boldsymbol{AC} \otimes \boldsymbol{BD}. \tag{13.52}$$

13.3 Anhang C

13.3.1 Fourier-Zerlegung periodischer Funktionen

Sei $f(t)$ eine beliebige periodische Funktion. Ihre Fourier-Zerlegung sieht dann wie folgt aus:

$$f(t) = \frac{y_0}{2} + \sum_{n=1}^{\infty} y_n \cdot \sin(n\omega t + \varphi_n).$$

y_n sind die Amplituden und φ_n die Phasen. Diese Funktion kann mit einem Additionstheorem zerlegt werden:

$$f(t) = \frac{a_0}{2} + \sum_{n=1}^{\infty} a_n \cdot \cos(n\omega t) + \sum_{n=1}^{\infty} b_n \cdot \sin(n\omega t),$$

Die Aufgabe der Fourier-Analyse besteht in der Berechnung der Koeffizienten a_n und b_n mit Hilfe von Integralen über eine volle Periode.

Man kann die Foerier-Reihe mit Hilfe komplexer Zahlen eleganter schreiben

$$f(t) = \sum_{n=-\infty}^{\infty} c_n^{in\omega t}.$$

Den Zusammenhang mit der obigen Schreibweise mittels sin und cos-Ausdrücken erhält man so

$$\begin{aligned}
\sum_{n=-\infty}^{\infty} c_n^{in\omega t} &= c_0 + \sum_{n=1}^{\infty} c_n^{in\omega t} + \sum_{n=-1}^{-\infty} c_n^{in\omega t} \\
&= c_0 + \sum_{n=1}^{\infty} c_n(\cos n\omega t + i \sin n\omega t) + \sum_{n=-1}^{-\infty} c_n(\cos n\omega t + i \sin n\omega t) \\
&= c_0 + \sum_{n=1}^{\infty} c_n(\cos n\omega t + i \sin n\omega t) + \sum_{n=1}^{\infty} c_n(\cos n\omega t - i \sin n\omega t) \\
&= c_0 + \sum_{n=1}^{\infty} \left[(c_n + c_{-n}) \cos n\omega t + i(c_n - c_{-n}) \sin n\omega t\right].
\end{aligned}$$

13.4 Anhang D

13.4.1 Laplace-Runge-Lenz-Vektor

Der Laplace-Runge-Lenz-Vektor ist eine Erhaltungsgröße der Bewegung im $V(r) = -\alpha/r$-Potential (Coulomb-Potential, Gravitationspotential).

In der klassischen Mechanik wird der Vektor hauptsächlich benutzt, um die Form und Orientierung der Umlaufbahn eines astronomischen Körpers um einen anderen zu beschreiben, etwa die Bahn eines Planeten um seinen Stern. Für zwei auf Basis der Newtonschen Physik interagierende Körper ist der Vektor eine Konstante der Bewegung, d. h., er ist auf jedem Punkt der Bahn gleich (Erhaltungsgröße). Es sei

$$\boldsymbol{\ell} = \boldsymbol{r} \times \boldsymbol{p} \tag{13.53}$$

der zeitlich konstante Drehimpuls des Elektrons um den Kern und,

$$\boldsymbol{p} = m\,\boldsymbol{v},$$

der Linearimpuls, dann ist der zeitlich konstante *Laplace-Runge-Lenz*-Vektor so definiert

Definition : *Laplace-Runge-Lenz*-Vektor:

$$\boldsymbol{a} \stackrel{\text{def}}{=} \frac{1}{Ze^2 m}(\boldsymbol{\ell} \times \boldsymbol{p}) + \boldsymbol{r}/r. \tag{13.54}$$

Beweis der zeitlichen Konstanz

Mit $k \stackrel{\text{def}}{=} Z^2 e$ ist

$$\boldsymbol{a} = \frac{1}{k\,m}(\boldsymbol{\ell} \times \boldsymbol{p}) + \boldsymbol{r}/r. \tag{13.55}$$

Außerdem ist für das Potential $V = -k/r$ die zeitliche Ableitung des Impulses

$$\dot{\boldsymbol{p}} = -k\,\boldsymbol{r}/r^3. \tag{13.56}$$

Es ist nun

$$
\begin{aligned}
\dot{\boldsymbol{a}} &= \frac{\mathrm{d}}{\mathrm{d}t}\left(\frac{1}{k\,m}(\boldsymbol{\ell}\times\boldsymbol{p}) + \boldsymbol{r}/r\right)\\
&= \frac{1}{k\,m}(\underbrace{\dot{\boldsymbol{\ell}}}_{0}\times\boldsymbol{p} + \boldsymbol{\ell}\times\dot{\boldsymbol{p}}) + \frac{\dot{\boldsymbol{r}}}{r} + \boldsymbol{r}\left(\left(\frac{\partial}{\partial\boldsymbol{r}}\frac{1}{r}\right)\cdot\dot{\boldsymbol{r}}\right)\\
&= \frac{1}{k\,m}(\boldsymbol{r}\times\boldsymbol{p})\times\dot{\boldsymbol{p}} + \frac{1}{m}\frac{\boldsymbol{p}}{r} + \boldsymbol{r}\left(\boldsymbol{r}\frac{-1}{r^3}\cdot\dot{\boldsymbol{r}}\right).
\end{aligned}
$$

Mit (13.56) und der Vektorproduktregel $\boldsymbol{\alpha}\times\boldsymbol{\beta}\times\boldsymbol{\gamma} = (\boldsymbol{\alpha}\cdot\boldsymbol{\gamma})\boldsymbol{\beta} - (\boldsymbol{\alpha}\cdot\boldsymbol{\beta})\boldsymbol{\gamma}$ wird daraus

$$
\begin{aligned}
\dot{\boldsymbol{a}} &= -\frac{1}{mr^3}\underbrace{(\boldsymbol{r}\times\boldsymbol{p})\times\boldsymbol{r}}_{(\boldsymbol{r}\cdot\boldsymbol{r})\boldsymbol{p}-(\boldsymbol{r}\cdot\boldsymbol{p})\boldsymbol{r}} + \frac{1}{m}\frac{\boldsymbol{p}}{r} + \boldsymbol{r}\left(\boldsymbol{r}\frac{-1}{r^3}\cdot\underbrace{\dot{\boldsymbol{r}}}_{\frac{1}{m}\boldsymbol{p}}\right)\\
&= -\frac{1}{m\,r}\boldsymbol{p} + \frac{1}{m\,r^3}(\boldsymbol{r}\cdot\boldsymbol{p})\boldsymbol{r} + \frac{1}{m\,r}\boldsymbol{p} - \boldsymbol{r}(\boldsymbol{r}\cdot\boldsymbol{p})\frac{1}{m\,r^3} = 0.
\end{aligned}
$$

Damit ist gezeigt, dass der Vektor $\boldsymbol{a}$ zeitlich konstant ist.

Eigenschaften des Vektors a

Lemma: Der Vektor $\boldsymbol{a}$ steht senkrecht zum Drehimpuls-Vektor $\boldsymbol{\ell}$.

Beweis Der Vektor $(\boldsymbol{\ell}\times\boldsymbol{p})$ ist senkrecht zu $\boldsymbol{\ell}$ und der Vektor $\boldsymbol{\ell} = \boldsymbol{r}\times\boldsymbol{p}$ senkrecht zu $\boldsymbol{r}$, also ist

$$
\boldsymbol{\ell}\cdot\boldsymbol{a} = \frac{1}{Ze^2m}\underbrace{\boldsymbol{\ell}\cdot(\boldsymbol{\ell}\times\boldsymbol{p})}_{0} + \underbrace{\boldsymbol{\ell}\cdot\boldsymbol{r}}_{0}/r = 0.\ \boldsymbol{q.e.d.}
$$

Lemma: Das skalare Produkt von $\boldsymbol{a}$ und $\boldsymbol{r}$ ist $\boldsymbol{a}\cdot\boldsymbol{r} = -\frac{1}{Ze^2m}\ell^2 + r$.

Beweis Es ist mit $(\boldsymbol{\alpha}\times\boldsymbol{\beta})\cdot\boldsymbol{\gamma} = \boldsymbol{\alpha}\cdot(\boldsymbol{\beta}\times\boldsymbol{\gamma})$

$$
\boldsymbol{a}\cdot\boldsymbol{r} = \frac{1}{Ze^2m}\underbrace{(\boldsymbol{\ell}\times\boldsymbol{p})\cdot\boldsymbol{r}}_{\underbrace{\boldsymbol{\ell}(\boldsymbol{p}\times\boldsymbol{r})}_{-\ell}} + \frac{(\boldsymbol{r}\cdot\boldsymbol{r})}{r} = -\frac{1}{Ze^2m}\ell^2 + r.\ \boldsymbol{q.e.d.}
$$

Lemma: Es ist $\|\boldsymbol{a}\| = \sqrt{\frac{2H}{Z^2e^4m}\boldsymbol{\ell}^2 + 1}$.

Beweis Es ist mit der Lagrange-Identität

$$(\boldsymbol{\alpha} \times \boldsymbol{\beta}) \cdot (\boldsymbol{\gamma} \times \boldsymbol{\delta}) = (\boldsymbol{\alpha} \cdot \boldsymbol{\gamma})(\boldsymbol{\beta} \cdot \boldsymbol{\delta}) - (\boldsymbol{\alpha} \cdot \boldsymbol{\delta})(\boldsymbol{\beta} \cdot \boldsymbol{\gamma})$$

und der Hamilton-Funktion $H = \frac{1}{2m}\boldsymbol{p}^2 - \frac{Ze^2}{r}$

$$\begin{aligned}
\|\boldsymbol{a}\|^2 = \boldsymbol{a} \cdot \boldsymbol{a} &= \left\| \frac{1}{Ze^2m}(\boldsymbol{\ell} \times \boldsymbol{p}) + \boldsymbol{r}/r \right\|^2 \\
&= \frac{1}{Z^2e^4m^2} \underbrace{(\boldsymbol{\ell} \times \boldsymbol{p}) \cdot (\boldsymbol{\ell} \times \boldsymbol{p})}_{(\boldsymbol{\ell}^2)(\boldsymbol{p}^2) - \underbrace{(\boldsymbol{\ell}\boldsymbol{p})}_{0}(\boldsymbol{p}\boldsymbol{\ell})} + \frac{2}{Ze^2m} \underbrace{(\boldsymbol{\ell} \times \boldsymbol{p}) \cdot \boldsymbol{r}}_{-\boldsymbol{\ell}^2}/r + 1 \\
&= \frac{2}{Z^2e^4m}\boldsymbol{\ell}^2 \underbrace{\left(\frac{1}{2m}\boldsymbol{p}^2 - \frac{Ze^2}{r}\right)}_{H} + 1. \; \boldsymbol{q.e.d.}
\end{aligned}$$

13.5 Anhang E

13.5.1 Permutation allgemein

Eine Permutation ohne Wiederholung ist eine Anordnung von n Objekten. Nachdem es für das erste Objekt n Platzierungsmöglichkeiten gibt, kommen für das zweite Objekt nur noch $n - 1$ Möglichkeiten in Betracht, für das dritte Objekt nur mehr $n - 2$ und so weiter bis zum letzten Objekt, dem nur noch ein freier Platz bleibt. Die Anzahl der möglichen Permutationen von n Objekten wird demnach durch die Fakultät $n! = n \cdot (n-1) \cdot \ldots \cdot 1$ angegeben. Beispielsweise gibt es $4! = 4 \cdot 3 \cdot 2 \cdot 1 = 24$ mögliche Anordnungen von vier verschiedenfarbigen Kugeln in einer Reihe.

In der ausführlichen Darstellung einer n-stelligen Permutation π schreibt man diese als Matrix mit zwei Zeilen und n Spalten. In der oberen Zeile stehen die Zahlen von 1 bis n (in beliebiger Reihenfolge). Unter jeder Zahl $j \in \{1, \ldots, n\}$ steht dann in der zweiten Zeile der Funktionswert $\pi(j)$:

$$\pi = \begin{pmatrix} 1 & 2 & \cdots & n \\ \pi(1) & \pi(2) & \cdots & \pi(n) \end{pmatrix}$$

Auch in der zweiten Zeile steht somit jede Zahl von 1 bis n genau ein Mal.

Beispiel Die Permutation $\pi : \{1, 2, 3, 4\} \to \{1, 2, 3, 4\}$ mit $\pi(1) = 2, \pi(2) = 4, \pi(3) = 3$ und $\pi(4) = 1$ wird in der Zweizeilenform durch

$$\pi = \begin{pmatrix} 1\,2\,3\,4 \\ 2\,4\,3\,1 \end{pmatrix}$$

notiert. Ist eine Permutation π von n Elementen gegeben,

$$\pi : \{1, \ldots, n\} \to \{1, \ldots, n\},$$

dann ist die Permutionsmatrix $\boldsymbol{P}_\pi$ so definiert:

$$\boldsymbol{P}_\pi := \left(\vec{e}_{\pi(1)} \ldots \vec{e}_{\pi(n)} \right)$$

wobei $\vec{e}_i$ der i-te kanonische Basisvektor ist.

Beispiel Sei eine Permutation

$$\pi = \begin{pmatrix} 1\,2\,3\,4\,5 \\ 4\,2\,1\,5\,3 \end{pmatrix}$$

gegeben. Die zugehörige Permutationsmatrix hat nun folgende Form:

$$\begin{aligned} \boldsymbol{P}_\pi &= \left(\vec{e}_{\pi(1)}\ \vec{e}_{\pi(2)}\ \vec{e}_{\pi(3)}\ \vec{e}_{\pi(4)}\ \vec{e}_{\pi(5)} \right) \\ &= \left(\vec{e}_4\ \vec{e}_2\ \vec{e}_1\ \vec{e}_5\ \vec{e}_3 \right) = \begin{pmatrix} 0&0&1&0&0 \\ 0&1&0&0&0 \\ 0&0&0&0&1 \\ 1&0&0&0&0 \\ 0&0&0&1&0 \end{pmatrix} \end{aligned}$$

Hat man nun noch einen Vektor $\vec{v}^T = (v_1, v_2, v_3, v_4, v_5)$ gegeben, dann gilt:

$$\boldsymbol{P}_\pi \vec{v} = \begin{pmatrix} 0&0&1&0&0 \\ 0&1&0&0&0 \\ 0&0&0&0&1 \\ 1&0&0&0&0 \\ 0&0&0&1&0 \end{pmatrix} \begin{pmatrix} v_1 \\ v_2 \\ v_3 \\ v_4 \\ v_5 \end{pmatrix} = \begin{pmatrix} v_3 \\ v_2 \\ v_5 \\ v_1 \\ v_4 \end{pmatrix}.$$

13.6 Anhang F

13.6.1 Determinanten

Determinante einer quadratischen Matrix (axiomatische Beschreibung)
Eine Abbildung vom Raum der quadratischen Matrizen in den zugrundeliegenden Körper bildet jede Matrix auf ihre Determinante ab, wenn sie folgende drei Eigenschaften (Axiome nach Karl Weierstraß) erfüllt, wobei eine quadratische Matrix spaltenweise als $A = (v_1, \ldots, v_n)$ geschrieben wird:

- Sie ist multilinear, d. h. linear in jeder Spalte: Für alle $v_1, \ldots, v_n, w \in V$ gilt:

  $$\det(v_1, \ldots, v_{i-1}, v_i + w, v_{i+1}, \ldots, v_n)$$
  $$= \det(v_1, \ldots, v_{i-1}, v_i, v_{i+1}, \ldots, v_n) + \det(v_1, \ldots, v_{i-1}, w, v_{i+1}, \ldots, v_n)$$

  Für alle $v_1, \ldots, v_n \in V$ und alle $r \in K$ gilt

  $$\det(v_1, \ldots, v_{i-1}, r \cdot v_i, v_{i+1}, \ldots, v_n) = r \cdot \det(v_1, \ldots, v_{i-1}, v_i, v_{i+1}, \ldots, v_n)$$

- Sie ist alternierend, d. h., wenn in zwei Spalten das gleiche Argument steht, ist die Determinante gleich 0: Für alle $v_1, \ldots, v_n \in V$ und alle $i, j \in \{1, \ldots, n\}, i \neq j$ gilt

  $$\det(v_1, \ldots, v_{i-1}, v_i, v_{i+1}, \ldots, v_{j-1}, v_i, v_{j+1} \ldots, v_n) = 0$$

  Hieraus folgt, dass sich gerade das Vorzeichen ändert, wenn man zwei Spalten vertauscht:
  Für alle $v_1, \ldots, v_n \in V$ und alle $i, j \in \{1, \ldots, n\}, i \neq j$ gilt:

  $$\det(v_1, \ldots, v_i, \ldots, v_j, \ldots, v_n) = -\det(v_1, \ldots, v_j, \ldots, v_i, \ldots, v_n)$$

  Oft wird diese Folgerung zur Definition alternierend verwendet. Im Allgemeinen ist diese jedoch nicht zur obigen äquivalent. Wird alternierend nämlich auf die zweite Weise definiert, gibt es keine eindeutige Determinantenform, wenn der Körper, über dem der Vektorraum gebildet wird, ein von 0 verschiedenes Element x mit $x = -x$ besitzt (Charakteristik 2).
- Sie ist normiert, d. h., die Einheitsmatrix hat die Determinante 1:

  $$\det \boldsymbol{I}_n = 1$$

Es lässt sich beweisen (Karl Weierstraß hat dies 1864 – oder sogar früher – getan), dass es eine und nur eine solche normierte alternierende Multilinearform auf der Algebra der $n \times n$-Matrizen über dem zugrunde liegenden Körper gibt, nämlich diese Determinantenfunktion det (Weierstraßsche Determinantenkennzeichnung). Auch die schon erwähnte geometrische Interpretation (Volumeneigenschaft und Orientierung) folgt daraus.

Leibniz-Formel
Für eine $n \times n$-Matrix wurde die Determinante von Gottfried Wilhelm Leibniz durch die heute als Leibniz-Formel bekannte Formel definiert:

$$\det A = \sum_{\sigma \in S_n} \left(\operatorname{sgn}(\sigma) \prod_{i=1}^{n} a_{i,\sigma(i)} \right)$$

Die Summe wird über alle Permutationen σ der symmetrischen Gruppe S_n vom Grad n berechnet. $\operatorname{sgn}(\sigma)$ bezeichnet das Vorzeichen der Permutation σ : $+1$, falls σ eine gerade Permutation vorliegt, und -1, falls sie ungerade ist.

Ob eine Permutation gerade oder ungerade ist, erkennt man an der Anzahl der Transpositionen, die benötigt wurden, um die Permutation zu erzeugen. Eine gerade Anzahl an Vertauschungen bedeutet, dass die Permutation gerade ist, eine ungerade Anzahl an Vertauschungen bedeutet, dass die Permutation ungerade ist.

13.7 Anhang G

13.7.1 Diracs Bra-Ket-Notation

In [Dirac], führte Dirac eine besondere Schreibweise für quantenmechanische Zustände ein. Heute wird diese Schreibweise in vielen Büchern über Quantenmechanik verwendet, und soll deshalb hier kurz angegeben werden.

In der Quantenmechanik ist der Zustandsraum ein endlicher oder unendlicher Vektorraum. Dirac beschrieb ein Element $\boldsymbol{f}$ des Vektorraums mit $|f\rangle$, welches er dann einen *ket*-Vektor nannte. Ein Beispiel für einen eindimensionalen it ket ist Schrödingers Wellenfunktion $|\psi\rangle$, die Darstellung ist die bekannte komplexewertige Wellenfunktion $\psi(\boldsymbol{x})$. Ein Beispiel für einen vierdimensionalles *ket* ist der Vektor

$$|\psi\rangle \stackrel{\text{def}}{=} \boldsymbol{\psi} = \begin{pmatrix} \psi_1 \\ \psi_2 \\ \psi_3 \\ \psi_4 \end{pmatrix}$$

in der Dirac-Gleichung. Beachte, dass der *ket* $|\psi\rangle$ für die gesamte Wellenfunktion $\boldsymbol{\psi}$ steht!

Dirac definierte dann das Duale zu jedem *ket*, genannt *bra*. Man erhält die *bra*-Form eines *ket*, indem man das Konjugiertkomplexe nimmt (ist der *ket* ein Vektor, muss man ihn auch noch transponieren):

$$\langle f | \stackrel{\text{def}}{=} (\boldsymbol{f}^*)^{\mathsf{T}} = \boldsymbol{f}^{\dagger}.$$

Das Skalarprodukt zweier Vektoren wird dann so beschrieben

$$\langle f | g \rangle \stackrel{\text{def}}{=} \boldsymbol{f}^{\dagger} \boldsymbol{g}.$$

Wir erhalten dann

$$\langle f\,|g\,\rangle = \langle g\,|f\,\rangle^*.$$

Für einen Operator C, kann die Definition erweitert werden zu

$$\langle f\,|C|g\,\rangle \stackrel{\text{def}}{=} \boldsymbol{f}^\dagger C\boldsymbol{g}.$$

Diese Definition erlaubt uns, die Operation C in zwei äquivalenten Versionen zu schreiben,

$$\langle f\,|C|g\,\rangle = \langle C^\dagger f\,|g\,\rangle = \langle f\,|Cg\,\rangle.$$

Die Länge eines Vektors $\boldsymbol{f}$ ist gegeben durch

$$|\boldsymbol{f}| = \sqrt{\langle f\,|f\,\rangle}.$$

Für den Fall einer Wellenfunktion im Positionsraum, ist das Skalarprodukt so definiert

$$\langle f\,|g\,\rangle \stackrel{\text{def}}{=} \int_{-\infty}^{+\infty} f^*(x)g(x)\mathrm{d}x.$$

13.8 Anhang H

13.8.1 Beweis der Pauli-Formeln (7.12)–(7.16)

Benötigte Formeln

Zunächst führen wir Formeln an, die wir für die Beweisführung der Pauli-Formeln benötigen. Wir haben ($k = 1, 2,$und 3)

$$(3.27)\quad [\boldsymbol{X}_k, \boldsymbol{F}] = i\hbar\frac{\partial \boldsymbol{F}}{\partial \boldsymbol{P}_k},$$

$$(3.28)\quad [\boldsymbol{P}_k, \boldsymbol{F}] = -i\hbar\frac{\partial \boldsymbol{F}}{\partial \boldsymbol{X}_k}.$$

Für $\boldsymbol{F} = \boldsymbol{R} = \sqrt{\boldsymbol{X}_1^2 + \boldsymbol{X}_2^2 + \boldsymbol{X}_3^2}$ erhalten wir

$$\underline{\underline{[\boldsymbol{X}_k, \boldsymbol{R}]}} = i\hbar\frac{\partial \boldsymbol{R}}{\partial \boldsymbol{P}_k} = \underline{\underline{\boldsymbol{0}}}, \tag{13.57}$$

und

$$\underline{\underline{[\boldsymbol{P}_k, \boldsymbol{R}]}} = -i\hbar \frac{\partial \boldsymbol{R}}{\partial \boldsymbol{X}_k} = \underline{\underline{-i\hbar \boldsymbol{X}_k \boldsymbol{R}^{-1}}}, \tag{13.58}$$

also

$$\underline{\underline{[\boldsymbol{P}_k, \boldsymbol{R}^{-1}]}} = -i\hbar \frac{\partial (\boldsymbol{R}^{-1})}{\partial \boldsymbol{X}_k} = \underline{\underline{-i\hbar \boldsymbol{X}_k (\boldsymbol{R}^3)^{-1}}}. \tag{13.59}$$

Weiter

$$[\boldsymbol{L}_1, \boldsymbol{R}] = (\boldsymbol{X}_2\boldsymbol{P}_3 - \boldsymbol{X}_3\boldsymbol{P}_2)\boldsymbol{R} - \boldsymbol{R}(\boldsymbol{X}_2\boldsymbol{P}_3 - \boldsymbol{X}_3\boldsymbol{P}_2) = \boldsymbol{X}_2 \underbrace{[\boldsymbol{P}_3, \boldsymbol{R}]}_{-i\hbar \boldsymbol{X}_3 \boldsymbol{R}^{-1}} + \boldsymbol{X}_3 \underbrace{[\boldsymbol{R}, \boldsymbol{P}_2]}_{i\hbar \boldsymbol{X}_2 \boldsymbol{R}^{-1}} = \boldsymbol{0},$$

allgemein

$$\underline{\underline{[\boldsymbol{L}_k, \boldsymbol{R}] = \boldsymbol{0}}}. \tag{13.60}$$

Daraus folgt, dass $\boldsymbol{R}^{-1}$ mit $\boldsymbol{L}_k$ kommutiert. Zum Beispiel folgt aus $\boldsymbol{L}_k\boldsymbol{R} = \boldsymbol{R}\boldsymbol{L}_k$, dass

$$\boldsymbol{R}^{-1}\boldsymbol{L}_k\boldsymbol{R}\boldsymbol{R}^{-1} = \boldsymbol{R}^{-1}\boldsymbol{R}\boldsymbol{L}_k\boldsymbol{R}^{-1}$$

$$\boldsymbol{R}^{-1}\boldsymbol{L}_k = \boldsymbol{L}_k\boldsymbol{R}^{-1}$$

oder

$$\underline{\underline{[\boldsymbol{L}_k, \boldsymbol{R}^{-1}] = \boldsymbol{0}}}. \tag{13.61}$$

Es gilt

$$[\boldsymbol{X}_1, \boldsymbol{L}_1] = i\hbar \frac{\partial \boldsymbol{L_1}}{\partial \boldsymbol{P}_k} = i\hbar \frac{\partial (\boldsymbol{X}_2\boldsymbol{P}_3 - \boldsymbol{X}_3\boldsymbol{P}_2)}{\partial \boldsymbol{P}_1} = \boldsymbol{0}$$

und allgemein

$$\underline{\underline{[\boldsymbol{X}_k, \boldsymbol{L}_k] = \boldsymbol{0}}}. \tag{13.62}$$

Weiterhin haben wir

$$[\boldsymbol{X}_1, \boldsymbol{L}_2] = i\hbar \frac{\partial \boldsymbol{L_2}}{\partial \boldsymbol{P}_1} = i\hbar \frac{\partial (\boldsymbol{X}_3\boldsymbol{P}_1 - \boldsymbol{X}_1\boldsymbol{P}_3)}{\partial \boldsymbol{P}_1} = i\hbar \boldsymbol{X}_3,$$

und allgemein[1]

$$\underline{\underline{[\boldsymbol{X}_i, \boldsymbol{L}_j] = i\hbar\, \varepsilon_{ijk} \boldsymbol{X}_k.}} \tag{13.63}$$

[1]Das Levi-Civita-Symbol ε_{ijk} ist 1, wenn (i, j, k) eine gerade Permutation von $(1, 2, 3)$ ist, -1 wenn sie eine ungerade Permutation ist, und 0, wenn der Index sich wiederholt.

Ähnlich erhalten wir für einen Kommutator mit $\boldsymbol{P}$

$$\underline{\underline{[\boldsymbol{P}_k, \boldsymbol{L}_k] = \boldsymbol{0}}} \tag{13.64}$$

und

$$\underline{\underline{[\boldsymbol{P}_i, \boldsymbol{L}_j] = i\hbar\varepsilon_{ijk}\boldsymbol{P}_k.}} \tag{13.65}$$

Beachte diese Kommutatoreigenschaften

$$\underline{\underline{[\boldsymbol{A}, \boldsymbol{BC}] = \boldsymbol{B}[\boldsymbol{A}, \boldsymbol{C}] + [\boldsymbol{A}, \boldsymbol{B}]\boldsymbol{C}.}}$$

Beweis

$$\begin{aligned} \boldsymbol{B}[\boldsymbol{A}, \boldsymbol{C}] + [\boldsymbol{A}, \boldsymbol{B}]\boldsymbol{C} &= \boldsymbol{B}(\boldsymbol{AC} - \boldsymbol{CA}) + (\boldsymbol{AB} - \boldsymbol{BA})\boldsymbol{C} \\ &= \boldsymbol{ABC} - \boldsymbol{BCA} = [\boldsymbol{A}, \boldsymbol{BC}]. \text{ q.e.d.} \end{aligned}$$

Ähnlich ist

$$\underline{\underline{[\boldsymbol{AB}, \boldsymbol{C}] = \boldsymbol{A}[\boldsymbol{B}, \boldsymbol{C}] + [\boldsymbol{A}, \boldsymbol{C}]\boldsymbol{B}.}} \tag{13.66}$$

Wir nehmen jetzt an, dass $[\boldsymbol{A}, \boldsymbol{B}] = \boldsymbol{0}$ ist. Wenn n eine positive ganze Zahl ist, dann ist

$$\underline{\underline{[\boldsymbol{A}^n, \boldsymbol{B}] = \boldsymbol{0}.}}$$

Beweis Durch Induktion: Der Grundfall ist gegeben für $n = 1$. Wenn wir die Induktionsannahme verwenden, erhalten wir

$$[\boldsymbol{A}^n, \boldsymbol{B}] = [\boldsymbol{A}^{n-1}, \boldsymbol{B}]\boldsymbol{A} + \boldsymbol{A}^{n-1}[\boldsymbol{A}, \boldsymbol{B}] = \boldsymbol{0}. \text{ q.e.d.}$$

Beweis der Formel (7.12)

$$[\boldsymbol{A}_i, \boldsymbol{L}_i] = \boldsymbol{0}$$

Zunächst beweisen wir

$$-\mathfrak{P} \times \mathfrak{L} = \mathfrak{L} \times \mathfrak{P} - 2i\hbar\mathfrak{P}. \tag{13.67}$$

Für die erste Komponente erhalten wir mit (13.65) und entsprechend für die anderen beiden Komponenten,

$$(\mathfrak{L} \times \mathfrak{P})_1 - 2i\hbar\boldsymbol{P}_1 = \underbrace{\boldsymbol{L}_2\boldsymbol{P}_3}_{-\boldsymbol{P}_3\boldsymbol{L}_2 + i\hbar\boldsymbol{P}_1} - \underbrace{\boldsymbol{L}_3\boldsymbol{P}_2}_{-\boldsymbol{P}_2\boldsymbol{L}_3 - i\hbar\boldsymbol{P}_1} - 2i\hbar\boldsymbol{P}_1 = -(\mathfrak{P} \times \mathfrak{L})_1.$$

Mit (13.67) können wir jetzt (7.9) schreiben

$$\mathfrak{A} = \frac{1}{Ze^2 m} (\mathfrak{L} \times \mathfrak{P} - i\hbar\mathfrak{P}) + \mathfrak{R}\boldsymbol{R}^{-1}. \tag{13.68}$$

Mit

$$\boldsymbol{A}_1 = \frac{1}{mZe^2} (\boldsymbol{L}_2\boldsymbol{P}_3 - \boldsymbol{L}_3\boldsymbol{P}_2 - i\hbar\boldsymbol{P}_1) + \boldsymbol{X}_1\boldsymbol{R}^{-1}$$

erhalten wir

$$[\boldsymbol{A}_1, \boldsymbol{L}_1] = \left[\frac{1}{mZe^2} (\boldsymbol{L}_2\boldsymbol{P}_3 - \boldsymbol{L}_3\boldsymbol{P}_2 - i\hbar\boldsymbol{P}_1), \boldsymbol{L}_1\right] + \left[\boldsymbol{X}_1\boldsymbol{R}^{-1}, \boldsymbol{L}_1\right],$$

und mit (13.64)

$$[\boldsymbol{A}_1, \boldsymbol{L}_1] = \frac{1}{mZe^2}\left(\underbrace{\boldsymbol{L}_2\boldsymbol{P}_3\boldsymbol{L}_1 - \boldsymbol{L}_1\boldsymbol{L}_2\boldsymbol{P}_3}_{[\boldsymbol{L}_2\boldsymbol{P}_3, \boldsymbol{L}_1]} \underbrace{-\boldsymbol{L}_3\boldsymbol{P}_2\boldsymbol{L}_1 + \boldsymbol{L}_1\boldsymbol{L}_3\boldsymbol{P}_2}_{-[\boldsymbol{L}_3\boldsymbol{P}_2, \boldsymbol{L}_1]}\right) + [\boldsymbol{X}_1\boldsymbol{R}^{-1}, \boldsymbol{L}_1],$$

und mit (13.69)

$$\begin{aligned}[\boldsymbol{A}_1, \boldsymbol{L}_1] &= \frac{1}{mZe^2}\left(\underbrace{[\boldsymbol{L}_2\boldsymbol{P}_3, \boldsymbol{L}_1]}_{\boldsymbol{L}_2\underbrace{[\boldsymbol{P}_3, \boldsymbol{L}_1]}_{i\hbar\boldsymbol{P}_2} + \underbrace{[\boldsymbol{L}_2, \boldsymbol{L}_1]}_{-i\hbar\boldsymbol{L}_3}\boldsymbol{P}_3} - \underbrace{[\boldsymbol{L}_3\boldsymbol{P}_2, \boldsymbol{L}_1]}_{\boldsymbol{L}_3\underbrace{[\boldsymbol{P}_2, \boldsymbol{L}_1]}_{-i\hbar\boldsymbol{P}_3} + \underbrace{[\boldsymbol{L}_3, \boldsymbol{L}_1]}_{i\hbar\boldsymbol{L}_2}\boldsymbol{P}_2}\right) + [\cdots] \\ &= \boldsymbol{0} + [\boldsymbol{X}_1\boldsymbol{R}^{-1}, \boldsymbol{L}_1],\end{aligned}$$

und mit (13.69), (13.61) und (13.62) erhalten wir schließlich

$$[\boldsymbol{A}_1, \boldsymbol{L}_1] = \boldsymbol{X}_1\underbrace{[\boldsymbol{R}^{-1}, \boldsymbol{L}_1]}_{\boldsymbol{0}} + \underbrace{[\boldsymbol{X}_1, \boldsymbol{L}_1]}_{\boldsymbol{0}}\boldsymbol{R}^{-1} = \boldsymbol{0}.$$

Ähnlich erhalten wir für $k = 2$, und 3

$$[\boldsymbol{A}_k, \boldsymbol{L}_k] = \boldsymbol{0}.$$

Beweis der Formel (7.13)

(7.13) $[\boldsymbol{A}_i, \boldsymbol{L}_j] = i\hbar\,\varepsilon_{ijk}\boldsymbol{A}_k.$

Mit

$$\boldsymbol{A}_1 = \frac{1}{mZe^2}\left(\boldsymbol{L}_2\boldsymbol{P}_3 - \boldsymbol{L}_3\boldsymbol{P}_2 - i\hbar\boldsymbol{P}_1\right) + \boldsymbol{X}_1\boldsymbol{R}^{-1}$$

erhalten wir

$$[\boldsymbol{A}_1, \boldsymbol{L}_2] = \left[\frac{1}{mZe^2}\left(\boldsymbol{L}_2\boldsymbol{P}_3 - \boldsymbol{L}_3\boldsymbol{P}_2 - i\hbar\boldsymbol{P}_1\right), \boldsymbol{L}_2\right] + \left[\boldsymbol{X}_1\boldsymbol{R}^{-1}, \boldsymbol{L}_2\right],$$

und mit (13.64)

$$[\boldsymbol{A}_1, \boldsymbol{L}_2] = \frac{1}{mZe^2}\left(\underbrace{\boldsymbol{L}_2\boldsymbol{P}_3\boldsymbol{L}_2 - \boldsymbol{L}_2\boldsymbol{L}_2\boldsymbol{P}_3}_{[\boldsymbol{L}_2\boldsymbol{P}_3, \boldsymbol{L}_2]}\underbrace{-\boldsymbol{L}_3\boldsymbol{P}_2\boldsymbol{L}_2 + \boldsymbol{L}_2\boldsymbol{L}_3\boldsymbol{P}_2}_{-[\boldsymbol{L}_3\boldsymbol{P}_2, \boldsymbol{L}_2]}\underbrace{-i\hbar\boldsymbol{P}_1\boldsymbol{L}_2 + i\hbar\boldsymbol{L}_2\boldsymbol{P}_1}_{-i\hbar\underbrace{[\boldsymbol{P}_1, \boldsymbol{L}_2]}_{i\hbar\boldsymbol{P}_3}}\right)$$
$$+ [\boldsymbol{X}_1\boldsymbol{R}^{-1}, \boldsymbol{L}_2],$$

und mit (13.69)

$$[\boldsymbol{A}_1, \boldsymbol{L}_2] = \frac{1}{mZe^2}\left(\underbrace{[\boldsymbol{L}_2\boldsymbol{P}_3, \boldsymbol{L}_2]}_{\boldsymbol{L}_2\underbrace{[\boldsymbol{P}_3, \boldsymbol{L}_2]}_{-i\hbar\boldsymbol{P}_1} + \underbrace{[\boldsymbol{L}_2, \boldsymbol{L}_2]}_{0}\boldsymbol{P}_3} - \underbrace{[\boldsymbol{L}_3\boldsymbol{P}_2, \boldsymbol{L}_2]}_{\boldsymbol{L}_3\underbrace{[\boldsymbol{P}_2, \boldsymbol{L}_2]}_{0} + \underbrace{[\boldsymbol{L}_3, \boldsymbol{L}_2]}_{-i\hbar\boldsymbol{L}_1}\boldsymbol{P}_2} - (i\hbar)^2\boldsymbol{P}_3\right) + [\cdots]$$
$$= \frac{i\hbar}{mZe^2}\left(-\boldsymbol{L}_2\boldsymbol{P}_1 + \boldsymbol{L}_1\boldsymbol{P}_2 - i\hbar\boldsymbol{P}_3\right) + [\boldsymbol{X}_1\boldsymbol{R}^{-1}, \boldsymbol{L}_2].$$

Mit (13.69), (13.61) und (13.62) erhalten wir schließlich

$$\underline{\underline{[\boldsymbol{A}_1, \boldsymbol{L}_2]}} = \frac{i\hbar}{mZe^2}\left(\underbrace{-\boldsymbol{L}_2\boldsymbol{P}_1 + \boldsymbol{L}_1\boldsymbol{P}_2}_{(\mathfrak{L}\times\mathfrak{P})_3} - i\hbar\boldsymbol{P}_3\right) + \boldsymbol{X}_1\underbrace{[\boldsymbol{R}^{-1}, \boldsymbol{L}_2]}_{0} + \underbrace{[\boldsymbol{X}_1, \boldsymbol{L}_2]}_{i\hbar\boldsymbol{X}_3}\boldsymbol{R}^{-1} = \underline{\underline{i\hbar\boldsymbol{A}_3}}.$$

Entsprechend erhalten wir

$$\underline{\underline{[\boldsymbol{A}_i, \boldsymbol{L}_j] = i\hbar\varepsilon_{ijk}\boldsymbol{A}_k.}}$$

Beweis der Formel (7.14)

(7.14) $\mathfrak{A} \cdot \mathfrak{L} = \mathfrak{L} \cdot \mathfrak{A} = \mathbf{0}.$

Wir haben

$$\mathfrak{A} \cdot \mathfrak{L} = \left\{ \frac{1}{Ze^2m} \left((\mathfrak{L} \times \mathfrak{P}) - i\hbar \mathfrak{P} \right) + (\mathfrak{R} R^{-1}) \right\} \cdot \mathfrak{L} \tag{13.69}$$

Der Drehimpulsmatrizenvektor $\mathfrak{L}$ ist orthogonal zujedem der drei Terme in (13.69). Um das einzusehen, betrachten wir zuerst

$$\begin{aligned}(\mathfrak{L} \times \mathfrak{P}) \cdot \mathfrak{L} &= \begin{pmatrix} L_2P_3 - L_3P_2 \\ L_3P_1 - L_1P_3 \\ L_1P_2 - L_2P_1 \end{pmatrix} \cdot \begin{pmatrix} L_1 \\ L_2 \\ L_3 \end{pmatrix} \\ &= \underbrace{\underbrace{L_2P_3}_{P_3L_2 - i\hbar P_1} \; L_1 - \underbrace{L_1P_3}_{P_3L_1 - i\hbar P_2} \; L_2}_{-i\hbar P_1L_1 + i\hbar P_2L_2 - i\hbar P_3L_3} + \underbrace{L_3P_1L_2 - L_2P_1L_3}_{-i\hbar P_1L_1 + i\hbar P_3L_3 - i\hbar P_2L_2} \\ &\quad + \underbrace{L_1P_2L_3 - L_3P_2L_1}_{-i\hbar P_2L_2 + i\hbar P_1L_1 + i\hbar P_3L_3} \\ &= -i\hbar P_1L_1 - i\hbar P_2L_2 - i\hbar P_3L_3 = -i\hbar \mathfrak{P} \cdot \mathfrak{L}.\end{aligned} \tag{13.70}$$

Das ist das Gleiche wie der zweite Term in (13.69). Wir erhalten aber für diesen Term

$$\mathfrak{P} \cdot \mathfrak{L} = \mathfrak{P} \cdot (\mathfrak{R} \times \mathfrak{P}) = \begin{pmatrix} P_1 \\ P_2 \\ P_3 \end{pmatrix} \cdot \begin{pmatrix} X_2P_3 - X_3P_2 \\ X_3P_1 - X_1P_3 \\ X_1P_2 - X_2P_1 \end{pmatrix},$$

und da X_i mit P_k für $i \neq k$ kommutiert, erhalten wir schließlich

$$\mathfrak{P} \cdot \mathfrak{L} = \mathbf{0}. \tag{13.71}$$

Das Gleiche ist wahr für den dritten Term in (13.69), da X_i mit X_k kommutiert,

$$\mathfrak{R} \cdot \mathfrak{L} = \mathfrak{R} \cdot (\mathfrak{R} \times \mathfrak{P}) = \mathbf{0}. \tag{13.72}$$

Beweis der Formel (7.15)

(7.15) $\mathfrak{A} \times \mathfrak{A} = -i\hbar \frac{2}{mZ^2e^4} \mathfrak{L} E.$

Mit

$$\mathfrak{A} = \frac{1}{Ze^2m} \frac{1}{2} (\mathfrak{L} \times \mathfrak{P} - i\hbar \mathfrak{P}) + \mathfrak{R} R^{-1},$$

$$\mathfrak{B} \overset{\text{def}}{=} \frac{1}{2}(\mathfrak{L} \times \mathfrak{P} - i\hbar \mathfrak{P}),$$

und

$$\mathfrak{A} = \frac{1}{Ze^2m}\mathfrak{B} + \mathfrak{R}\boldsymbol{R}^{-1},$$

haben wir

$$\mathfrak{A} \times \mathfrak{A} = \frac{1}{Z^2e^4m^2}(\mathfrak{B} \times \mathfrak{B}) + \frac{1}{Ze^2m}\left\{(\mathfrak{R}\boldsymbol{R}^{-1}) \times (\mathfrak{L} \times \mathfrak{P}) + (\mathfrak{L} \times \mathfrak{P}) \times (\mathfrak{R}\boldsymbol{R}^{-1})\right\}. \tag{13.73}$$

Zunächst erhalten wir für $(\mathfrak{B} \times \mathfrak{B})$

$$\mathfrak{B} \times \mathfrak{B} = ((\mathfrak{L} \times \mathfrak{P}) \times (\mathfrak{L} \times \mathfrak{P})) - i\hbar((\mathfrak{L} \times \mathfrak{P}) \times \mathfrak{P}) - i\hbar(\mathfrak{P} \times (\mathfrak{L} \times \mathfrak{P})). \tag{13.74}$$

und für die erste Komponente

$$\begin{aligned}((\mathfrak{L} \times \mathfrak{P}) \times (\mathfrak{L} \times \mathfrak{P}))_1 &= (\mathfrak{L} \times \mathfrak{P})_2(\mathfrak{L} \times \mathfrak{P})_3 - (\mathfrak{L} \times \mathfrak{P})_3(\mathfrak{L} \times \mathfrak{P})_2\\ &= [(\mathfrak{L} \times \mathfrak{P})_2, (\mathfrak{L} \times \mathfrak{P})_3] = [\boldsymbol{L}_3\boldsymbol{P}_1 - \boldsymbol{L}_1\boldsymbol{P}_3, \boldsymbol{L}_1\boldsymbol{P}_2 - \boldsymbol{L}_2\boldsymbol{P}_1]\\ &= (\boldsymbol{L}_3\boldsymbol{P}_1 - \boldsymbol{L}_1\boldsymbol{P}_3)(\boldsymbol{L}_1\boldsymbol{P}_2 - \boldsymbol{L}_2\boldsymbol{P}_1) - (\boldsymbol{L}_1\boldsymbol{P}_2 - \boldsymbol{L}_2\boldsymbol{P}_1)(\boldsymbol{L}_3\boldsymbol{P}_1 - \boldsymbol{L}_1\boldsymbol{P}_3).\end{aligned}$$

Mit (7.11), (13.64), und (13.65) erhalten wir

$$((\mathfrak{L} \times \mathfrak{P}) \times (\mathfrak{L} \times \mathfrak{P}))_1 = -i\hbar\boldsymbol{L}_1\boldsymbol{P}_1^2 - i\hbar\boldsymbol{L}_1\boldsymbol{P}_2^2 - i\hbar\boldsymbol{L}_1\boldsymbol{P}_3^2 = -i\hbar\boldsymbol{L}_1\mathfrak{P}^2, \tag{13.75}$$

und allgemein

$$((\mathfrak{L} \times \mathfrak{P}) \times (\mathfrak{L} \times \mathfrak{P})) = -i\hbar\,\mathfrak{L}\,\mathfrak{P}^2. \tag{13.76}$$

Weiter erhalten wir für die erste Komponente des zweiten und dritten Terms in (13.74)

$$\begin{aligned}&((\mathfrak{L} \times \mathfrak{P}) \times \mathfrak{P})_1 + (\mathfrak{P} \times (\mathfrak{L} \times \mathfrak{P}))_1\\ &= \{(\mathfrak{L} \times \mathfrak{P})_2\boldsymbol{P}_3 - (\mathfrak{L} \times \mathfrak{P})_3\boldsymbol{P}_2\} + \{\boldsymbol{P}_2(\mathfrak{L} \times \mathfrak{P})_3 - \boldsymbol{P}_3(\mathfrak{L} \times \mathfrak{P})_2\}\\ &= [\underbrace{(\mathfrak{L} \times \mathfrak{P})_2}_{\boldsymbol{L}_3\boldsymbol{P}_1 - \boldsymbol{L}_1\boldsymbol{P}_3}, \boldsymbol{P}_3] - [\underbrace{(\mathfrak{L} \times \mathfrak{P})_3}_{\boldsymbol{L}_1\boldsymbol{P}_2 - \boldsymbol{L}_2\boldsymbol{P}_1}, \boldsymbol{P}_2] = \boldsymbol{0}.\end{aligned}$$

Schließlich müssen wir noch den letzten Term in (13.73) untersuchen

$$(\mathfrak{R}\boldsymbol{R}^{-1}) \times (\mathfrak{L} \times \mathfrak{P}) + (\mathfrak{L} \times \mathfrak{P}) \times (\mathfrak{R}\boldsymbol{R}^{-1}) \stackrel{\text{def}}{=} \mathfrak{C}.$$

Mit

$$\mathfrak{B} \stackrel{\text{def}}{=} \mathfrak{L} \times \mathfrak{P}$$

erhalten wir für die erste Komponente $\boldsymbol{C}_1$ von $\mathfrak{C}$

$$\begin{aligned}\boldsymbol{C}_1 &= ((\mathfrak{R}\boldsymbol{R}^{-1}) \times \mathfrak{B})_1 + (\mathfrak{B} \times (\mathfrak{R}\boldsymbol{R}^{-1}))_1\\ &= (\boldsymbol{X}_2\boldsymbol{R}^{-1}\boldsymbol{B}_3 - \boldsymbol{X}_3\boldsymbol{R}^{-1}\boldsymbol{B}_2) + (\boldsymbol{B}_2\boldsymbol{X}_3\boldsymbol{R}^{-1} - \boldsymbol{B}_3\boldsymbol{X}_2\boldsymbol{R}^{-1})\\ &= [\boldsymbol{X}_2\boldsymbol{R}^{-1}, \boldsymbol{B}_3] - [\boldsymbol{X}_3\boldsymbol{R}^{-1}, \boldsymbol{B}_2],\end{aligned}$$

und mit (13.69) und (3.27)

$$\begin{aligned}
\boldsymbol{C}_1 &= \boldsymbol{X}_2[\boldsymbol{R}^{-1}, \boldsymbol{B}_3] + \underbrace{[\boldsymbol{X}_2, \boldsymbol{B}_3]}_{i\hbar\frac{\partial \boldsymbol{B}_3}{\partial \boldsymbol{P}_2}} \boldsymbol{R}^{-1} - \boldsymbol{X}_3[\boldsymbol{R}^{-1}, \boldsymbol{B}_2] - \underbrace{[\boldsymbol{X}_3, \boldsymbol{B}_2]}_{i\hbar\frac{\partial \boldsymbol{B}_2}{\partial \boldsymbol{P}_3}} \boldsymbol{R}^{-1} \\
&= i\hbar\frac{\partial \boldsymbol{B}_3}{\partial \boldsymbol{P}_2}\boldsymbol{R}^{-1} - i\hbar\frac{\partial \boldsymbol{B}_2}{\partial \boldsymbol{P}_3}\boldsymbol{R}^{-1} + \boldsymbol{X}_2[\boldsymbol{R}^{-1}, \boldsymbol{L}_1\boldsymbol{P}_2 - \boldsymbol{L}_2\boldsymbol{P}_1] - \boldsymbol{X}_3[\boldsymbol{R}^{-1}, \boldsymbol{L}_1\boldsymbol{P}_3 - \boldsymbol{L}_3\boldsymbol{P}_1] \\
&\quad - i\hbar\frac{\partial \boldsymbol{R}^{-1}}{\partial \boldsymbol{X}_3}\boldsymbol{X}_2 + i\hbar\frac{\partial \boldsymbol{R}^{-1}}{\partial \boldsymbol{X}_2}\boldsymbol{X}_3,
\end{aligned}$$

oder

$$\begin{aligned}
\boldsymbol{C}_1 &= i\hbar\frac{\partial \boldsymbol{B}_3}{\partial \boldsymbol{P}_2}\boldsymbol{R}^{-1} - i\hbar\frac{\partial \boldsymbol{B}_2}{\partial \boldsymbol{P}_3}\boldsymbol{R}^{-1} \\
&\quad + i\hbar\boldsymbol{L}_1\left(\frac{\partial \boldsymbol{R}^{-1}}{\partial \boldsymbol{X}_2}\boldsymbol{X}_2 + \frac{\partial \boldsymbol{R}^{-1}}{\partial \boldsymbol{X}_3}\boldsymbol{X}_3\right) - i\hbar(\boldsymbol{L}_2\boldsymbol{X}_2 + \boldsymbol{L}_3\boldsymbol{X}_3)\frac{\partial \boldsymbol{R}^{-1}}{\partial \boldsymbol{X}_1}.
\end{aligned}$$

Mit

$$\mathfrak{L}\mathfrak{R} = \boldsymbol{L}_1\boldsymbol{X}_1 + \boldsymbol{L}_2\boldsymbol{X}_2 + \boldsymbol{L}_3\boldsymbol{X}_3 = \boldsymbol{0}$$

und

$$\frac{\partial \boldsymbol{R}^{-1}}{\partial \boldsymbol{X}_k} = -\boldsymbol{X}_k\boldsymbol{R}^{-3}$$

erhalten wir für die letzte Zeile

$$i\hbar\boldsymbol{L}_1\left(\boldsymbol{X}_1^2 + \boldsymbol{X}_2^2 + \boldsymbol{X}_3^2\right)\boldsymbol{R}^{-3} = \imath\hbar\boldsymbol{L}_1\boldsymbol{R}^{-1}.$$

Weiter haben wir

$$\begin{aligned}
\frac{\partial \boldsymbol{B}_3}{\partial \boldsymbol{P}_2} - \frac{\partial \boldsymbol{B}_2}{\partial \boldsymbol{P}_3} &= \frac{\partial}{\partial \boldsymbol{P}_2}(\boldsymbol{L}_1\boldsymbol{P}_2) + \frac{\partial}{\partial \boldsymbol{P}_3}(\boldsymbol{L}_1\boldsymbol{P}_3) \\
&= 2\boldsymbol{L}_1 + (\boldsymbol{P}_2\frac{\partial}{\partial \boldsymbol{P}_2} + \boldsymbol{P}_3\frac{\partial}{\partial \boldsymbol{P}_3})\boldsymbol{L}_1 = 3\boldsymbol{L}_1,
\end{aligned}$$

insgesamt also

$$\boldsymbol{C}_1 = 2i\hbar\boldsymbol{L}_1.$$

Das in (13.73) eingesetzt, ergibt

$$\mathfrak{A} \times \mathfrak{A} = -i\hbar\frac{2}{mZ^2e^4}\mathfrak{L}\left(\frac{1}{2m}\mathfrak{P}^2 - e\boldsymbol{R}^{-1}\right).$$

Beweis der Formel (7.16)

(7.16) $\mathfrak{A}^2 = \frac{2}{mZ^2e^4}\boldsymbol{E}\left(\mathfrak{L}^2 + \frac{h^2}{4\pi^2}\boldsymbol{I}\right) + \boldsymbol{I}.$

Mit

$$\mathfrak{A} = \frac{1}{Ze^2m}\frac{1}{2}(\mathfrak{L} \times \mathfrak{P} - i\hbar\mathfrak{P}) + \mathfrak{R}\boldsymbol{R}^{-1},$$

$$\mathfrak{B} \stackrel{\text{def}}{=} \frac{1}{Ze^2m}\frac{1}{2}(\mathfrak{L} \times \mathfrak{P} - i\hbar\mathfrak{P})$$

und

$$\mathfrak{A} = \mathfrak{B} + \mathfrak{R}\boldsymbol{R}^{-1},$$

erhalten wir

$$\mathfrak{A} \cdot \mathfrak{A} = (\mathfrak{B}^2 + \mathfrak{R}\boldsymbol{R}^{-1}\mathfrak{B} + \mathfrak{B}\mathfrak{R}\boldsymbol{R}^{-1} + \boldsymbol{I}). \tag{13.77}$$

Für den ersten Term auf der rechten Seite von (13.77) erhalten wir

$$\begin{aligned}\mathfrak{B}^2 &= \frac{1}{Z^2e^4m^2}\frac{1}{4}(\mathfrak{L} \times \mathfrak{P} - i\hbar\mathfrak{P}^2 \\ &= \frac{1}{Z^2e^4m^2}\frac{1}{4}\left((\mathfrak{L} \times \mathfrak{P})^2 - i\hbar\mathfrak{P}()(\mathfrak{L} \times \mathfrak{P}) - i\hbar(\mathfrak{L} \times \mathfrak{P})\mathfrak{P} - (\hbar)^2\mathfrak{P}^2\right).\end{aligned} \tag{13.78}$$

Wie Formel (13.70) bewiesen wurde, können die Formeln

$$(\mathfrak{L} \times \mathfrak{P})^2 = \mathfrak{P}^2\mathfrak{L}^2, \tag{13.79}$$

$$\mathfrak{P}(\mathfrak{L} \times \mathfrak{P}) = 2i\hbar\mathfrak{P}^2, \tag{13.80}$$

$$(\mathfrak{L} \times \mathfrak{P})\mathfrak{P} = \mathbf{0}. \tag{13.81}$$

bewiesen werden. Mit diesen drei Formeln erhalten wir

$$\mathfrak{B}^2 = \frac{1}{Z^2e^4m^2}\frac{1}{4}\left(\mathfrak{P}^2\mathfrak{L}^2 + 2\hbar^2\mathfrak{P}^2 - \hbar^2\mathfrak{P}\right) = \frac{1}{Z^2e^4m^2}\frac{1}{4}\mathfrak{P}^2(\mathfrak{L}^2 + \hbar^2\boldsymbol{I}). \tag{13.82}$$

Als nächstes erhalten wir

$$(\mathfrak{R}\boldsymbol{R}^{-1})(\mathfrak{L} \times \mathfrak{P}) = \begin{pmatrix} X_1\boldsymbol{R}^{-1} \\ X_2\boldsymbol{R}^{-1} \\ X_3\boldsymbol{R}^{-1} \end{pmatrix} \cdot \begin{pmatrix} L_2P_3 - L_3P_2 \\ L_3P_1 - L_1P_3 \\ L_1P_2 - L_2P_1 \end{pmatrix} = 2i\hbar(\mathfrak{R} \cdot \mathfrak{P})\boldsymbol{R}^{-1} + \boldsymbol{L}^2\boldsymbol{R}{-}1),$$

und

$$(\times\,\mathfrak{P}) \cdot (\mathfrak{R}\boldsymbol{R}^{-1}) = \boldsymbol{L}^2\boldsymbol{R}^{-1}.$$

Wir haben also

$$\mathfrak{R}\boldsymbol{R}^{-1}\mathfrak{B} = \frac{1}{Ze^2m}\frac{1}{2}\left(\boldsymbol{L}^2\boldsymbol{R}^{-1} + 2i\hbar(\mathfrak{R}\cdot\mathfrak{P})\boldsymbol{R}^{-1}\right),$$

und

$$\mathfrak{B}\mathfrak{R}\boldsymbol{R}^{-1} = \frac{1}{Ze^2m}\frac{1}{2}\left(\boldsymbol{L}^2\boldsymbol{R}^{-1} - 2i\hbar(\mathfrak{R}\cdot\mathfrak{P})\boldsymbol{R}^{-1}\right).$$

Wenn wir das in (13.77) einsetzen, erhalten wir schließlich das Ergebnis

$$\mathfrak{A}\cdot\mathfrak{A} = \frac{2}{mZ^2e^4}\left(\frac{1}{2m}\boldsymbol{P}^2 - Ze^2\boldsymbol{R}^{-1}\right)(\boldsymbol{L}^2 + \hbar^2\boldsymbol{I}) + \boldsymbol{I} = \frac{2}{mZ^2e^4}\boldsymbol{E}\left(\boldsymbol{L}^2 + \frac{h^2}{4\pi^2}\boldsymbol{I}\right) + \boldsymbol{I}.$$

13.9 Anhang I

13.9.1 Physikalische Größen und Einheiten

- Bohrsches Magneton: $\mu_B = \frac{e\hbar}{2m_e} = 9{,}2741090 \cdot 10^{-24}[\mathrm{A\,m}^2 = JT^{-1}]$,
- Feinstrukturkonstante: $\alpha = \frac{e^2}{4\pi\epsilon_0 c\hbar} = \frac{e^2 c\mu_0}{2\hbar} = 7{,}29735308 \cdot 10^{-3} \approx \frac{1}{137}\,[1]$,
- Bohrscher-Atomradius: $a_0 = \frac{4\pi\epsilon_0\hbar^2}{m_e e^2} = \frac{\hbar}{\alpha m_e c} = 5{,}29177208 \cdot 10^{-11}[\mathrm{m}]$ ≈ 52 [pm (Pikometer)],
- 1 J (Joule)= 1 N m
- 1 N (Newton)= 1 m kg /s^2
- 1 T (Tesla)= 1 N/(A m)
- 1 W (Watt)= 1 J/s
- 1 V (Volt)= 1 J/C
- 1 C (Coulomb)= 1 A s
- 1 A (Ampere)= 1 C/s

Literatur

[AR12] Aruldhas, G. (2012). *Quantum mechanics*. New Delhi: PHI Learning.

[AT05] Atkins, P., & Friedman, R. (2005). *Molecular quantum mechanics*. Oxford: Oxford University Press.

[BA98] Ballentine, L. E. (1998). *Quantum mechanics. A modern development*. World Scientific.

[BL10] Bleck-Neuhaus, J. (2010). *Elementare Teilchen*. Springer.

[BO25] Born, M., & Jordan, P. (1925). Zur Quantenmechanik. *Zeitschrift für Physik, 34,* 858–888.

[BO30] Born, M., & Jordan, P. (1930). *Elementare Quantenmechanik*. Springer.

[BO25] Born, M., Heisenberg, W., & Jordan, P. (1925). Zur Quantenmechanik. II. *Zeitschrift für Physik, 35,* 557–615.

[BR36] Brewer, J. W. (1978). Kronecker products and matrix calculus in system theory. *IEEE Transactions on circuits and systems, 25,* 772–781. (Springer, 1936)

[DE10] Demtröder, W. (2010). *Experimentalphysik 3. Atome, Moleküle und Festkörper*. Springer.

[DI25] Dirac, P. A. M. (1925). The fundamental equations of quantum mechanics. In: Proceedings of the Royal Society of London, Series A.

[DU13] Dubbers, D., & Stöckmann, H.-J. (2013). *Quantum physics: The bottom – Up approach*. Springer.

[GA02] Gasiorowicz, S. (2002). *Quantenphysik*. Oldenbourg.

[GR65] Green, H. S. (1965). *Matrix methods in quantum mechanics*. Barnes & Noble.

[HE25] Heisenberg, W. (1925). Über quantentheoretische Umdeutung kinematischer und mechanischer Beziehungen. *Zeitschrift für Physik*.

[JO36] Jordan, P. (1936). *Anschauliche Quantentheorie*. Springer.

[LU20] Ludyk, G. (2020). *Relativitätstheorie nur mit Matrizen*. Springer.

[MI14] Eric, L. (2014). *Michelsen: Quircy quantum concepts*. Springer.

[NO06] Nolting, W. (2006). *Grundkurs Theoretische Physik 5/1 und 5/2. Quantenmechanik*. Springer.

[PA12] Pade, J. (2012). *Quantenmechanik zu Fuß. Bd. 1 und 2*. Springer.

[PA26] Pauli, W. (1926). Über das Wasserstoffspektrum vom Standpunkt der neuen Quantenmechanik. *Zeitschrift für Physik, 35,* 336–363.

[SC06] Scheck, F. (2006). *Theoretische Physik 2, Nichtrelativistische Quantentheorie*. Springer.

[SC20] Schwabl, F. *Quantenmechanik I und II*. Springer.

[SO21] Sommerfeld, A. (1921). *Atombau und Spektrallinien*. Braunschweig.

[ST10] Steeb, H. (2010). *Quantum mechanics using computer algebra*. Singapore.

[JO86] Jordan, T. F. (1986). *Quantummechanics in simple matrix form*. Dover.

[WE13] Weinberg, S. (2013). *Lectures on quantum mechanics*. Cambridge.

G. Ludyk, *Quantenmechanik nur mit Matrizen*,
https://doi.org/10.1007/978-3-662-60882-1

Stichwortverzeichnis

G. Ludyk, *Quantenmechanik nur mit Matrizen*,
https://doi.org/10.1007/978-3-662-60882-1

Printed in the United States
By Bookmasters